职业教育计算机网络技术专业
校企互动应用型系列教材

网络系统管理

(Debian 10)

田　钧　张文库　汪双顶　主编

電子工業出版社
Publishing House of Electronics Industry
北京·BEIJING

内 容 简 介

本书以 Debian 10.10 网络操作系统为基础，按照项目—任务—活动的编写方式，以岗位技能为导向，将理论与实践相结合，力求做到理论够用、依托实践、深入浅出。

本书共 12 个项目、28 个任务，主要介绍了安装与配置 Debian 10.10 网络操作系统，文件和目录管理，用户和权限管理，磁盘管理，软件包管理，配置网络和使用远程服务，以及配置与管理 DNS 服务器、DHCP 服务器、文件共享、Web 服务器、邮件服务器和 MariaDB 服务器及相关知识。

本书结构合理、内容丰富、实用性强，既可作为技术院校，以及中等、高等职业学校计算机网络技术和相关专业的教材，也可作为技能竞赛培训和 Linux 应用技术培训的指导书，还可作为 Linux 初学者的入门参考书。

未经许可，不得以任何方式复制或抄袭本书之部分或全部内容。
版权所有，侵权必究。

图书在版编目（CIP）数据

网络系统管理：Debian 10 / 田钧，张文库，汪双顶主编. —北京：电子工业出版社，2022.2

ISBN 978-7-121-43015-2

Ⅰ. ①网… Ⅱ. ①田… ②张… ③汪… Ⅲ. ①Linux 操作系统－网络服务器－系统管理－高等学校－教材 Ⅳ. ①TP316.85

中国版本图书馆 CIP 数据核字（2022）第 031211 号

责任编辑：罗美娜　　文字编辑：王　炜
印　　刷：涿州市京南印刷厂
装　　订：涿州市京南印刷厂
出版发行：电子工业出版社
　　　　　北京市海淀区万寿路 173 信箱　邮编 100036
开　　本：880×1230　1/16　印张：16　字数：379 千字
版　　次：2022 年 2 月第 1 版
印　　次：2022 年 2 月第 1 次印刷
定　　价：45.00 元

凡所购买电子工业出版社图书有缺损问题，请向购买书店调换。若书店售缺，请与本社发行部联系，联系及邮购电话：（010）88254888，88258888。

质量投诉请发邮件至 zlts@phei.com.cn，盗版侵权举报请发邮件至 dbqq@phei.com.cn。

本书咨询联系方式：（010）88254617，luomn@phei.com.cn。

前　言

随着计算机及网络技术的迅猛发展，计算机网络及应用已经渗透到社会各个领域，并且影响和改变着人们的生活和工作方式。在计算机网络化的今天，学习和掌握网络技术显得至关重要和迫切。为了突出职业学校学生以培养技能为主的特点，“理论知识够用，强化动手能力”是本书的编写原则。

1．本书特色

“网络系统管理（Debian 10）”是一门职业学校网络技术专业学生必修的专业课，实践性非常强，动手实践是学好这门课程最好的方法之一。本书通过 VMware Workstation 软件创建虚拟机系统并安装 Debian 10.10 网络操作系统，学生可以很好地学习该系统。学生在自己的计算机上就可以模拟真实的网络环境，能够快速地学习和掌握 Debian 10.10 网络操作系统的相关知识，而且形象、直观，从而突破了由于硬件配置不足而影响学习网络操作系统技术的局限性。

本书以最新的 Debian 10.10 网络操作系统为平台，采用“项目—任务—活动”的结构体系，通过一个个任务让学生掌握安装与配置 Debian 10.10 网络操作系统，文件和目录管理，用户和权限管理，磁盘管理，软件包管理，配置网络和使用远程服务、DNS、DHCP 和 Web 服务配置等相关知识和技能。每个任务又细分为“任务描述—任务实施—任务小结”的结构。书中的项目是从工作现场需求与实践应用中引入的，旨在培养学生完成工作任务及解决实际问题的技能。全部项目紧密跟踪先进技术，与真实的工作过程相一致，完全符合企业需求，贴近生产实际。通过典型案例作为载体来帮助学生更好地学习 Debian 10.10 网络操作系统的基本操作、系统管理和服务器配置等知识，实验安排由简单到复杂，由单一到综合。

本书结合全国职业院校技能大赛网络系统管理项目所包含的 Linux 模块的内容要求，把技能大赛 Linux 模块的基础内容融入本书的知识点、技术项目的实施过程中，结合企业项目工程师实际，实现学习、竞赛、工程项目的有机融合。

2．课时分配

本书参考课时为 120，可以根据学生的接受能力与专业需求灵活选择，具体课时参考下表。

课时参考分配表

项目	项 目 名	课 时 分 配		
		讲授	实训	合计
1	安装与配置 Debian 10.10 网络操作系统	4	4	8
2	文件和目录管理	4	6	10
3	用户和权限管理	4	6	10
4	磁盘管理	4	6	10
5	软件包管理	4	6	10
6	配置网络和使用远程服务	4	6	10
7	配置与管理 DNS 服务器	4	8	12
8	配置与管理 DHCP 服务器	4	6	10
9	配置与管理文件共享	4	8	12
10	配置与管理 Web 服务器	4	8	12
11	配置与管理邮件服务器	4	4	8
12	配置与管理 MariaDB 服务器	4	4	8

3. 教学资源

为了提高学习效率和教学效果，方便教师教学，作者为本书配备了电子课件、视频和习题参考答案等配套的教学资源。请有此需要的读者登录华信教育资源网（http://www.hxedu.com.cn）免费注册后进行下载，有问题可以在网站留言板留言或与电子工业出版社联系（E-mail：hxedu@phei.com.cn）。

4. 本书编者

本书由田钧、张文库和汪双顶担任主编。王皓宇、王登州和张雄担任副主编。本书具体编写分工如下：张文库负责编写项目 1 和项目 2，汪双顶负责编写项目 3 和项目 4，田钧负责编写项目 5 和项目 6，张雄负责编写项目 7 和项目 8，王皓宇负责编写项目 9 和项目 10，王登州负责编写项目 11 和项目 12；全书由张文库负责统稿和审校。

由于编写时间仓促，以及计算机网络技术的发展日新月异，书中难免存在一些疏漏和不足之处，敬请专家和读者不吝赐教。联系邮箱：113506995@qq.com。

目　录

项目1　安装与配置Debian 10.10 网络操作系统

项目描述

A 公司是一家电子商务运营公司，由于该公司的推广做得非常好，用户数量激增。为了给用户提供更优质的服务，该公司购买了一批高性能服务器。因为 Windows 是商业操作系统，成本较高，而 Linux 系统没有软件成本，并且具有很高的安全性，容易识别和定位故障，在性能上优于 Windows，又因为该公司处于建立初期，所以对资金、人力、设备、安全、性能等多方面综合考虑，决定采用 Linux 作为服务器的操作系统。

Linux 与 Windows 同是操作系统，但 Windows 是收费且不开源的，而 Linux 是一套完全开放、自由、免费的类 UNIX 操作系统。Linux 因其稳定、开源、免费、安全、高效的特点，发展迅猛，在服务器市场的占有率超过了 95%。目前，市场上存在许多不同版本的 Linux，如 Ubuntu、Fedora、 openSUSE 等，它们都是基于 Linux 内核的。Linux 主要应用于服务器、嵌入式开发、安卓系统、PC 等领域，我国著名的互联网龙头企业都在使用 Linux 作为其服务器后端操作系统，并且全球排名前 10 的网站均在使用 Linux，可见 Linux 的表现十分出色。要想成为一名合格的运维工程师，掌握 Linux 则是项必备技能。对于初学者来说，通过虚拟机软件安装和管理 Linux 是最好的选择。

本项目主要介绍 Linux 操作系统的发展和应用、Linux 的主要版本、Debian 10.10 网络操作系统（简称 Debian 10.10 系统）的命令行和桌面环境操作界面，以及通过 VMware Workstation 16 Pro 学习 Debian 10.10 系统的安装和使用方法。

知识目标

1. 了解 Linux 的发展历史、特点和应用。
2. 理解 Linux 的内核版本与发行版本。
3. 掌握虚拟机的种类、概念、特点和作用。

能力目标

1. 能够安装 VMware Workstation 虚拟机软件。
2. 能够在 VMware Workstation 中创建虚拟机，并安装 Debian 10.10 系统。
3. 能够实现虚拟机的克隆（复制）和快照。
4. 能够熟练操作 Debian 10.10 系统的字符界面和图形用户界面。
5. 能够对 Debian 10.10 系统正确启动、关闭和登录。

思政目标

1. 培养学生的团队合作精神、写作能力和协同创新能力。
2. 培养学生的交流沟通能力、独立思考能力和清晰有序的逻辑思维能力。
3. 培养学生遵纪守法意识，打好专业基础，提高自主学习的能力。
4. 树立学生合理下载软件、安全使用软件、保护知识产权的意识。
5. 激发学生科技报国的决心，理解实现软件自主的重要性。

思维导图

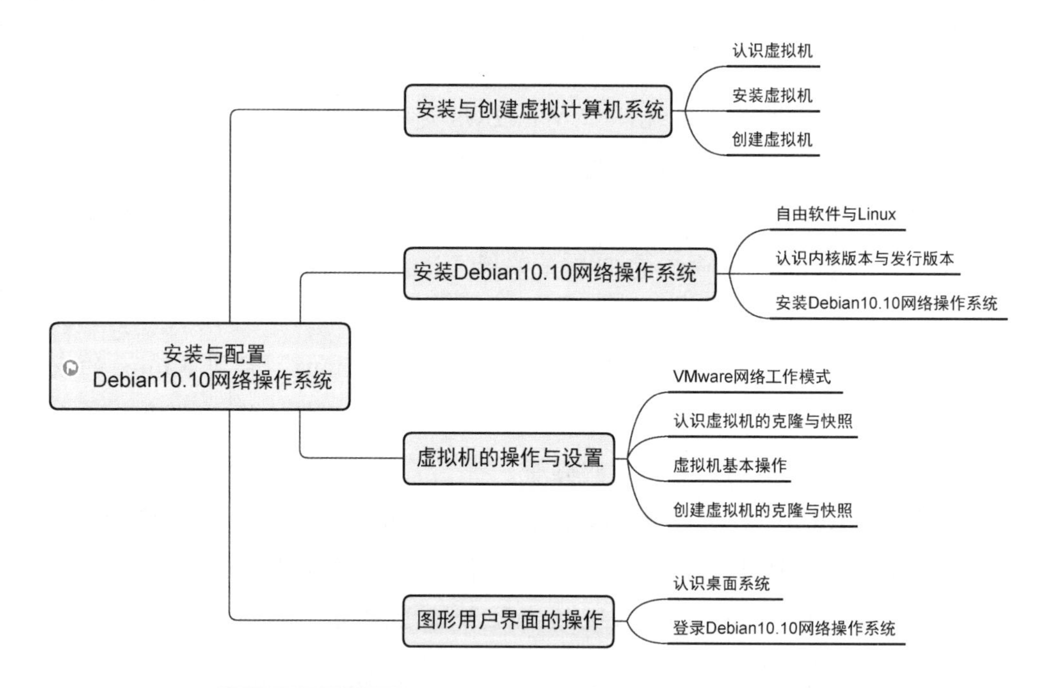

任务1.1 安装与创建虚拟计算机系统

任务描述

A 公司的管理员小赵，想学习 Debian 10.10 系统的安装方法和使用方法，现准备使用 VMware 虚拟机软件搭建网络实验环境。利用 VMware 虚拟化技术，用户可以在一台计算机上同时虚拟多台计算机，将其连成一个网络，甚至也可接入 Internet，模拟真实的网络环境。

多个虚拟机之间、虚拟机和物理主机之间也可通过虚拟网络共享文件，在它们之间复制文件。

为避免对物理主机造成破坏，对于初学者来说，通过虚拟机软件安装和管理 Debian 10.10 系统是较好的选择，具体要求如下。

（1）准备“VMware Workstation 16 Pro for Windows”安装文件，可从其官网中下载其试用版。

（2）安装“VMware Workstation 16 Pro for Windows”应用程序。

（3）创建一个新的虚拟机，其项目参数如表 1.1.1 所示。

表 1.1.1　创建虚拟机的项目参数

项　目	说　明
类型	典型（推荐）
客户机操作系统类型	Linux 的 Debian 10×64 位
虚拟机名称	Debian 10.10
存储位置	D:\Debian 10.10
硬盘类型和大小	20GB

✔ 任务实施

活动 1　认识虚拟机

1. 虚拟机简介

虚拟机（Virtual Machine）是一个软件，用户通过它能够模拟具有完整硬件系统功能的计算机系统。虚拟机可同物理计算机一样进行工作，如安装操作系统、服务网络资源等。虚拟机符合 X86 PC 标准，拥有自己的 CPU、内存、硬盘、光驱、软驱、声卡和网卡等系列设备。这些设备是由虚拟机软件工具“虚拟”出来的，但是在操作系统看来，这些“虚拟”出来的设备也是标准的计算机硬件设备，并将它们当作真正的硬件来使用。虚拟机在虚拟机软件工具的窗口中运行，可以在虚拟机中安装能在标准 PC 上运行的操作系统及软件，如 UNIX、Linux、Windows 和 Netware、MS-DOS 等。

在虚拟环境的计算机系统中常常会用到以下概念。

（1）物理计算机（Physical Computer）：运行虚拟机软件（如 VMware Workstation、Virtual PC 等）的物理计算机硬件系统，又称为宿主机。

（2）主机操作系统（Host OS）：在物理计算机上运行的操作系统，能够运行虚拟机软件（如 VMware Workstation 和 Virtual PC）。

（3）客户机操作系统（Guest OS）：运行在虚拟机中的操作系统。注意，它不等于桌面操作系统（Desktop Operating System）和客户端操作系统（Client Operating System），因为虚拟机中的客户端操作系统可以是服务器操作系统，如在虚拟机上安装 Debian10.10 系统。

（4）虚拟硬件（Virtual Hardware）：虚拟机通过软件模拟出来的硬件系统，如 CPU、

HDD、RAM 等。

例如，在一台安装了微软 Windows 10 操作系统的物理计算机上安装虚拟机软件，那么主机操作系统指的是微软 Windows 10 操作系统，如果虚拟机上运行的是 Debian 10.10 操作系统，那么客户端操作系统指的就是 Debian 10.10 操作系统。

2. 虚拟机软件

目前，虚拟机软件的种类比较多。有功能相对简单的 PC 桌面版本，适合个人使用，如 VirtualBox 和 VMware Workstation；有功能和性能都非常完善的服务器版本，适合服务器虚拟化使用，如 Xen、KVM、Hyper-V 和 VMware vSphere。

VMware 是全球云基础架构和移动商务解决方案厂商，提供基于 VMware 的解决方案，该企业主要涉及的业务包括数据中心改造、公有云整合等。VMware 最常用的产品就是 VMware Workstation（VMware 工作站）。VMware 的桌面产品非常简单、便捷，支持多种主流的操作系统，如 Windows、Linux 等，并且提供多平台版本。

活动 2 安装虚拟机

01 双击下载好的 VMware Workstation 16 Pro 安装文件，将会看到虚拟机软件的安装向导界面，单击“下一步”按钮，如图 1.1.1 所示。

02 在“最终用户许可协议”界面，勾选“我接受许可协议中的条款”复选框，单击“下一步”按钮，如图 1.1.2 所示。

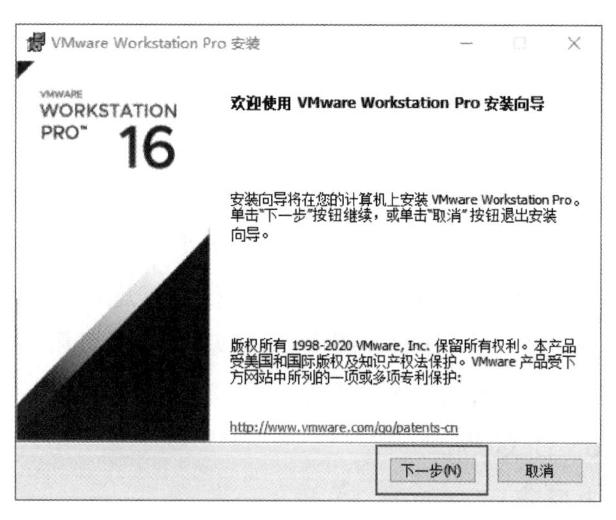

图 1.1.1 安装向导界面

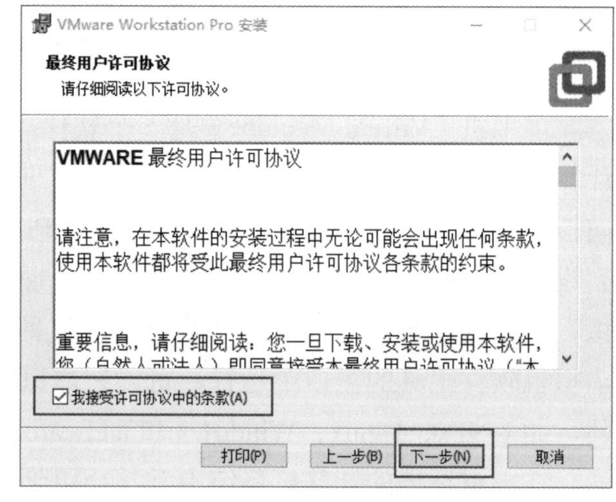

图 1.1.2 最终用户许可协议界面

03 在“选择程序安装路径”界面，选择安装目录和是否安装增强型键盘驱动，此处采用默认配置，单击“下一步”按钮。

04 在“用户体验设置”界面，此处采用默认配置，单击“下一步”按钮。

05 在“快捷方式”界面，此处采用默认配置，单击“下一步”按钮。

06 在“已准备好安装 VMware Workstation Pro”界面，单击“安装”按钮进行安装，如图 1.1.3 所示。

07 在“正在安装 VMware Workstation Pro”界面，可以看到正在安装的状态，如图 1.1.4 所示。

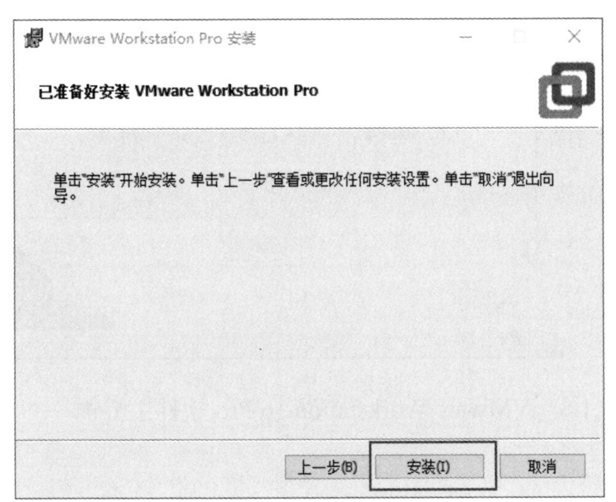

图 1.1.3　已准备好安装

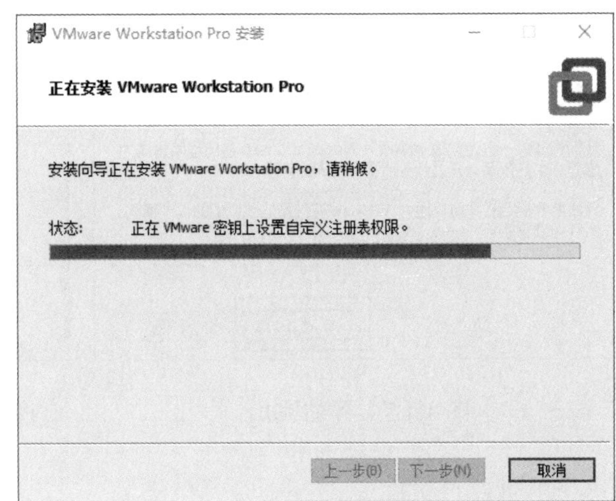

图 1.1.4　正在安装

08 在“VMware Workstation Pro 安装向导已完成”界面，单击“完成”按钮完成安装，如图 1.1.5 所示。

09 安装完成之后，双击桌面上的“VMware Workstation 16 Pro”图标，选中“我希望试用 VMware Workstation 16 30 天”单选项，单击“继续”按钮，如图 1.1.6 所示。

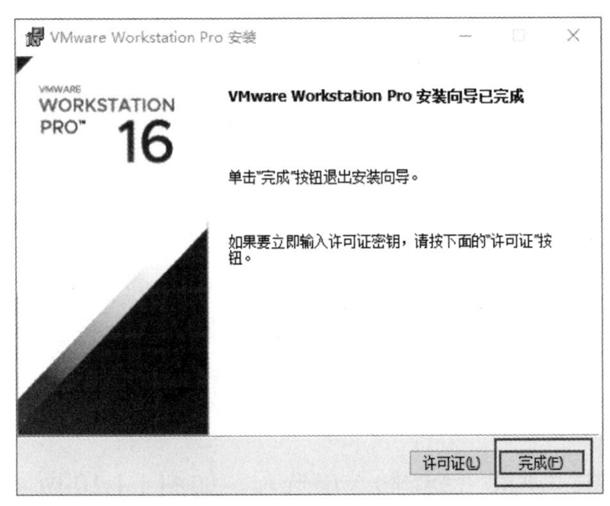

图 1.1.5　安装完成界面

图 1.1.6　VMware Workstation 16 Pro 试用

10 单击“完成”按钮，如图 1.1.7 所示。

11 此时出现 VMware Workstation 16 Pro 软件主界面，表示安装完成，如图 1.1.8 所示。

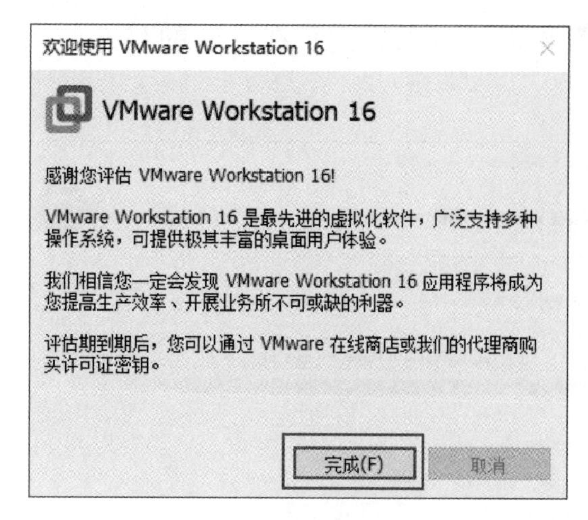

图 1.1.7　评估完成

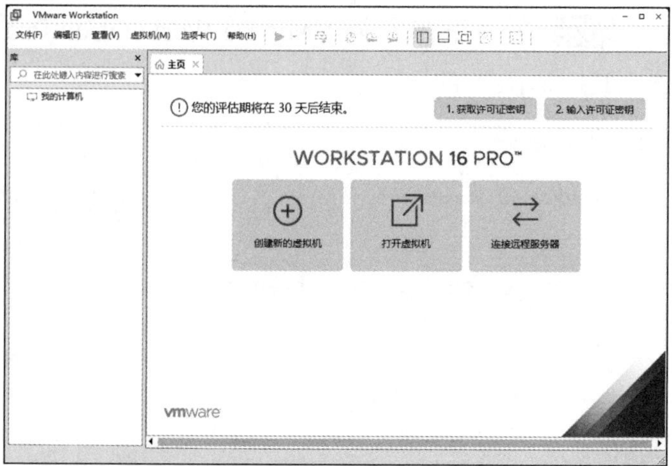

图 1.1.8　VMware Workstation 16 Pro 软件主界面

活动 3　创建虚拟机

01 单击 VMware Workstation 16 Pro 主界面中的“创建新的虚拟机”按钮，开始创建新的虚拟机系统，如图 1.1.9 所示。

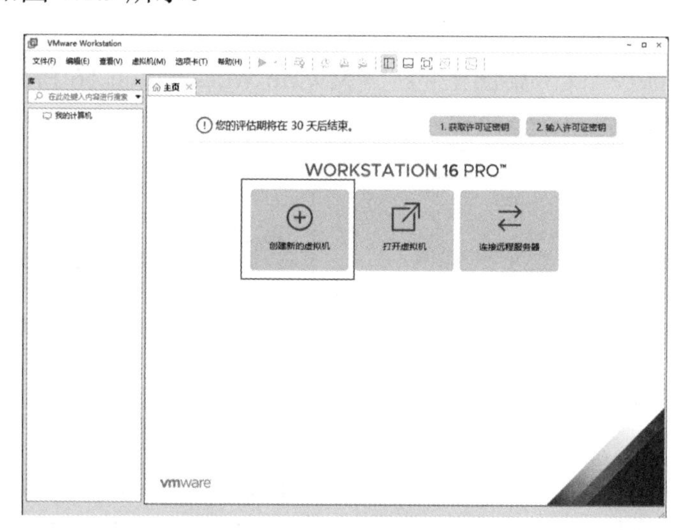

图 1.1.9　创建新的虚拟机

02 进入“新建虚拟机向导”界面，选中“典型（推荐）”单选项，如图 1.1.10 所示。

03 选中“稍后安装操作系统”单选项，如图 1.1.11 所示。

【小贴士】

虚拟机的创建方式包括典型和自定义。“典型”方式可以使用较为普通的设备创建、配置选项，创建新的虚拟机；“自定义”方式可以使创建者以更多选择项定制地创建新的虚拟机。

04 选择客户机操作系统的类型，如图 1.1.12 所示。

05 输入虚拟机名称，并确认虚拟机的保存位置，如图 1.1.13 所示。

图 1.1.10　选择配置类型

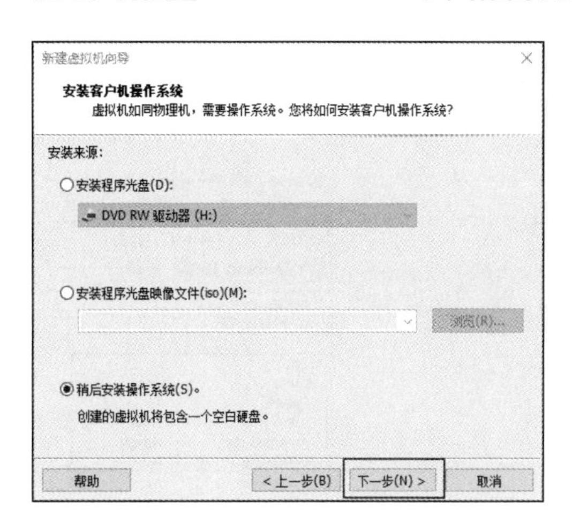

图 1.1.11　设置稍后安装操作系统

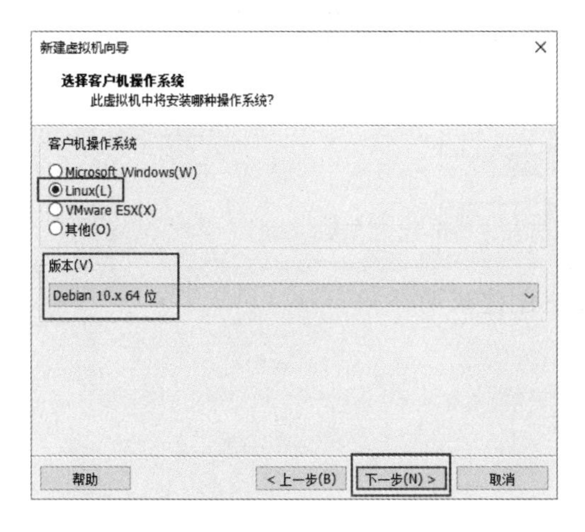

图 1.1.12　选择客户机操作系统的类型

图 1.1.13　设置虚拟机名称和位置

> **【小贴士】**
> 通过选择“编辑”→“首选项”菜单项可更改默认位置。

06 设置虚拟机磁盘大小为 20GB，如图 1.1.14 所示。

07 虚拟机设置完成后会显示摘要界面，在单击“完成”按钮之前，可以单击“自定义硬件”按钮，对硬件进行简单设置，如图 1.1.15 所示。

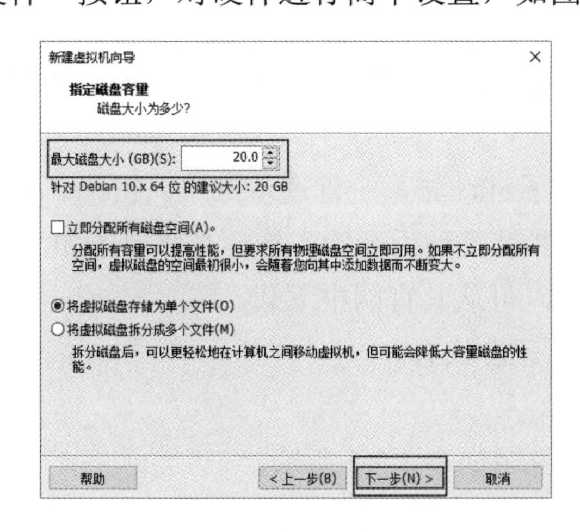

图 1.1.14　设置磁盘容量

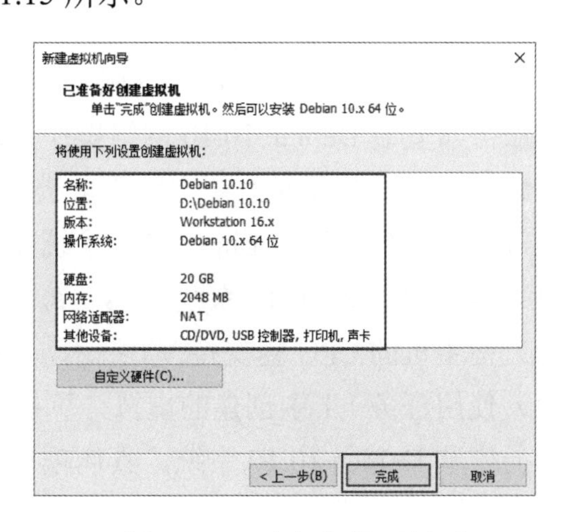

图 1.1.15　虚拟机摘要界面

08 至此，虚拟机的创建步骤全部完成。图 1.1.16 的左侧是虚拟机的硬件摘要信息，右侧是预览窗口。

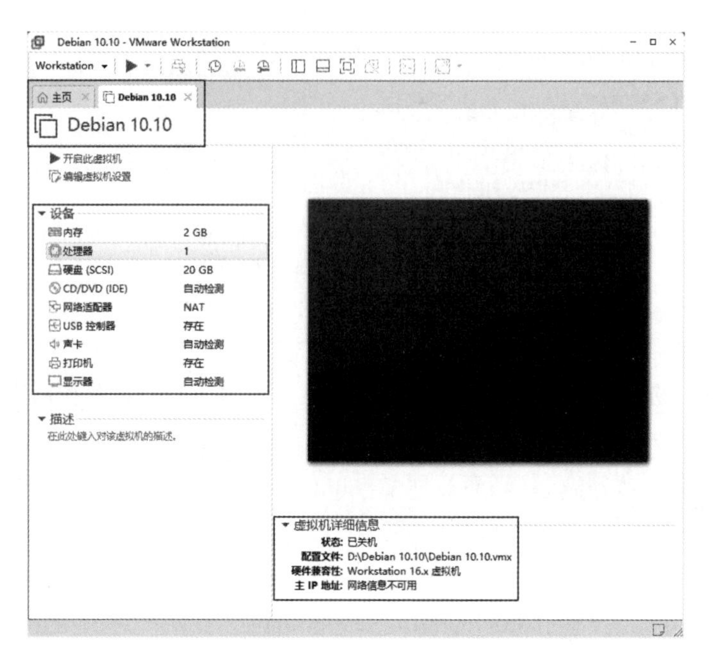

图 1.1.16　新的虚拟机创建成功

✔ 任务小结

（1）VMware Workstation 16 Pro 虚拟机软件功能强大，安装比较简单。

（2）在虚拟机软件下创建虚拟机系统时，应注意内存、硬盘大小和保存位置。

任务1.2　安装Debian 10.10网络操作系统

✔ 任务描述

A 公司购置服务器后，需要为服务器安装相应的操作系统。要求管理员小赵按照要求为新增服务器安装 Debian 10.10 网络操作系统。

安装操作系统前要对系统安装需求进行详细了解，如系统管理员账户、密码、磁盘分区情况等。小赵先从认识 Linux 操作系统开始，并准备动手开始实施。具体要求如下。

（1）准备 Debian 10.10 系统的 ISO 镜像文件，可从其官网中下载。

（2）宿主机的 CPU 需支持 VT 技术，并处于开启状态。

（3）使用任务 1.1 中创建的虚拟计算机系统。

（4）安装 Debian 10.10 系统，具体项目参数说明如表 1.2.1 所示。

表 1.2.1　安装 Debian 10.10 系统的项目参数

项　　目	说　　明
安装方式	Graphical Install
安装过程中的语言	Chinese（Simplified）-中文（简体）
区域，键盘	中国，美式英语
主机名	Debian
域名	yiteng.com
Root 用户密码	123456
普通用户名和密码	普通用户名为 CHRIS，密码为 123456
磁盘分区	整个磁盘，将所有文件放在同一个分区中
软件选择	默认
GRUB 安装至磁盘	/dev/sda
其他项目	采用默认配置

任务实施

活动 1　自由软件与 Linux

1. 自由软件

自由软件有两个特点：第一，可免费提供给任何用户使用；第二，指它的源代码公开和可自由修改。所谓可自由修改是指用户可以对公开的源代码进行修改，以使自由软件更加完善，还可在对自由软件进行修改的基础上开发上层软件。

自由软件的出现给人们带来了很多好处。首先，免费的软件可给用户节省一笔费用。其次，自由软件公开源代码，这样做的好处之一是可吸引尽可能多的开发者参与软件的查错与改进，正如 Linux 的指导思想“BUG 就像影子一样，只会出现在阳光照不到的角落中”。

自由软件创始人 Richard M. Stallman 是黑客中的圣者，是 GNU Project 的创始人。他于 1984 年开发自由开放的操作系统 GNU（Gun is Not UNIX），以此向计算机用户提供自由开放的选择。GNU 是自由软件，任何用户都可以免费复制、重新分发和修改。

2. Linux 及其历史

Linux 是一个操作系统，同时是一个自由软件，它是免费的、源代码开放的，其目的是建立不受任何商品化软件版权制约的、全世界都能自由使用的 UNIX 兼容产品。

Linux 最初是由芬兰赫尔辛基技术大学计算机系大学生 Linus Torvalds 在 1990 年至 1991 年的几个月中，为了自己的操作系统课程和后来的上网用途而陆续编写的，在他的 Intel 386 PC 上，利用 Tanenbaum 教授设计的微型 UNIX 操作系统 Minix 作为开发平台。Linus Torvalds 说，刚开始的时候根本没有想到要编写一个操作系统的内核，更没有想到这个举动会在计算机界产生如此重大的影响。开始是一个进程切换器，然后是为了自己上网的需要而自行编写的终端仿真程序，再后来是为了从网上下载文件的需要而自行编写的硬盘驱动程序和文件系统，这时他才发现已经实现了一个几乎完整的操作系统内核，Linus Torvalds 希望这个内核能够免费使用，但出于谨慎，他并没有在 Minix 新闻组中公布，而只是于 1991 年底在赫尔辛基技术大学的一台 FTP 服务器上发了一则消息，说用户可以下载 Linux 的公开版本（基于 Intel 386 体系结构）和源代码。从此以后，奇迹就发生了。

由于它是在 Internet 上发布的，所以网上的任何人在任何地方都可以得到 Linux 的基本文件，并可通过电子邮件发表评论或提供修正代码。这些 Linux 的爱好者既有将之作为学习和研究对象的大专院校的学生，以及科研机构的科研人员，也有网络黑客等，他们所提供的所有初期上载代码和评论，后来证明对 Linux 的发展至关重要。正是在众多爱好者的努力下，Linux 在不到三年的时间里成为一个功能完善、稳定可靠的操作系统。

今天，Linux 已经成为一个功能完善的主流网络操作系统。它作为服务器的操作系统，包括配置和管理各种网络所需的所有工具，并得到 Oracle、IBM、惠普、戴尔等大型 IT 企业的支持，越来越多的企业开始采用 Linux 作为服务器的操作系统，还有很多用户采用 Linux 作为桌面操作系统。

3. Linux 的特点

Linux 在短短的几年之内得到了迅猛的发展，与其良好特性是分不开的，它包含了 UNIX 的全部功能和特性，其主要特性如下。

（1）多用户：指系统资源可以被不同用户各自拥有使用，即每个用户对自己的资源（如文件、设备）有特定的权限，互不影响。Linux 和 UNIX 都具有多用户的特性。

（2）多任务：这是现代计算机最主要的一个特点，指计算机能同时执行多个程序，而且各个程序的运行互相独立。Linux 系统可调度每一个进程平等地访问微处理器。

（3）出色的速度性能：Linux 可以连续运行数月、数年而无须重新启动，与 NT（经常死机）相比，这一点尤其突出。即使作为台式机的操作系统，与许多用户非常熟悉的 UNIX 相比，它的性能也显得更为优秀。Linux 不太在意 CPU 的速度，它可以把处理器的性能发挥到极限，用户会发现，影响系统性能提高的限制因素主要是其总线和磁盘 I/O 的性能。

（4）良好的用户界面：Linux 向用户提供了三种界面，即用户命令界面、系统调用界面和图形用户界面。

（5）丰富的网络功能：Linux 是在 Internet 基础上产生并发展起来的，因此，完善的内置网络是其一大特点。Linux 在通信和网络功能方面优于其他操作系统。

（6）可靠的系统安全：Linux 采取了许多安全技术措施，包括对读/写进行权限控制、带保护的子系统、审计跟踪、核心授权等，可为网络多用户环境中的用户提供必要的安全保障。

（7）良好的可移植性：可移植性是指将操作系统从一个平台转移到另一个平台后仍然能按其自身方式运行的能力。Linux 是一种可移植的操作系统，能够在从微型计算机到大型计算机的任何环境和任何平台上运行。可移植性为运行 Linux 的不同计算机平台与其他任何机器进行准确而有效的通信提供了手段，不需要另外增加特殊和昂贵的通信接口。

（8）标准的兼容性：Linux 是一个与可移植操作系统接口（Portable Operating System Interface，POSIX）相兼容的操作系统，它所构成的子系统支持所有相关的 ANSI、ISO、IETF 和 W3C 业界标准。为了使 UNIX System V 和 BSD 上的程序能直接在 Linux 上运行，Linux 还增加了部分 System V 和 BSD 的系统接口，使 Linux 成为一个完善的 UNIX 程序开发系统。Linux 也符合 X/Open 标准，具有完全自由的 X Window 实现。虽然 Linux 在对工业标准的支持上做得非常好，但是由于各 Linux 发布厂商都能自由获取和接触 Linux 的源代码，所以各厂家发布的 Linux 仍然存在细微的差别。其差异主要存在于所捆绑应用软件的版本、安装工具的版本和各种系统文件所处的目录结构等。

4. Linux 的组成

Linux 由内核、外壳和应用程序构成，如图 1.2.1 所示。硬件平台是 Linux 系统运行的基础，目前它可以在几乎所有类型的计算机硬件平台上运行。

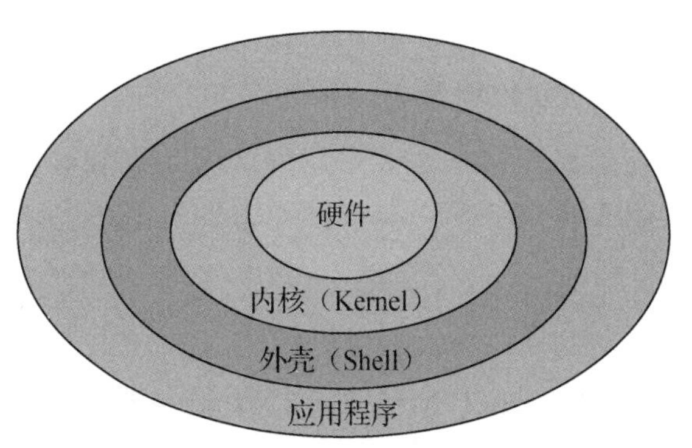

图 1.2.1 Linux 结构层次

（1）内核（Kernel）：系统的“心脏”，是运行程序和管理（如磁盘及打印机等）硬件设备的核心程序。

（2）外壳（Shell）：系统的用户界面，提供了用户与内核进行交互操作的一种接口。外壳是一个命令解释器，解释用户输入的命令并把它们送到内核中执行。目前，外壳有 BASH、CSH 等版本。

（3）应用程序：标准的 Linux 都有一套称为应用程序的程序集，包括文本编辑器、编程语言、X Window、办公套件、Internet 工具、数据库等。

5. Linux 的应用领域

Linux 自诞生到现在，已经在各个领域得到了广泛应用，显示了强大的生命力，并且其应用正日益扩大。

（1）教育领域

首先，设计先进和源代码公开这两大特性使 Linux 成为操作系统课程的好教材。

其次，OLPC（One Laptop Per Child）项目是由麻省理工学院多媒体实验室在 2005 年发起并组织的。OLPC 生产接近 100 美元的笔记本电脑，交付给对这个项目有兴趣的发展中国家，由该国政府直接提供给成千上万处于困境的儿童，这些笔记本电脑都使用了 Linux 操作系统，降低知识鸿沟，故又称为百元电脑。OLPC 已如愿开发出了 OLPC XO 笔记本电脑，可充分利用 Linux 的开放平台优势。

（2）服务器领域

Linux 服务器应用广泛，具有稳定、健壮、系统要求低、网络功能强等特点，使 Linux 成为 Internet 服务器操作系统的首选，现已达到了服务器操作系统市场 40%以上的占有率。例如，成立于 2001 年 1 月 15 日的维基百科就使用 Linux 操作系统。现在维基百科每月的页面浏览量大约是 100 亿人次。

（3）云计算领域

在构建云计算平台的过程中，开源技术起到了不可替代的作用。从某种程度上说，开源是云计算的灵魂。大多数的云基础设施平台都使用了 Linux 操作系统。

目前，已经有多个云计算平台的开源实现，主要的开源云计算项目有 Eucalyptus、OpenStack、CloudStack 和 OpenNebula 等。

（4）嵌入式领域

Linux 是最适合嵌入式开发的操作系统，其应用涵盖的领域极为广泛，嵌入式领域将是 Linux 最大的发展空间。迄今为止，在主流 IT 界中取得最大成功的当属由谷歌开发的 Android 系统，它是基于 Linux 的移动操作系统，具体的嵌入式应用有移动通信终端、网络通信设备、智能家电设备、车载电脑和自动柜员机（ATM）等。

（5）政府领域

在我国已有众多机构使用了 Linux 操作系统。例如，早在 2002 年，北京市东城区政府就建立了基于 Linux 服务器平台的电子政务系统。

（6）企业领域

利用 Linux 系统可以使企业用低廉的投入架设 E-mail 服务器、WWW 服务器、DNS 服务器和 DHCP 服务器、目录服务器、防火墙、文件和打印服务器、代理服务器、透明网关、路由器等。

当前，亚马逊、思科、IBM、京东等都是 Linux 用户。

（7）桌面领域

Linux 在桌面应用方面进行改进，达到了相当高的水平，完全可以作为一种集办公应用、多媒体应用、网络应用等多方面功能于一体的图形界面操作系统。

常用的面向桌面的 Linux 系统包括 Linux Mint、Ubuntu Desktop 等。此外，国产的 Linux 发布也专门为国内用户的软件使用习惯进行了优化，如由中国 CCN 联合实验室支持和主导的开源项目优麒麟（Ubuntu Kylin）Linux 操作系统、由中标软件和国防科技大学强强联手合作推出的标麒麟（Neo Kylin）Linux 操作系统和由武汉深之度科技有限公司推出的基于 Ubuntu 发行版的深度（Deepin）Linux 操作系统等。

活动 2　认识内核版本与发行版本

虽然在普通用户看来，Linux 操作系统是以一个整体出现的，但它其实是由内核（Kernel）版本和发行（Distribution）版本两部分组成的，每个部分都有不同的含义和相关规定。

1. Linux 内核版本

Linux 内核属于设备与应用程序之间的抽象介质，应用程序可以通过内核控制硬件。

在创始人 Linus Torvalds 领导下的开发小组控制着 Linux 的内核开发与规范。目前的最新版本为 5.13.8，并且每隔一段时间就会更新一次版本，使得内核版本越来越完善和强大。

在一般情况下，Linux 内核版本的编号有严格的定义标准，为了分辨统一，由三个数字组成，格式为“主版本号.次版本号.修订版本号”。

第 1 个数字表示主版本号，也就是进行大升级的版本，对应内核的重大变更。

第 2 个数字表示次版本号，该数字为偶数表示生产版本，该数字为奇数表示测试版本。

第 3 个数字表示修订版本号，表示某些小的功能改动或优化，一般是把若干优化整合在一起统一对外发布。

使用者可以到 Linux 官方网站下载所需要的内核版本，如图 1.2.2 所示。

图 1.2.2　下载 Linux 内核版本的官方网站

2. Linux 发行版本

如果没有高层应用软件的支持，只有内核的操作系统是无法供用户使用的。由于 Linux 的内核是开源的，任何人都可以对内核进行修改，有一些商业公司以 Linux 内核为基础，开发了配套的应用程序，并将其组合在一起以发行版本的形式对外发行，又称 Linux 套件。现在我们提到的 Linux 操作系统一般指的是这些发行版本，而不是 Linux 内核版本。常用的 Linux 发行版本有 Red Hat、CentOS、Ubuntu、openSUSE、Debian 及国产的红旗 Linux 等，如表 1.2.2 所示。

表 1.2.2　常见的 Linux 发行版本

类　型	发 行 版 本
商业支持版本	Red Hat Enterprise Linux
	Mandrake Linux
	SUSE Enterprise Linux
社区发布版本	CentOS Linux
	Ubuntu Linux
	Debian Linux
	openSUSE Linux
	Fedora Linux
	Gentoo Linux

（1）Fedora

Fedora 是一套知名度较高的 Linux 发行版本，由 Fedora 项目社区开发、红帽公司赞助，目标是创建一套新颖、多功能，并且开放源代码的操作系统。

Fedora 基于 Red Hat Linux 衍生而来。在 Red Hat Linux 终止发行后，红帽公司项目以 Fedora 来取代 Red Hat Linux 在个人领域的应用，而另外发行的 Red Hat Enterprise Linux 则取代 Red Hat Linux 在商业领域的应用。

Fedora 对于用户而言，是一套功能完备、更新快速的免费操作系统；而对于赞助者红帽公司而言，它是许多新技术的测试平台，被认为可用的技术最终会加入 Red Hat Enterprise Linux 中。Fedora 大约每 6 个月发布一次新版本，其图标如图 1.2.3 所示。

（2）Debian

Debian 绝对是 Linux 发行版本中的佼佼者。它也是最古老的 Linux 发行版本之一，很多其他 Linux 发行版本都基于 Debian 发展而来，如 Ubuntu、Google Chrome OS 等。

Debian 分为三个版本，即稳定版本（Stable）、测试版本（Testing）、不稳定版本（Unstable）。该发行版本由 Debian 项目开发社区维护，诞生于 1993 年。Debian 是一套全部由免费软件构成的操作系统，其最新版本为 10.10，可支持 GNOME、KDE、Xfce 和 LXDE 等桌面环境，其图标如图 1.2.4 所示。

图 1.2.3　Fedora 图标

图 1.2.4　Debian 图标

Lan Murdock 是 Debian GNU/Linux 发行版本的创始人，曾是 Linux 基金会（Linux Foundation）的首席技术长官（CTO），以及 Linux 平台交互标准 LSB（Linux Standard Base）的主席。

（3）Ubuntu

Ubuntu 是基于 Debian 开发而来的，其基本目标是为用户提供良好的用户体验和技术支持。实际上，Ubuntu 的发展非常迅猛，其应用领域已经扩展到了云计算、服务器、个人桌面，甚至移动终端（如手机和平板电脑等）。此外，在 Ubuntu 的基础上，也衍生出了十几个发行版本，包括 Edubuntu、Kubuntu、Ubuntu GNOME、Ubuntu MATE、Ubuntu Kylin、Ubuntu Server、Ubuntu Studio、Ubuntu Touch 和 Ubuntu TV 等，它们有的应用于专门的领域，如 Edubuntu 专门面向教育领域，可以用在教室等场合，Ubuntu Studio 提供了大量开源的多媒体处理工具，用户可以用来处理视频、音频或图片等；有的用于不同的设备，如 Ubuntu Server 运行在服务器上，Ubuntu Touch 专门用于触摸设备。Ubuntu 图标如图 1.2.5 所示。

（4）openSUSE

openSUSE 的前身为 SUSE Linux 和 SUSE Linux Professional，主要由 SUSE 公司赞助。它的开发重心是为软件开发者和系统管理者创造适用的开放源代码的工具，并且提供易于使用的桌面环境和功能丰富的服务器环境。openSUSE 针对桌面环境进行了一系列的优化，对 Linux 初学者较为友好。目前最新的稳定版本为 openSUSE Leap 42.2。

2003 年 11 月 4 日，Novell 公司收购 SUSE Linux AG 后创建了 openSUSE，YaST（Yet another Setup Tool）作为 openSUSE 的重要特性之一包含在内。它是一套集系统安装、网络设定、RPM 软件包安装、在线更新、硬盘分区等诸多功能于一身的管理工具，以其管理功能及集成界面见长。openSUSE 图标如图 1.2.6 所示。

图 1.2.5　Ubuntu 图标

图 1.2.6　openSUSE 图标

（5）CentOS

CentOS（Community Enterprise Operating System）是 Linux 发行版本之一，它来自于 Red Hat Enterprise Linux 依照开放源代码规定发布的源代码所编译而成。由于出自同样的源代码，因此有些要求高度稳定性的服务器以 CentOS 替代商业版的 Red Hat Enterprise Linux（RHEL）使用。两者的不同点在于，CentOS 并不包含商业源码软件。CentOS 对上游代码的主要修改是为了移除不能自由使用的商业软件包。

CentOS 和 RHEL 一样，都可以使用 Fedora EPEL 来补足软件。CentOS 目前的最新版本为 CentOS 7。CentOS 图标如图 1.2.7 所示。

（6）Red Hat Enterprise Linux

Red Hat Enterprise Linux 是一个由红帽公司开发的商业市场导向的 Linux 发行版本。红帽公司从 Red Hat Enterprise Linux 5 开始对企业版 Linux 的每个版本提供 10 年的支持。Red Hat Enterprise Linux 大约每 3 年发布一个新版本，它可以使用 Fedora EPEL 来补足软件。RHEL 图标如图 1.2.8 所示。

图 1.2.7　CentOS 图标

图 1.2.8　RHEL 图标

（7）中国自主操作系统

中国自主的操作系统有银河麒麟（Kylin）、阿里 OS、同洲 960 等，这些都是基于开源的 Linux。最新的 COS（China Operating System，中国操作系统）则不是开源的。

活动 3　安装 Debian 10.10 网络操作系统

1. 编辑虚拟机设置

在图 1.2.9 所示的主界面中，单击“编辑虚拟机设置”按钮，弹出“虚拟机设置”对话框，选择“CD/DVD（IDE）”选项，设置虚拟机的安装源，在对话框右侧选中“使用 ISO 映像文件”单选按钮，并选择实际的映像文件，如图 1.2.10 所示。

图 1.2.9　虚拟机 Debian 10.10 系统主界面

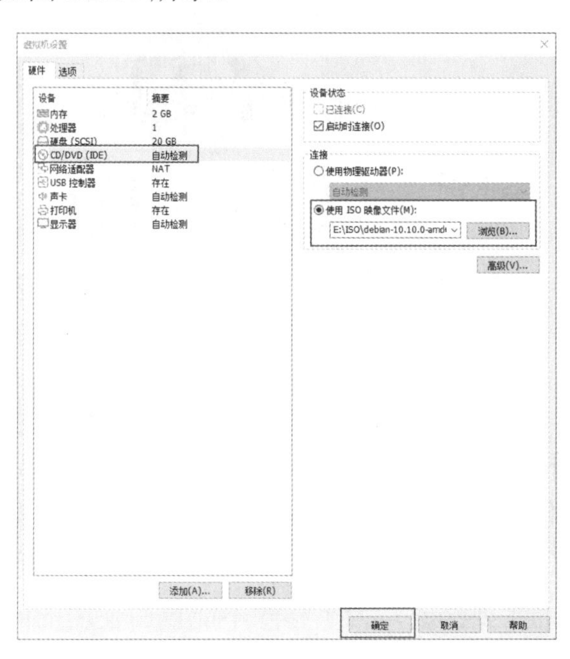

图 1.2.10　设置虚拟机的安装源

2. 开始安装 Debian 10.10 网络操作系统

01 启动新建的虚拟机系统。

在主界面中单击“开启此虚拟机”按钮，开始安装 Debian 10.10 系统（该操作类似打开硬件电源启动计算机）。首先进入的是 Debian 10.10 系统安装引导界面，如图 1.2.11 所示。安装引导界面中有 6 个选项：“Graphical Install”、“Install”、“Advanced options”、“Accessible dark contrast installer menu”、“Help” 和 “Install with speech synthesis”，分别表示图形安装、文本安装、高级选项、可访问的暗对比度安装菜单、帮助和安装语音合成，这里直接选择“Graphical Install” 选项并按 Enter 键，进入 Debian 10.10 系统安装程序。

02 选择安装过程中的语言，初学者可以选择“Chinese（Simplified）-中文（简体）”后单击“Continue”按钮，如图 1.2.12 所示。

03 选择安装地区为“中国”，单击“继续”按钮，如图 1.2.13 所示。

04 选择配置键盘为“美式英语”，单击“继续”按钮，如图 1.2.14 所示。

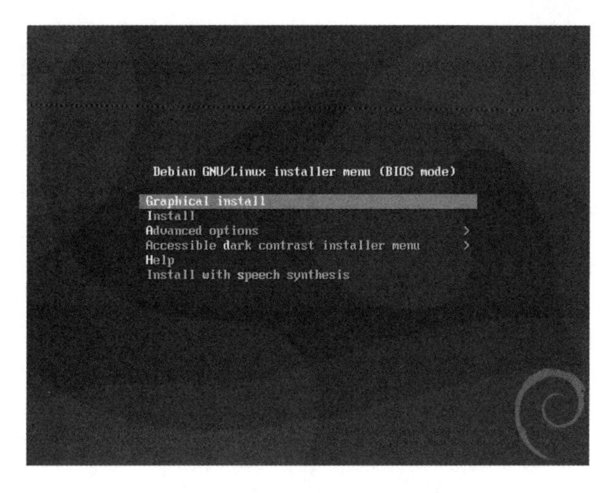

图 1.2.11　安装引导界面

图 1.2.12　选择安装过程中的语言

图 1.2.13　选择安装地区

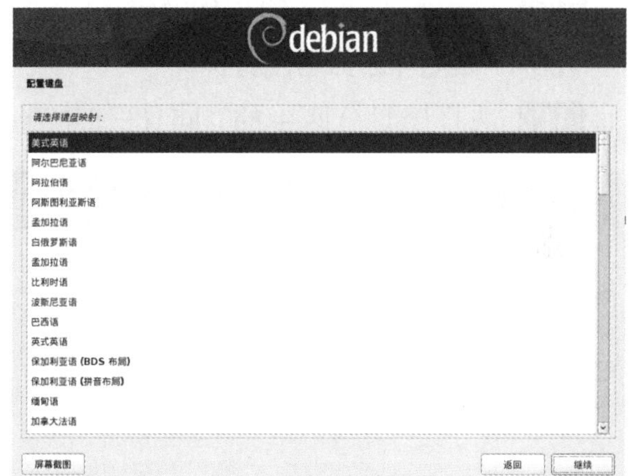

图 1.2.14　选择配置键盘

05 设置主机名为“debian”，单击“继续”按钮，如图 1.2.15 所示。

06 设置域名为“yiteng.com”，单击“继续”按钮，如图 1.2.16 所示。

图 1.2.15　设置主机名

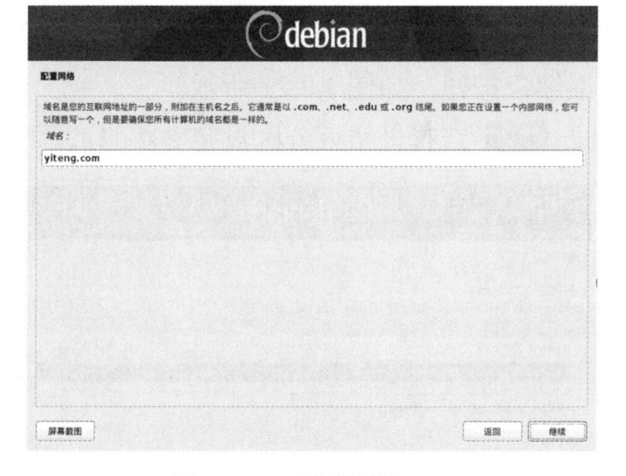

图 1.2.16　设置域名

07 设置管理员用户（root）的密码为“123456”（至少 6 位，连续输入 2 次），单击“继续”按钮，如图 1.2.17 所示。

08 设置新用户名为“CHRIS”，单击“继续”按钮，如图 1.2.18 所示。

图 1.2.17　设置管理员用户（root）密码

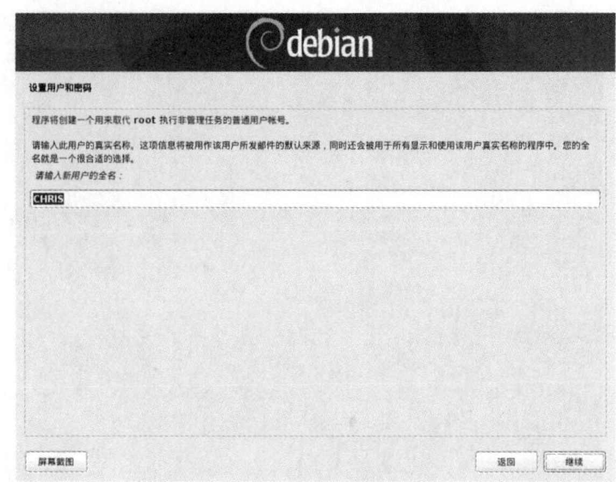

图 1.2.18　设置新用户名

09 设置普通用户 CHRIS 的密码为“123456”（至少 6 位，连续输入 2 次），单击“继续”按钮，如图 1.2.19 所示。

10 选择磁盘分区中的“向导-使用整个磁盘”，单击“继续”按钮，如图 1.2.20 所示。

图 1.2.19　设置普通用户 CHRIS 的密码

图 1.2.20　选择磁盘分区方法

11 选择磁盘分区方案为“将所有文件放在同一个分区中（推荐初学者使用）”，单击“继续”按钮，如图 1.2.21 所示。

12 选择“结束分区设定并将修改写入磁盘”，单击“继续”按钮，如图 1.2.22 所示。

图 1.2.21　选择磁盘分区方案

图 1.2.22　结束分区设定并将修改写入磁盘

13 选中“是”单选按钮，确认将磁盘分区写入磁盘，单击“继续”按钮，如图 1.2.23 所示。

14 出现安装基本系统的界面，等待一段时间，基本系统会安装结束，如图 1.2.24 所示。

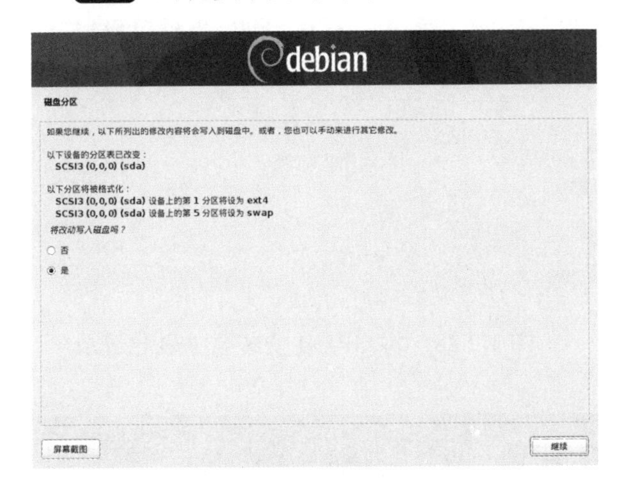

图 1.2.23　确认写入磁盘

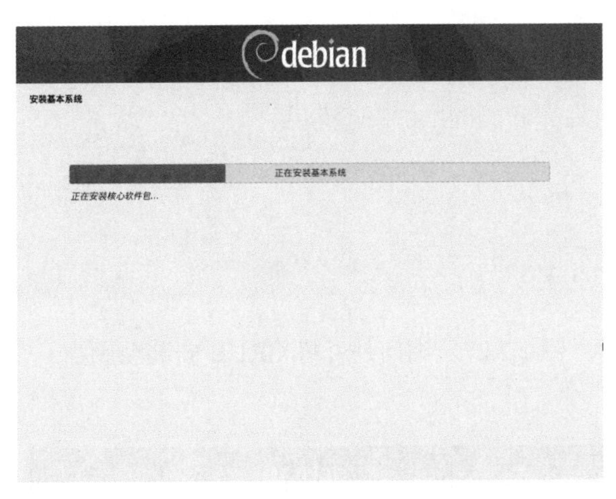

图 1.2.24　正在安装基本系统

15 进入“软件选择”界面，本任务选择默认安装，单击“继续”按钮，如图 1.2.25 所示。

16 出现“选择并安装软件”界面，等待一段时间，基本系统会安装结束，如图 1.2.26 所示。

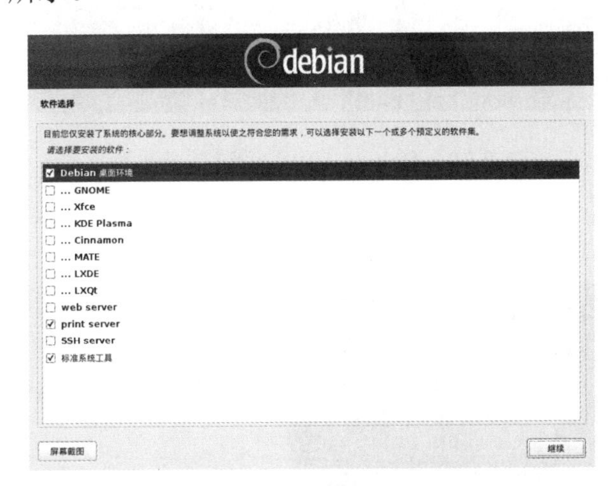

图 1.2.25　选择要安装的软件

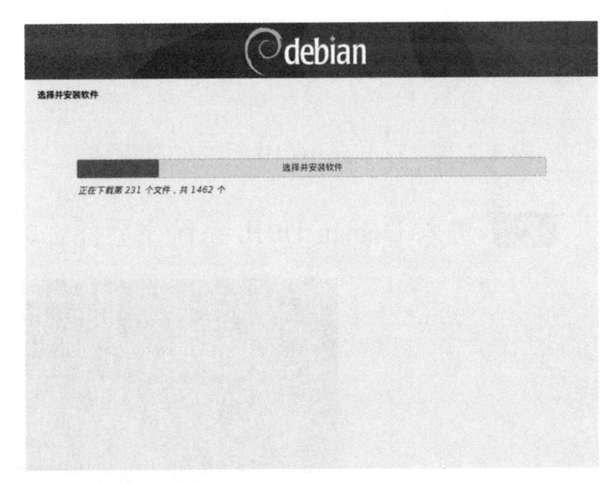

图 1.2.26　正在安装软件

17 进入“将 GRUB 安装至硬盘”界面，选中“是”单选按钮，单击“继续”按钮，如图 1.2.27 所示。

18 选择将 GRUB 安装至硬盘的“/dev/sda”主引导记录，单击“继续”按钮，如图 1.2.28 所示。

19 完成安装，单击“继续”按钮，重新引导系统，如图 1.2.29 所示。

20 初次登录系统，使用普通用户 CHRIS，并输入密码，单击“登录”按钮，如图 1.2.30 所示。

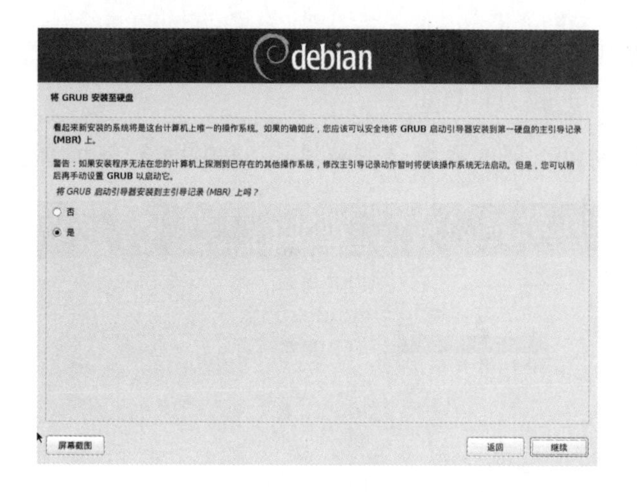

图 1.2.27　询问是否将 GRUB 安装至硬盘

图 1.2.28　将 GRUB 安装至主引导记录

图 1.2.29　Debian 10.10 系统安装完成

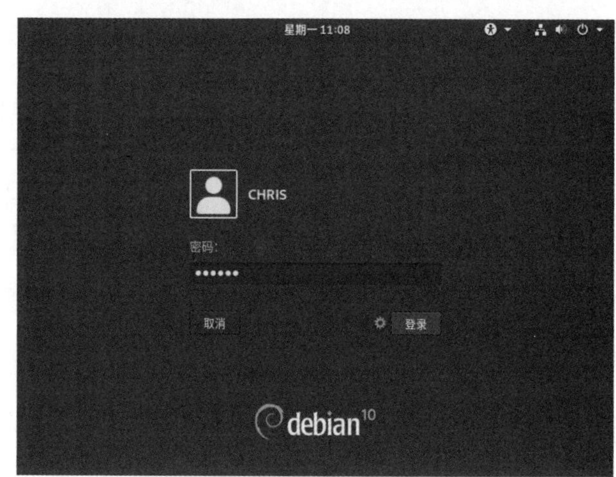

图 1.2.30　Debian 10.10 系统登录界面

21 进入 Debian 10.10 系统主界面，如图 1.2.31 所示。

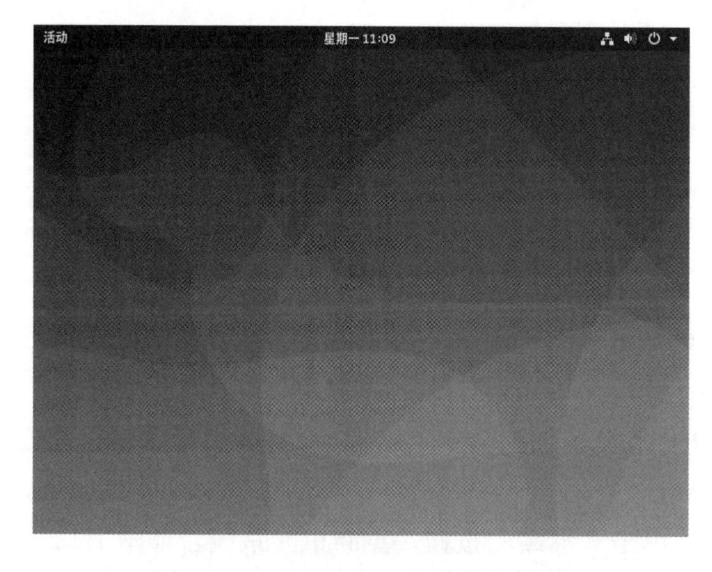

图 1.2.31　Debian 10.10 系统主界面

✔ 任务小结

（1）安装 Debian 10.10 网络操作系统时，需将 GRUB 安装至/dev/sda1 分区，否则引导失败。

（2）Debian 10.10 网络操作系统安装成功后，需要输入正确的用户名和密码才可登录。

任务1.3 虚拟机的操作与设置

✔ 任务描述

A 公司的网络管理员小赵，根据需求成功安装了 VMware Workstation 16 Pro 虚拟机软件，并且新建了基于 Debian 10.10 的虚拟主机，接下来的任务是进行虚拟机的操作与相关配置。

因为每台虚拟机的功能要求不同，虚拟机宿主机的性能也存在差异，因此需要对虚拟机进行配置，更改虚拟机的硬件参数和配置，需要在虚拟机关闭的情况下进行。网络管理员小赵需要对虚拟机的配置进行修改，具体要求如下。

（1）预先浏览虚拟机的存储位置“D:\ Debian 10.10\Debian 10.10.vmx”。

（2）对 Debian 10.10 虚拟机进行如表 1.3.1 所示的操作。

表 1.3.1 Debian 10.10 虚拟机的基本配置

项　目	说　明
基本操作	打开虚拟机，存储位置为 D:\Debian 10.10\Debian 10.10.vmx
	关闭虚拟机、挂起与恢复虚拟机和删除虚拟机
	修改虚拟机的网络连接类型为“桥接”
克隆	创建完整克隆，名称和位置均为默认
快照	创建快照，名称为“Debian 10.10 初始快照” 快照管理，将 Debian 10.10 虚拟机恢复到快照初始状态

✔ 任务实施

活动 1　VMware 网络工作模式

VMware Workstation 虚拟机有三种网络模式：桥接模式、NAT 模式和仅主机模式。在介绍 VMware Workstation 虚拟机的网络模式之前，首先有几个 VMware 虚拟网络设备的概念需要解释清楚，如表 1.3.2 所示。

表 1.3.2　VMware Workstation 虚拟机网络类型说明

虚拟网络设备（网卡）	作　用
VMnet0	Vmware 虚拟桥接网络下的虚拟交换机
VMnet1	Vmware 虚拟 Host-Only 网络下的虚拟交换机
VMnet8	Vmware 虚拟 NAT 网络下的虚拟交换机
VMware Network Adepter VMnet1	主机与 Host-Only 虚拟网络进行通信的虚拟网卡
VMware Network Adepter VMnet8	主机与 NAT 虚拟网络进行通信的虚拟网卡

1. 桥接模式（Bridged）

桥接模式是比较容易实现的一种虚拟网络。物理主机的物理网卡和虚拟机的网卡在 VMnet0 上通过虚拟网桥进行连接。也就是说，物理主机的物理网卡和虚拟机的虚拟网卡处于同等地位，此时，虚拟机就像物理主机所在的一个网段上的另一台计算机。如果物理主机网络存在 DHCP 服务器，那么物理主机和虚拟机都可以把 IP 地址获取方式设置为 DHCP 方式。

2. NAT 模式

在这种模式下，物理主机会变成一台虚拟交换机，物理主机网卡与虚拟机的虚拟网卡利用虚拟交换机进行通信，物理主机与虚拟机在同一网段中，虚拟机可直接利用物理网络访问 Internet。实现虚拟机连通互联网，只能单向访问，虚拟机可以访问网络中的物理主机，网络中的物理主机不可以访问虚拟机，虚拟机之间不可以互相访问。在这种方式下，虚拟机对外是不可见的。在 NAT 网络中，使用到 VMnet8 虚拟交换机，物理主机上的 VMware Network Adapter VMnet8 虚拟网卡连接到 VMnet8 交换机上，与虚拟机进行通信，但是 VMware Network Adapter VMnet8 虚拟网卡仅用于与 VMnet8 网段通信，并不为 VMnet8 网段提供路由功能，处于虚拟 NAT 网络下的虚拟机是使用虚拟 NAT 服务器连接到 Internet 上的。

3. 仅主机模式（Host-Only）

在主机中模拟出一张专供虚拟机使用的网卡，所有虚拟机都是连接到该网卡上的。这种模式仅让虚拟机内的主机与物理主机通信，不能访问 Internet。如果此时物理主机要和虚拟机通信，就需要使用 VMware Network Adapter VMnet1 这块虚拟网卡。

活动 2　认识虚拟机的克隆与快照

虽然安装和配置虚拟机都很方便，但安装和配置仍然是一项耗时的工作，在许多时候需要多个虚拟机来完成学习或实验，这时如果能够快速部署虚拟机就显得更加方便了，虚拟机软件提供的克隆功能恰恰可以做到这一点。克隆是通过一个已经存在的虚拟机作为父本，迅速地建立该虚拟机的副本。克隆出的虚拟机是一个单独的虚拟机，功能独立，在克隆出的系统中，即便共享父本的硬盘，所做的任何操作也不会影响父本，在父本中的操作也不会影响克隆的机器，机器的网卡 MAC 地址和 UUID（Universally Unique Identifier，通用唯一识别码）与父本都不一样。使用克隆可以轻松复制虚拟机的多个副本，而不用考虑虚拟机文件所在的位置及配置文件在什么地方。

1. 克隆的应用

当需要把一个虚拟机操作系统分发给多人使用时，克隆非常有效，如下列场景。

（1）在单位中可以把安装配置好办公环境的虚拟机克隆给每个工作人员使用。

（2）在软件测试时，可以把预先配置好的测试环境克隆给每个测试人员单独使用。

（3）老师可以把课程中要用到的实验环境准备好，然后克隆给每个学生单独使用。

2. 克隆的类型

（1）完整克隆

完整克隆是一个独立的虚拟机，克隆结束后不需要共享父本。它的过程是完全克隆一个副本，并且和父本完全分离。完全克隆是从父本的当前状态开始克隆的，克隆结束后和父本就不再关联了。

（2）链接克隆

链接克隆是从父本的一个快照克隆出来的。链接克隆需要使用父本的磁盘文件，如果父本不可使用（如被删除），那么链接克隆也不能使用了。

3. 认识虚拟机快照

在学习操作系统的过程中，往往会反复地对系统进行设置，特别是有些操作是不可逆的，即便是可逆的也费时费力。那么可不可以对系统的状态进行备份，在做完实验或实验失败后迅速恢复到实验前的状态呢？多数虚拟机提供了类似的功能，一般称之为“快照”。

“快照”是对虚拟机磁盘文件在某个点进行及时副本。它可以通过设置多个快照为不同的工作保存多个状态，并且不互相影响。快照可以在操作系统运行过程中随时设置，以后可以随时恢复到创建快照时的状态，创建和恢复都非常快，几秒钟就完成了。系统崩溃或系统异常，可以通过使用恢复到快照来保持磁盘文件系统和系统存储。

活动 3 虚拟机基本操作

1. 打开虚拟机

01 打开 VMware Workstation 主窗口的“主页”标签，单击“打开虚拟机”按钮，如图 1.3.1 所示。

02 在“打开”对话框中，浏览虚拟机的存储位置并选择虚拟机的配置文件“D:\Debian 10.10\Debian 10.10.vmx”，然后单击“打开”按钮，如图 1.3.2 所示。

【小贴士】

在虚拟机存储位置下，存储了有关该虚拟机的所有文件或文件夹，在 VMware Workstation 中，常用的文件扩展名及其作用如表 1.3.3 所示。

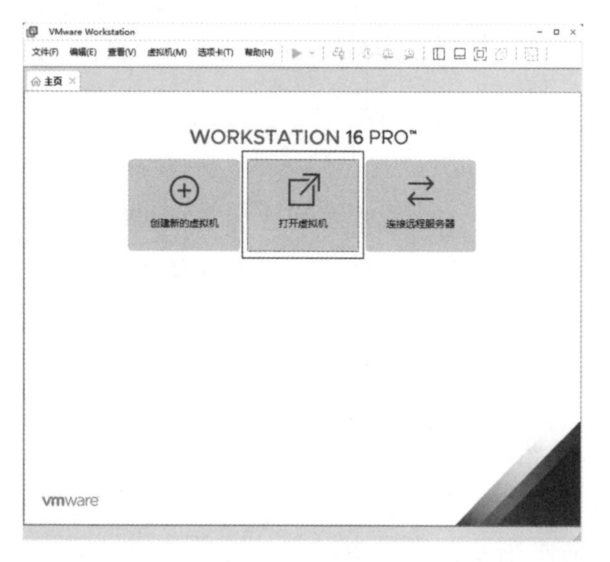

图 1.3.1　VMware Workstation 主窗口

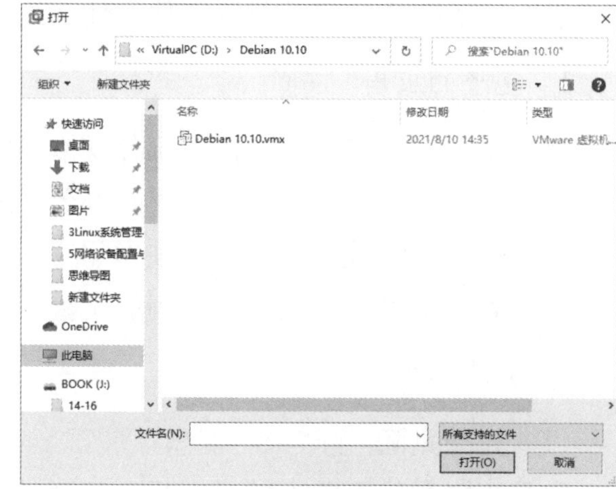

图 1.3.2　浏览虚拟机存储位置

表 1.3.3　常用的 VMware Workstation 虚拟机文件扩展名及其作用

文件扩展名	作　用
.vmx	虚拟机配置文件，存储虚拟机的硬件及设置信息，运行此文件即可显示该虚拟机的配置信息
.vmdk	虚拟磁盘文件，储存虚拟机磁盘里的内容
.nvram	储存虚拟机 BIOS 状态信息
.vmsd	储存虚拟机快照相关信息
.log	存储虚拟机运行信息，常用于对虚拟机进行故障诊断
.vmss	储存虚拟机挂起状态信息

03 返回 VMware Workstation 窗口并显示 Debian 10.10 标签后，单击“开启此虚拟机”按钮，如图 1.3.3 所示。

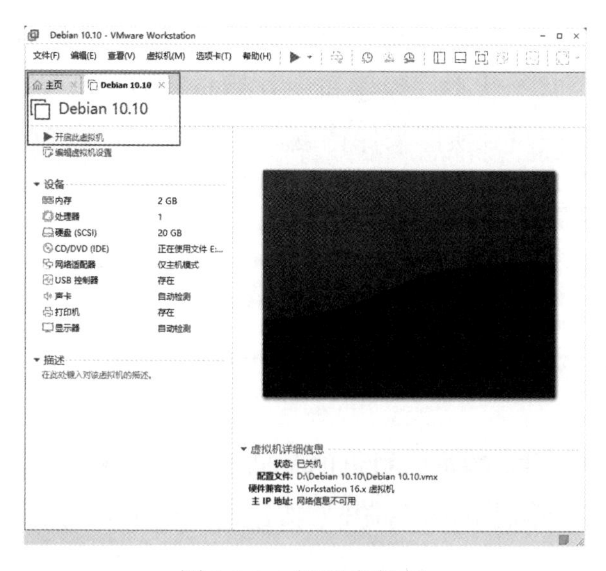

图 1.3.3　打开虚拟机

2. 关闭虚拟机

出现因虚拟机内操作系统蓝屏、死机等异常情况而无法正常关闭虚拟机时，可在

VMware Workstation 窗口中单击“挂起”按钮（两个橙色的竖线）后的下拉箭头，在弹出的菜单中选择“关闭客户机”选项，或者选择“关机”选项，如图 1.3.4 和图 1.3.5 所示。

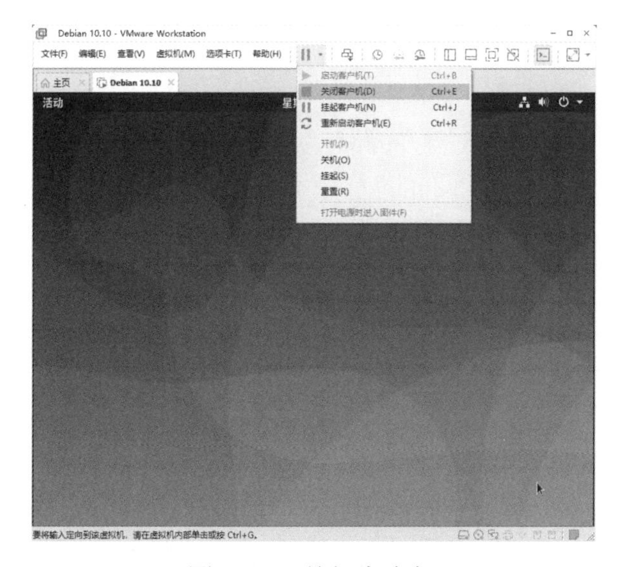

图 1.3.4　关闭客户机

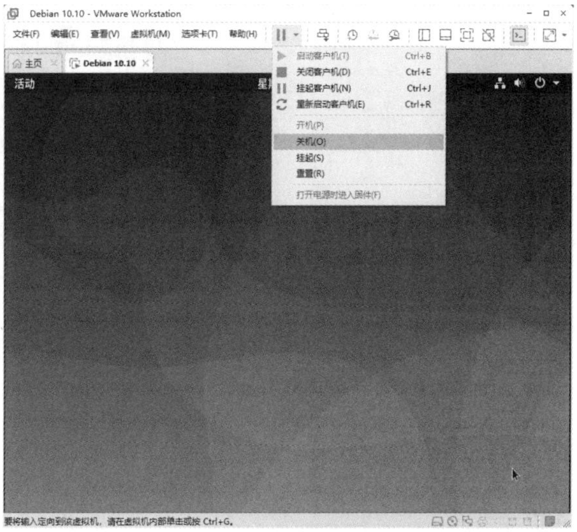

图 1.3.5　关机

3. 挂起与恢复运行虚拟机

01 挂起虚拟机。可在 VMware Workstation 窗口中单击“挂起”按钮，或者单击“挂起”按钮后的下拉箭头，在弹出的菜单中选择“挂起客户机”选项，如图 1.3.6 所示。

02 继续运行已挂起的虚拟机。可以在 VMware Workstation 窗口中打开该虚拟机标签，单击“继续运行此虚拟机”按钮，如图 1.3.7 所示。

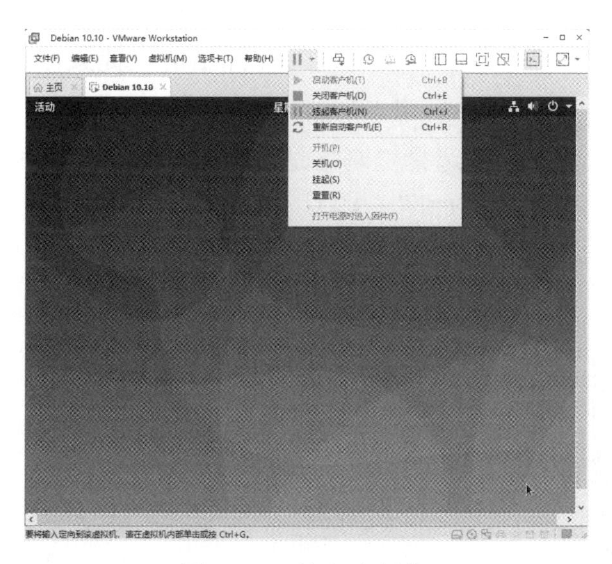

图 1.3.6　挂起虚拟机

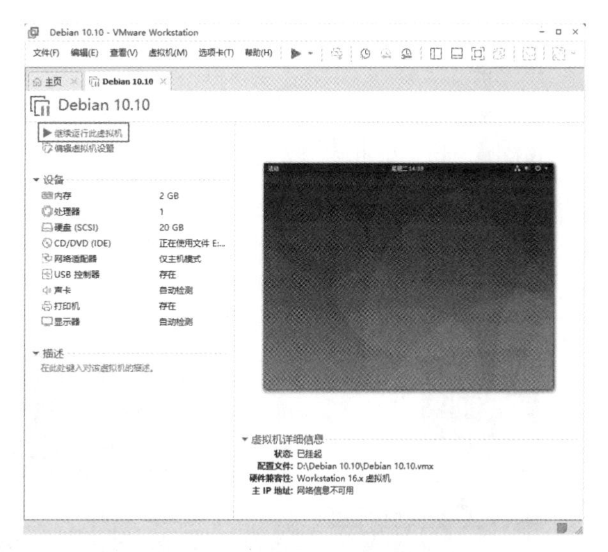

图 1.3.7　继续运行虚拟机

4. 删除虚拟机

01 选中虚拟机“Debian 10.10”的标签，在“虚拟机”菜单中，选择“管理”→“从磁盘中删除”菜单项，如图 1.3.8 所示。

02 在弹出的警告对话框中，单击“是”按钮，如图 1.3.9 所示。

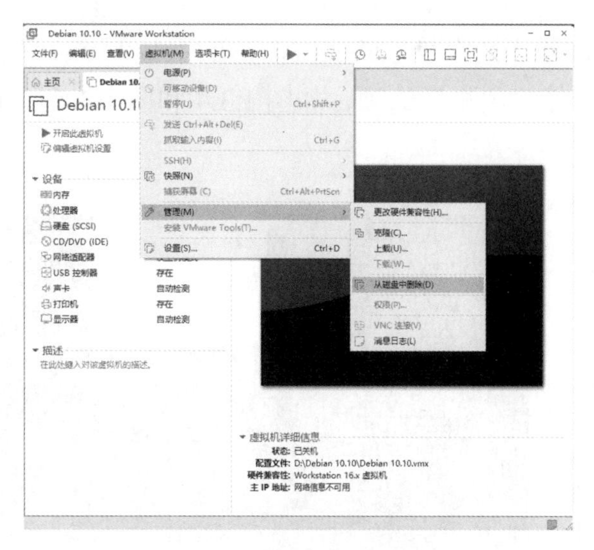

图 1.3.8　删除虚拟机

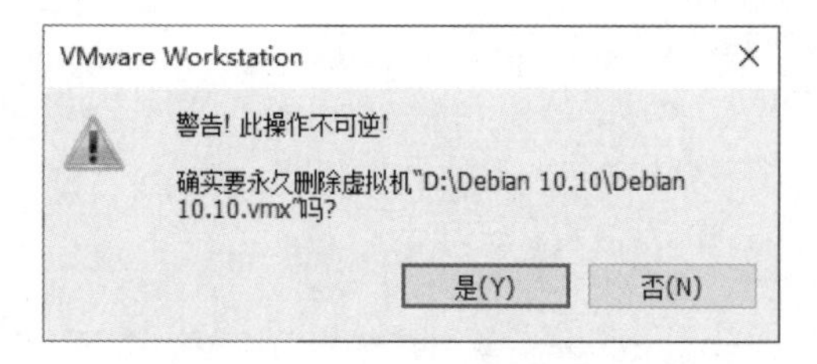

图 1.3.9　确认删除虚拟机

【小贴士】

使用“从磁盘中删除”选项，会删除虚拟机物理路径下的所有文件。如果在左侧的虚拟机列表中删除，则只是在“VMware Workstation”窗口删除显示，而不会删除虚拟机物理路径下的任何文件。

5. 修改虚拟机硬件设置

在使用虚拟机过程中，可按需对虚拟机的部分硬件参数进行修改，如内存大小、CPU个数、网络适配器的连接方式等，操作方法大同小异，下面将一台虚拟机的网络适配器由“NAT 模式”修改为“桥接模式”。

01 在要修改硬件的虚拟机“Debian 10.10”标签上单击右键，在弹出的快捷菜单中选择“设置”选项，如图 1.3.10 所示。

02 在“虚拟机设置”窗口的“硬件”选项卡中，选择“网络适配器”选项，然后修改网络连接类型为“桥接模式”，再单击“确定”按钮，如图 1.3.11 所示。

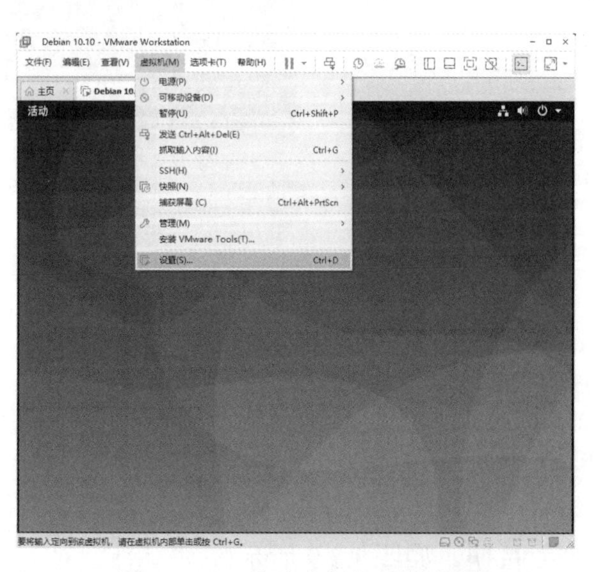

图 1.3.10　修改虚拟机硬件设置

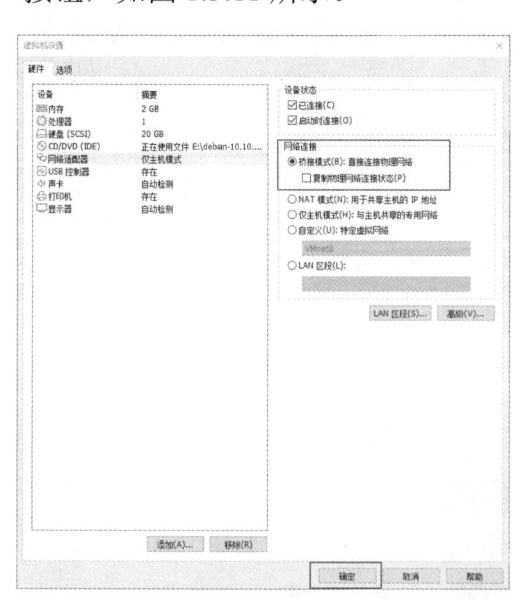

图 1.3.11　修改网络适配器设置

【小贴士】

在使用虚拟机的过程中，如需要加载或更换光盘映像文件，建议将“CD/DVD（SATA）”的“设备状态”设置为“已连接”和“启动时连接”。

活动 4　创建虚拟机的克隆与快照

1. 虚拟机的完整克隆

VMware Workstation Pro 16 虚拟机的克隆虚拟机可以克隆当前状态，也可以克隆现有快照（需要关闭虚拟机）。

01 选择“虚拟机”→“管理”→“克隆”菜单项，如图 1.3.12 所示。

02 弹出“克隆虚拟机向导”对话框，选中“虚拟机中的当前状态”单选按钮，单击“下一页”按钮，如图 1.3.13 所示。

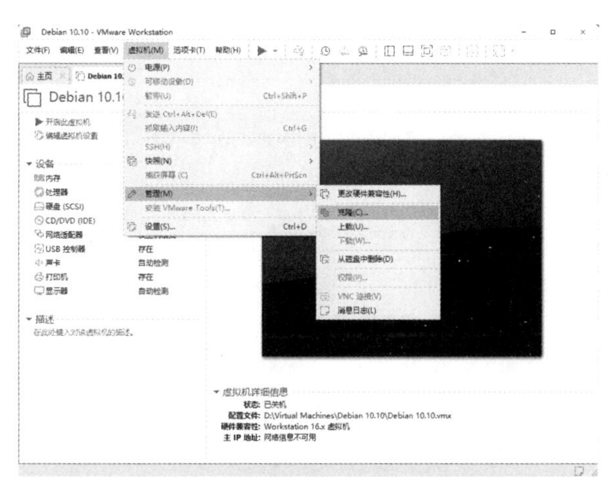

图 1.3.12　选择“克隆”菜单项

图 1.3.13　克隆虚拟机当前状态

03 选择克隆类型，这里选中“创建完整克隆”单选按钮，如图 1.3.14 所示。

04 在新虚拟机名称页面上输入克隆的虚拟机的名称，并确定新虚拟机的保存位置。单击“完成”按钮，完成新克隆的建立，如图 1.3.15 所示。采用同样的方法，可以建立多个虚拟机的克隆。

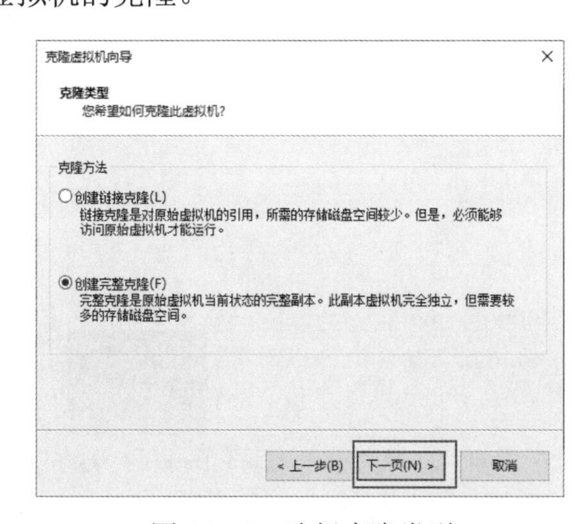

图 1.3.14　选择克隆类型

图 1.3.15　设置克隆名称

2. 快照的生成和管理

设置虚拟机的快照不需要关闭计算机，虚拟机在任何状态下都可以生成快照，这样在还原时可以迅速还原到备份时的状态。

（1）生成快照

01 在虚拟机运行的窗口中，选择“虚拟机”→“快照”→“拍摄快照”菜单项，如图 1.3.16 所示。

02 在弹出的拍摄快照对话框内，输入快照名称和快照描述，然后单击“拍摄快照”按钮，如图 1.3.17 所示。

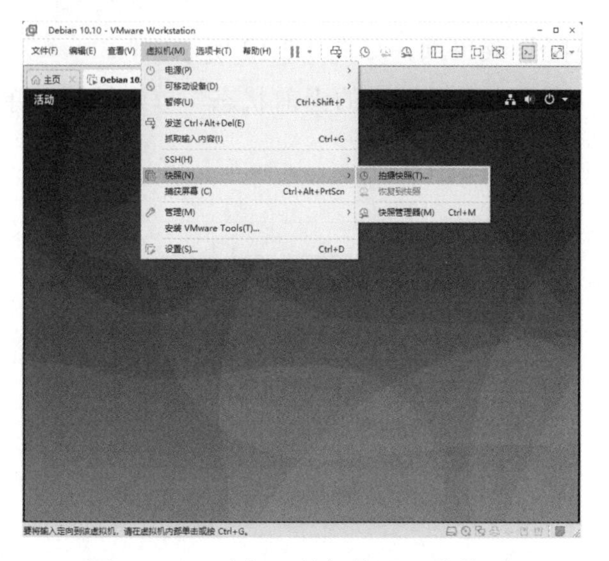

图 1.3.16 选择“拍摄快照”菜单项

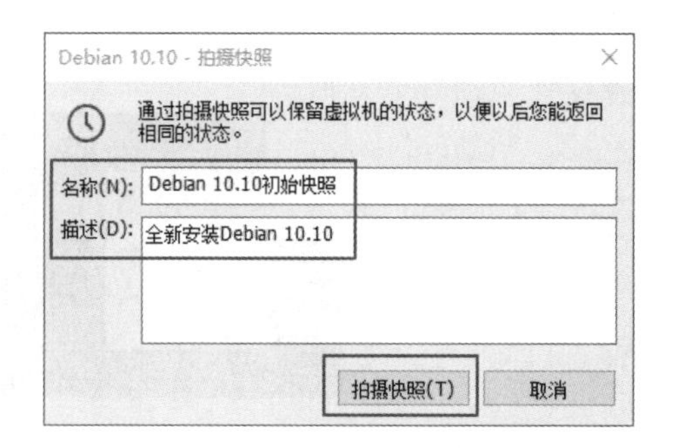

图 1.3.17 设置快照名称和快照描述

（2）快照管理

01 在快照管理中，可以恢复到快照备份的点，选择“虚拟机”→“快照”→“快照管理器”菜单项，如图 1.3.18 所示。

02 弹出的快照管理器对话框，如图 1.3.19 所示，选择要恢复的快照点，单击“转到”按钮就可以恢复到快照的备份点了。

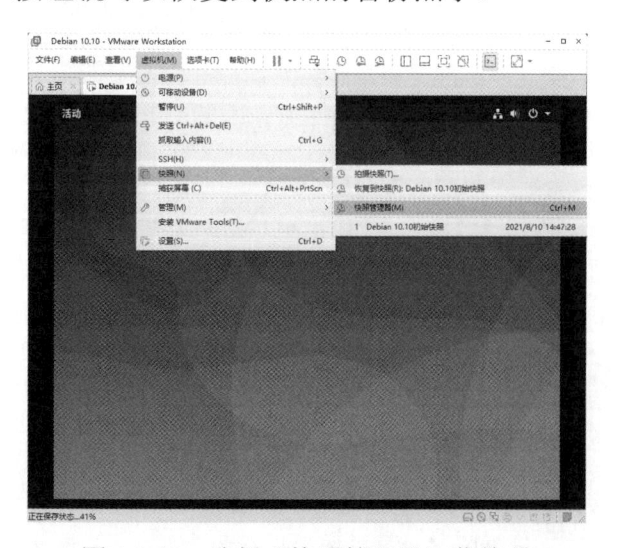

图 1.3.18 选择“快照管理器”菜单项

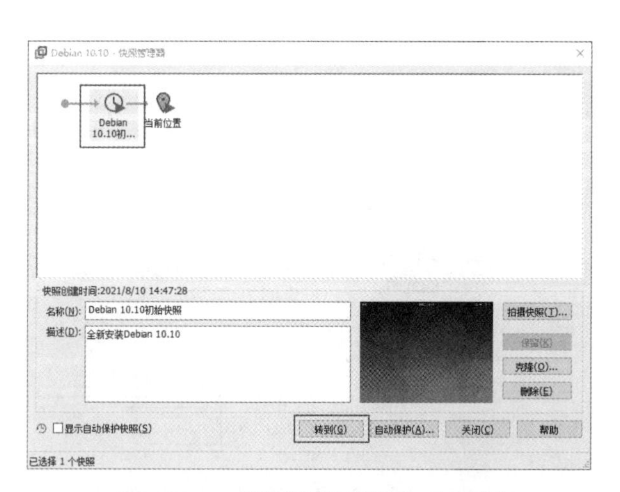

图 1.3.19 “快照管理器”对话框

任务小结

（1）VMware 网络的工作模式有桥接模式、NAT 模式和仅主机模式，注意这三种模式的区别。

（2）虚拟机的克隆和快照是非常有用的功能，能够快速部署虚拟机。

（3）虚拟机的快照在操作系统运行过程中可随时设置，以后系统崩溃或系统异常时，可恢复到创建快照时的状态。

任务1.4　图形用户界面的操作

任务描述

A 公司的管理员小赵将 Debian 10.10 操作系统安装完成后，需要为所有的服务器完成系统的基本配置并了解系统的基本操作，从而熟悉和保证系统的正常运行。

作为服务器，Linux 只需要长期、稳定、安全地运行着特定的服务进程以对外提供服务即可，这些功能在字符界面下就能高效地完成，如果加入 Linux 桌面不但会占用服务器的 CPU、内存等资源，还会因为使用额外的程序而增加安全的风险。但这并不意味着 Linux 桌面系统的存在毫无意义，对于一些从 Windows 过渡到 Linux 的新手来说，Linux 桌面系统能够很好地帮助新手适应新的系统，从而更高效地使用新的系统。下面介绍比较流行的几款 Linux 桌面系统，具体要求如下。

（1）使用普通用户 CHRIS 登录 Debian 10.10 操作系统。

（2）在图形用户界面下打开文件和应用程序管理器。

（3）切换字符界面和图形用户界面。

（4）打开 Debian 10.10 操作系统的终端窗口。

（5）对 Debian 10.10 操作系统进行注销、重启和关机操作。

任务实施

活动 1　认识桌面系统

1. GNOME

GNOME（GNU Network Object Model Environment，GNU 网络对象模型环境）于 1999 年首次发布，GNOME 提供了一种简单而经典的桌面体验，没有太多的选项需要定制。GNOME 的受欢迎程度证明了这些设计目标的正确性。Ubuntu16.04 版本使用的默认桌面是 Unity，而 Ubuntu18.04 版本开始弃用 Unity，改用 GNOME 3 作为官方默认桌面。GNOME 3

桌面设计的目标是简单、易于访问和可靠，这必将使得 GNOME 3 桌面更加流行。Debian 10.10 桌面默认使用 GNOME 3。

2. KDE

KDE（K Desktop Environment，K 桌面环境）是高度可配置的，如果用户不喜欢该桌面的某些内容，则在绝大多数情况下用户可以按照自己的想法来配置桌面环境。它在 1998 年发布了第 1 个版本。KDE 在可定制性方面一直优于 GNOME 及其衍生的 Linux 发行版本，这意味着用户可以定制该桌面环境中的一切元素，甚至不需要通过扩展插件来完成。

3. Xfce

Xfce 是类 UNIX 的轻量级桌面环境。虽然它致力于快速运行与低资源消耗，但是它仍然具有视觉吸引力且易于使用。Xfce 包含大量组件，有用户期待的现代桌面环境所应具有的完整功能。类似于 GNOME 3 和 KDE，Xfce 是一个桌面环境，它包含一套应用程序，如根窗口程序、窗口管理器、文件管理器、面板等。Xfce 使用 GTK 2 进行开发，同时，与其他桌面环境一样，也有自己的开发环境（库、守护进程等）。不同于 GNOME 3 和 KDE，Xfce 是轻量级的，并且在设计上更接近 CDE，而不是 Windows 或 MAC OS。Xfce 的开发周期比较长，但它非常稳定且速度极快。Xfce 适合在比较老的机器上使用。

4. LXDE

LXDE（Lightweight X11 Desktop Environment）是一个自由的桌面环境，可在 UNIX 及类似于 Linux、BSD 等 POSIX 平台上运行。LXDE 旨在提供一个新的、轻巧的、快速的桌面环境，相比于功能强大与伴随而来的膨胀性，它更注重实用性和轻巧性，并且尽力降低其对系统资源的消耗。它不同于其他桌面环境，其元件相依性极小，各元件可以独立运行，大多数元件都无须依赖其他套件而独自执行。LXDE 使用 Openbox 作为其预设视窗管理器，并且希望能够提供一个建立在可独立的套件上的轻巧而快速的桌面。

活动 2　登录 Debian 10.10 网络操作系统

1. *初次登录系统*

01 系统成功启动后，进入登录界面，在登录界面中选择已经存在的 CHRIS 用户，输入正确的密码后，单击“登录”按钮或直接按 Enter 键即可进入系统，如图 1.4.1 所示。

02 进入系统后，可看到 Debian 10.10 操作系统的桌面，如图 1.4.2 所示。

【小贴士】

用户在进行图形界面登录时，默认情况下管理员用户（root）是无法进行登录的。解决 root 不能登录桌面系统问题的方法如下。

（1）修改/etc/gdm3/daemon.conf 文件。

在[security]下，输入"AllowRoot = true"。

（2）修改/etc/pam.d/gdm-password 文件，将下行命令注释掉，也就是在行首加#即可。

```
#auth required pam_succeed_if.so user != root quiet_success
```

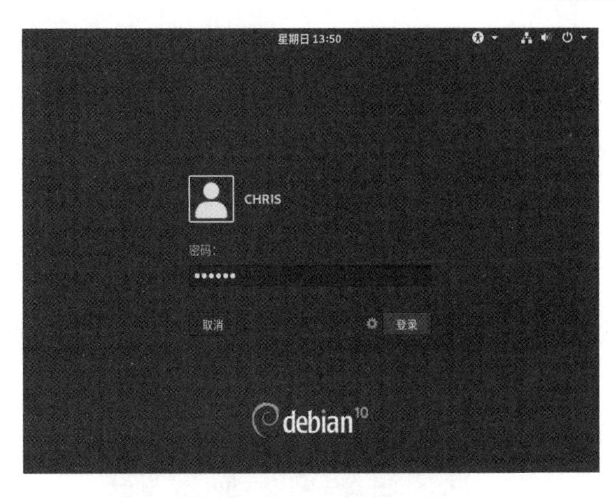

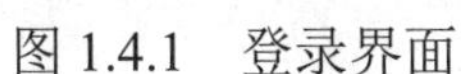
图 1.4.1　登录界面

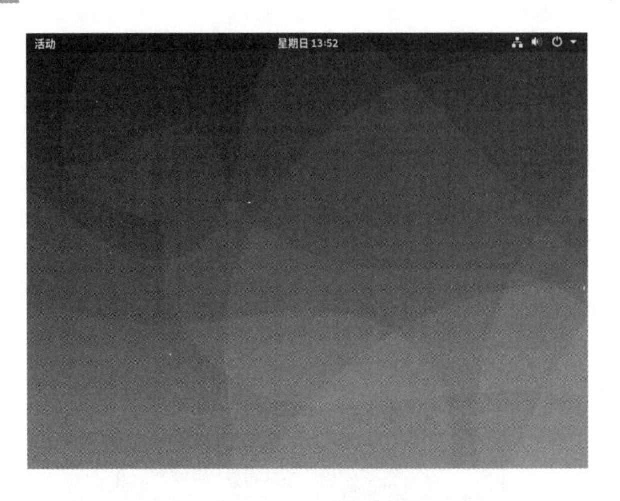

图 1.4.2　Debian 10.10 操作系统的桌面

2. 打开文件和应用程序管理器

01 登录 Debian 10.10 之后，在桌面上选择“活动”→“文件”菜单项，即可打开 Debian 10.10 的文件管理器窗口，如图 1.4.3 所示。

02 登录 Debian 10.10 之后，在桌面上选择“活动”→“应用程序”菜单项，即可打开 Debian 10.10 的应用程序管理器窗口，如图 1.4.4 所示。

图 1.4.3　“文件管理器”窗口

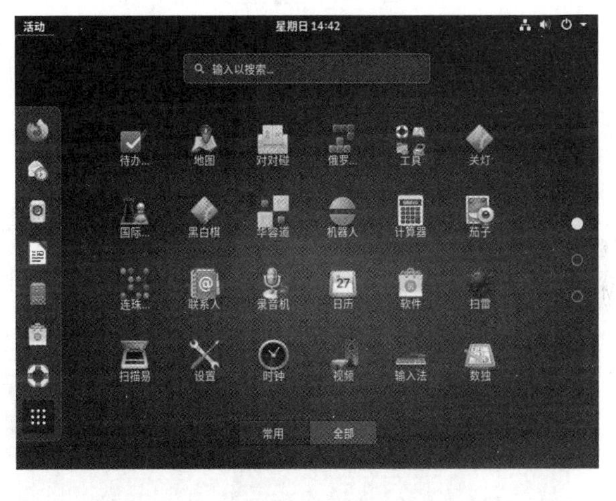

图 1.4.4　“应用程序管理器”窗口

3. 切换不同终端

安装好 Debian 10.10 之后，如果默认运行的是图形界面，则系统启动后会直接进入默认桌面环境 GNOME；如果默认运行的是字符界面，则系统启动后会进入字符界面，要启动桌面系统，用户可在命令行窗口中输入以下命令进入桌面系统。

```
root@debian:~#startx
```

或

```
root@debian:~#init 5
```

Debian 10.10 提供了 7 个终端用来管理系统，真正做到多用户、多任务。这些终端接收用户的键盘输入，并将结果输出到终端的屏幕上，同时按“Ctrl+Alt+F1”～“Ctrl+Alt+F7”组合键即可切换终端，其中“Ctrl+Alt+F1”组合键对应的是桌面系统，其他则对应字符界面终端。例如，按“Ctrl+Alt+F2”组合键可显示字符界面终端，如图 1.4.5 所示。

4. 注销、重启和关机

（1）注销

01 单击任务栏右端的“关机”按钮，选择“CHRIS 用户”菜单项，弹出图 1.4.6 所示的对话框。

图 1.4.5　字符界面终端

图 1.4.6　关闭系统对话框

02 单击“注销”按钮，弹出图 1.4.7 所示的对话框，如果不做任何选择，则 60 秒后自动注销。

（2）重启或关机

如果想重启或关闭系统，可以单击图 1.4.6 右下方的“⏻”按钮，弹出图 1.4.8 所示的对话框，可选择“重启”或“关机”，如果不做任何选择，则 60 秒后自动关机。

图 1.4.7　注销系统

图 1.4.8　关闭系统

5. Debian 10.10 操作系统的终端窗口

和 Windows 操作系统一样，Linux 也提供了优秀的图形用户界面，用户可以通过图形用户界面非常方便地执行各种操作。但对于大多数 Linux 系统管理员来说，最常用的操作环境还是 Linux 的终端窗口，又称为命令行窗口、字符界面或 Shell（外壳程序）界面。用户在终端窗口中输入 Linux 命令，外壳程序进行解释后交由内核执行，并将命令的执行结果输出在终端窗口中。下面以 Debian 10.10 操作系统为例，说明如何打开终端窗口。

登录 Debian 10.10 之后，在图 1.4.9 所示的窗口中选择“活动”→“应用程序”→“工具”→“终端”菜单项，即可打开 Debian 10.10 的终端窗口。

在默认配置下，Debian 10.10 的终端窗口如图 1.4.10 所示。在终端窗口的上方是标题栏，显示了当前登录终端窗口的用户名和主机名，以及关闭终端窗口的按钮；在菜单栏中用户可以选择相应的菜单及子菜单中的选项，以完成相应的操作；在菜单栏下方显示的是 Debian 10.10 命令提示符，用户在命令提示符右侧输入命令，按 Enter 键即可将命令提交给外壳程序进行解释执行。

图 1.4.9　打开 Debian 10.10 终端窗口

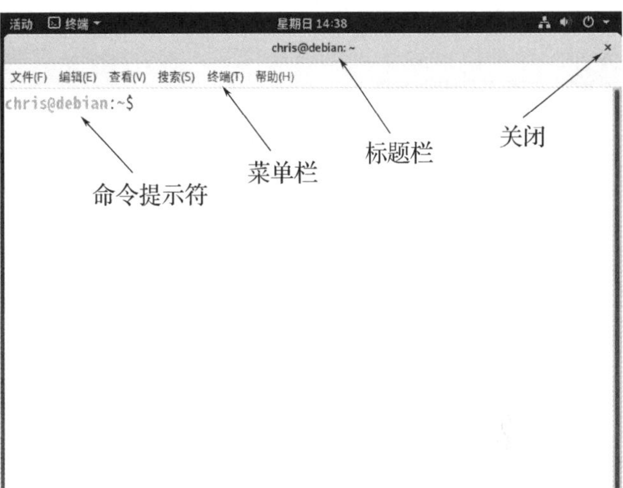

图 1.4.10　Debian 10.10 的终端窗口

这里重点说明命令提示符的组成及含义。以“chris@debian:~$”为例，“[]”是命令提示符的边界；在其内部，“chris”表示当前的登录用户名，“debian”是系统主机名，二者用“@”符号分隔；系统主机名右侧的“~”表示用户当前的工作目录，打开终端窗口后默认的是登录用户的主目录。如果用户的工作目录发生改变，则命令提示符的这个部分也会随之改变。“~”右侧还有一个“$”符号，它是当前登录用户的身份级别指示符。如果是普通用户，则用“$”字符表示；如果是超级用户，则用“#”字符表示。

✔ 任务小结

（1）使用 Debian 10.10 网络操作系统时，文本界面比图形界面操作更加方便。

（2）管理员的提示符为“#”，普通用户的提示符为“$”。

（3）默认情况下，管理员用户（root）不允许登录图形用户界面。

项目2 文件和目录管理

项目描述

A公司是一家拥有上百台服务器的公司。管理员小赵将服务器操作系统安装完成后，在操作Linux系统时，他面对的是各种各样的文件，而目录则是用来组织和管理文件的。所以，无论何时都会涉及文件和目录的管理，包括创建文件、修改文件、删除文件、创建目录和删除目录等。作为一名合格的系统管理员，必须熟悉Linux的目录结构及作用，掌握常用文件和目录的操作命令，掌握命令行下功能强大的vim编辑器的使用方法。

在Linux系统中，最小的数据存储单位为文件。“一切都是文件”是Linux和UNIX一直贯彻的原则。也就是说，在Linux中，所有的数据都是以文件的形式存在的。Linux使用树形结构来管理文件。它只有一个根目录，文件系统由文件和目录组成，整个系统以根目录为起点。无论是创建文本还是编写程序，都要用到编辑器。Linux中有很多不同的编辑器，而vim是功能最为强大的编辑器。本项目主要介绍Debian 10.10的文件和目录操作命令和vim编辑器的使用方法。

知识目标

1. 了解Linux文件与目录结构。
2. 了解Linux系统的常用命令。
3. 了解vim工具的三种模式。
4. 了解归档和压缩的作用。

能力目标

1. 能使用Linux的常用命令进行基本操作。
2. 能对目录和文件进行归档和压缩操作。
3. 能使用vim编辑器实现文件的操作。

思政目标

1. 培养学生的交流沟通能力、独立思考能力和清晰有序的逻辑思维能力。
2. 培养学生系统分析与解决问题的能力，使其能够掌握相关知识点并完成项目任务。
3. 培养学生严谨的逻辑思维能力，使其能够正确地处理服务器系统运行时出现的问题。
4. 培养学生诚信、务实、严谨的职业素养和工作态度。

思维导图

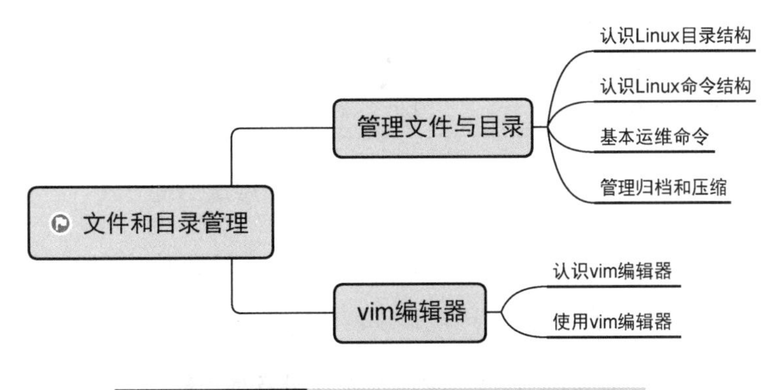

任务2.1 管理文件与目录

任务描述

A 公司的网络管理员小赵听从工程师的建议，开始研究 Debian 10.10 系统的常用操作，找了很多资料后，决定首先学习文件目录管理。文件目录管理是 Debian 10.10 系统中应用相对较多的命令，作为广大初学者的首选学习内容，其具体要求如下。

（1）查看、创建、修改和删除目录与文件。

（2）查看文件内容、查找文件及文件内容。

（3）使用输入/输出重定向和管道等基本运维命令。

（4）实现归档和压缩。

任务实施

活动 1 认识 Linux 目录结构

1. Linux 文件系统的层次结构

在 Windows 操作系统管理文件的方式中，人们会把文件和目录按照不同的用途存放在 C 盘、D 盘等以不同盘符表示的分区中。而在 Linux 文件系统中，所有的文件和目录都被组织在一个被列为“根目录”的节点中，用“/”表示。在根目录中可以创建子目录和文件，子目录中还可以继续创建目录和文件。所有目录和文件形成一棵以根目录为根节点的倒置目录树，目录树的每个节点都代表一个目录或文件。Linux 文件系统的层次结构如图 2.1.1 所示。

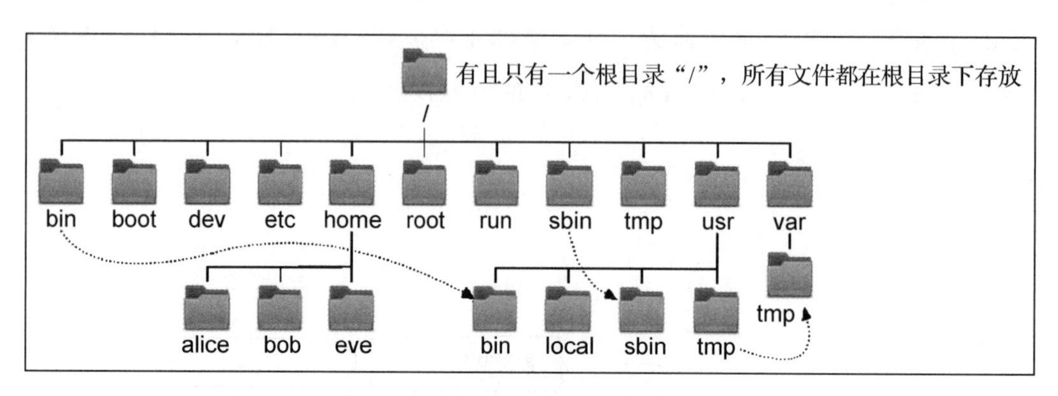

图 2.1.1 Linux 文件系统的层次结构

Linux 的目录使用树形结构管理，系统默认的目录都有特定的内容，有些目录很重要，应注意不要误操作，常用系统目录及其功能如表 2.1.1 所示。

表 2.1.1 常用系统目录及其功能

目 录	说 明
/	根目录
/bin	bin 是 Binary 的缩写，存放最常使用的命令
/boot	内核及加载内核所需的文件
/dev	dev 是 Device（设备）的缩写，在 Linux 下外设是以文件方式存在的，如磁盘、Modem 等
/etc	启动文件及配置文件
/home	用户的主目录，每个用户都有一个自己的目录，目录名与账号名相同
/lib	C 编译器的库和部分 C 编译器
/lost+found	这个目录一般情况下是空的，当系统非法关机后，这里会产生一些文件
/media	常用来挂载分区，如双系统时的 Windows 分区、U 盘、CD/DVD 等就会自动挂载，并在此目录下自动产生一个目录
/mnt	与/media 功能相同，提供存储介质的临时挂载点，如光驱、U 盘等
/opt	这里主要存放第三方软件及自己编译的软件包，特别是测试版的软件。安装到/opt 目录下的程序，其所有的数据、库文件等都放在同一目录下面，也可以随时删除，不影响系统的使用
/proc	伪文件系统，所有正在运行进程的映象，还有当前内存中的 kernel 文件，管理员不需要操作
/root	超级用户的主目录
/sbin	引导、修复或恢复系统的命令
/srv	一些服务启动之后，这些服务所需要访问的数据目录
/sys	将内核的一些信息进行映射，可供应用程序使用
/tmp	临时文件夹
/usr	与用户相关的应用程序和库文件，用户自行安装的软件一般放入该目录
/var	这个目录中存放着在不断扩充、变化的内容，包括各种日志文件、E-mail、网站等

2. 文件类型

在 Windows 中，文件的类型通常由扩展名决定，而在 Linux 中，文件的扩展名的作用则没有如此强大。当然在 Linux 中文件的扩展名也遵循一些约定，如压缩文件一般用“.zip”，Debian 软件包一般用“.deb”，TAR 归档包一般用“.tar”，GZIP 压缩文件一般用“.gz”等。

在 Linux 中，所有的目录和设备都是以文件的形式存在的。常见的 Linux 文件类型包括普通文件、目录文件、设备文件、管道文件、链接文件和套接字文件。

（1）普通文件

用 ls -l 命令查看某个文件的属性，可以看到类似“-rw-r--r--”的属性符号。文件属性第 1 个字符“-”表示文件类型为普通文件。这些文件一般是用一些相关的应用程序创建的。使用 ls 命令可查看/boot 目录下的文件，查看其文件属性的命令如例 2.1.1 所示。

例 2.1.1　查看文件属性

```
root@debian:~#ls -l /boot
-rw-r--r-- 1 root root    206214  7月  10  14:49  config-4.19.0-17-amd64
drwxr-xr-x 5 root root      4096  8月  30  10:30  grub
-rw-r--r-- 1 root root  36237906  8月  30  10:30  initrd.img-4.19.0-17-amd64
-rw-r--r-- 1 root root   3421197  7月  10  14:49  System.map-4.19.0-17-amd64
-rw-r--r-- 1 root root   5287168  7月  10  14:49  vmlinuz-4.19.0-17-amd64
```

文件属性的第 1 个字符“-”表示普通文件。

（2）目录文件

如果看到某个文件属性的第 1 个字符是“d”，则这样的文件在 Linux 中就是目录文件。使用 ls 命令可查看/home 目录下的目录文件，查看目录文件属性的命令如例 2.1.2 所示。

例 2.1.2　查看目录文件属性

```
root@debian:~#ls -l /home
drwxr-xr-x 2 chris chris 4096 8月  10    22:36 chris
```

第 1 个字符“d”表示 admin，是一个目录文件。

（3）设备文件

Linux 下的/dev 目录中有大量的设备文件，主要是块设备文件和字符设备文件。

块设备的主要特点是可以随机读/写，而最常见的块设备就是磁盘，执行 ls -l /dev|grep sd 命令可查看块设备文件，查看块设备文件的命令如例 2.1.3 所示。

例 2.1.3　查看块设备文件

```
root@debian:~#ls -l /dev|grep sd
brw-rw----   1 root disk      8,    0 8月   6    10:23 sda
brw-rw----   1 root disk      8,    1 8月   6    10:23 sda1
brw-rw----   1 root disk      8,    2 8月   6    10:23 sda2
brw-rw----   1 root disk      8,    5 8月   6    10:23 sda5
```

sda、sda1 等均表示磁盘或磁盘中的分区，其属性的第一个字符为“b”，这里的“b”表示文件类型为块设备文件。

常见的字符设备文件是打印机和终端，可以接收字符流。/dev/null 是一个非常有用的字符设备文件，送入这个设备的所有内容均会被忽略。使用 ls 命令可查看其属性，查看字符设备文件的命令如例 2.1.4 所示。

例 2.1.4　查看字符设备文件

```
root@debian:~#ls -l /dev/|grep null
crw-rw-rw-   1 root root        1,    3 8月   6 10:23 null
```

可以看出其属性的第 1 个字符为“c”，这里的“c”表示文件类型为字符设备文件。

（4）管道文件

管道文件也称 FIFO 文件，其文件属性的第 1 个字符为“p”，在/run/systemd/sessions目录中可以查看管道文件，查看管道文件的命令如例 2.1.5 所示。

例 2.1.5　查看管道文件

```
root@debian:~#ls -l /run/systemd/sessions/|grep p
prw------- 1 root root     0 8月   6 10:46 3.ref
prw------- 1 root root     0 8月   6 10:50 5.ref
prw------- 1 root root     0 8月   6 10:50 6.ref
```

（5）链接文件

链接文件有两种类型，即软链接文件和硬链接文件。软链接文件又叫符号链接文件，这个文件包含了另一个文件的路径名，可以是任意文件或目录，用于链接不同文件系统的文件。软链接文件属性的第 1 个字符为“l”。查看软链接文件的命令如例 2.1.6 所示。

例 2.1.6　查看软链接文件

```
root@debian:~# ls -l /dev/log
lrwxrwxrwx 1 root root 28 8月   6 10:23 /dev/log -> /run/systemd/journal/dev-log
```

可以看到，/dev 目录中的 log 文件，它来源于/run/systemd/journal 子目录下相应文件的软链接文件，关于链接文件的具体实现将在后面的章节中介绍。

（6）套接字文件

通过套接字文件可以实现网络通信，套接字文件属性的第 1 个字符是“s”。套接字文件都用在编写程序中，很少用在 Shell 的交互场合中。

3. 目录路径

（1）文件名

文件名是文件的标识符，Linux 中文件名遵循以下约定。

① 文件名可以使用英文字母、数字及一些特殊字符，但是不能包含如下表示路径或在 Shell 中有含义的字符。

```
/ ! # * & ? \ , ; <> [] {} ( ) ^ @ % |  "   ' `
```

② 目录名或文件名是严格区分大小写的，如 A.txt、a.txt、A.TXT 是三个不同的文件。使用字符大小写来区分不同的文件或目录是不明智的选择。

③ 当文件名以句点“.”开始时，该文件为隐藏文件，通常不显示，在使用 ls 命令时，启动“-a”选项才可以看到。

④ 目录名或文件名的长度不能超过 255 个字符。

⑤ 文件的扩展名对 Linux 没有特殊的含义，这与 Windows 不一样。

（2）绝对路径和相对路径

操作文件或文件夹时，一般应指定路径，否则默认是对当前的目录进行操作。路径一般分为绝对路径和相对路径。

① 绝对路径

绝对路径是指从根目录“/”开始算起的路径。它是从根目录“/”开始，通过“/”来分隔目录名组成的。绝对路径可以非常清楚地表达目标文件在整个目录树中的位置，如/home/admin 表示的就是绝对路径。

② 相对路径

相对路径是相对于当前的路径而言的。也就是说，如果一个路径从当前的路径算起，则一定是相对路径。

在 Linux 中，相对路径有 4 种表示方法，分别为.、..、~user 和~，其中，.表示当前路径，..表示父路径，~user 表示某个用户的主目录（user 表示用户账号），~则表示当前用户的主目录。例如：

```
./doc
../log
~admin
```

其中，./doc 表示当前路径下面的 doc 目录，../log 表示父路径中的 log 目录，~admin 表示账户为 admin 的用户的主目录。

相对路径和绝对路径是等效的，各有优/缺点，绝对路径的优点是固定、唯一、容易理解，但在路径太长的情况下就显得烦琐；相对路径虽然可以使路径变得简短，但是易出错。用户可以根据实际情况灵活运用。

活动 2　认识 Linux 命令结构

Linux 所有的管理都可以通过命令行来完成，因此作为合格的 Linux 系统管理员学会用命令行来管理系统是非常必要的。在学习具体的 Linux 命令之前，先来了解一下 Linux 命令的基本结构。Linux 命令一般包括命令名、选项和参数三部分，其基本格式如下。

```
命令名 [选项] [参数]
```

其中，选项和参数对于命令来说不是必需的，因此在命令格式中用一对“[]”括起来。

1. 命令名

命令名可以是 Linux 操作系统自带的工具软件、源程序编译后生成的可执行程序，或者是包含 Shell 脚本的文件名。命令名需要严格区分英文字母大小写。输入命令名时，可以利用系统的“自动补全”功能提高输入效率并减少错误。“自动补全”是指在输入命令的开头几个字符后直接按 Tab 键，如果系统中只有一个命令以当前已输入的字符开头，那么这个命令的完整命令名会被自动补全；如果连续按两次 Tab 键，则系统会把所有以当前已输入字符开头的命令名显示在窗口中，如例 2.1.7 所示。

例 2.1.7　Linux 命令行窗口的“自动补全”功能

```
root@debian:~#log                                        //输入 log 后按两次 Tab 键
logger      login       loginctl     logname
logout      logrotate   logsave
root@debian:~#logname                                    //输入 logn 后按 Tab 键
```

2. 选项

如果只输入命令名，则命令只会执行最基本的功能。若要通过命令执行更高级、更复杂的功能，就必须为命令提供相应的选项。下面以 Linux 中常用的 ls 命令为例，说明命令选项的作用。ls 命令的基本功能是列出某个目录下“可显示”的内容，即非隐藏的文件和子目录。如果想把隐藏的文件和子目录也显示出来，则必须指明-a 或--all 选项。其中，-a 是短格式选项，即在减号后跟一个字符；--all 是长格式选项，即在两个减号后跟一个完整的单词。可以在一条命令中同时使用多个短格式选项和长格式选项，选项之间用空格分隔。另外，多个短格式选项可以组合在一起使用。例如，-a、-l 两个选项组合后变成-al。注意，多个短格式选项组合后只保留一个减号。Linux 命令中选项的基本用法如例 2.1.8 所示。

例 2.1.8　Linux 命令中选项的基本用法

```
root@debian:~#lcd /boot                          //进入 boot 目录
root@debian:/boot# ls                            //查看 boot 目录内容
config-4.19.0-17-amd64   grub   initrd.img-4.19.0-17-amd64   System.map-4.19.0-17-amd64   vmlinuz-
4.19.0-17-amd64
root@debian:/boot# ls -a                         //查看 boot 目录中的所有内容，包含隐藏文件
.   ..   config-4.19.0-17-amd64   grub   initrd.img-4.19.0-17-amd64   System.map-4.19.0-17-amd64
vmlinuz-4.19.0-17-amd64
root@debian:/boot# ls -al                        //查看 boot 目录中的所有内容，并显示详细信息
drwxr-xr-x    3 root root       4096 8 月   11 21:34 .
drwxr-xr-x   19 root root       4096 8 月   11 21:33 ..
-rw-r--r--    1 root root     206214 7 月   18 14:52 config-4.19.0-17-amd64
drwxr-xr-x    5 root root       4096 8 月   11 21:38 grub
-rw-r--r--    1 root root   36236398 8 月   11 21:34 initrd.img-4.19.0-17-amd64
-rw-r--r--    1 root root    3421235 7 月   18 14:52 System.map-4.19.0-17-amd64
-rw-r--r--    1 root root    5287168 7 月   18 14:52 vmlinuz-4.19.0-17-amd64
```

可以注意到在使用 ls -al 命令的输出中，第 1 行显示了当前目录下所有文件和子目录的总用量。

3. 参数

参数表示命令作用的对象或目标。有些命令不需要使用参数，但有些命令必须使用参数才能正确执行。例如，若想使用 touch 命令创建一个文件，就必须为它提供一个合法的文件名作为参数，如例 2.1.9 所示。

例 2.1.9　Linux 命令中参数的基本用法

```
root@debian:~#touch   file1                      //file1 是 touch 命令的参数
```

如果同时使用多个参数，则各个参数之间必须用空格分隔。命令名、选项和参数之间也必须用空格分隔。另外，选项和参数没有严格的先后顺序关系，甚至可以交替出现，但命令名必须始终在最前面。

活动 3 基本运维命令

1. 文件和目录浏览类命令

（1）用于显示当前工作目录的 pwd 命令

pwd 命令用于显示当前工作目录的完整路径。pwd 命令的使用比较简单，默认情况下不带任何参数，执行该命令即可显示当前工作目录，如例 2.1.10 所示。

例 2.1.10 pwd 命令的基本用法

```
root@debian:~#pwd
/root
```

用户通过文本方式登录系统后，默认的工作目录是登录用户的主目录。如例 2.1.10 显示了使用 root 用户登录系统后的工作目录是/root。

（2）用于切换目录的 cd 命令

用户登录时默认工作目录是家目录（root 的家目录是“/root”，普通用户的家目录在“/home/用户名”下）。如果切换工作目录，可以使用 cd 命令实现不同目录的切换，其基本语法如下。

```
cd [目录路径]
```

除使用绝对路径或相对路径表示目标路径外，还可用一些特殊符号表示目标路径，以简化命令的输入，可以与 cd 命令配合使用的特殊符号及其含义如表 2.1.2 所示。

表 2.1.2 与 cd 命令配合使用的特殊符号及其含义

特殊符号	说明	在 cd 命令中的含义
.	句点	切换至当前目录
..	两个句点	切换至当前目录的上一级目录
-	减号	切换至上次所在目录
~	波浪线	切换至当前登录用户的主目录
~用户名	波浪线后跟用户名	切换指定用户的主目录

cd 命令特殊符号的用法如例 2.1.11 所示。

例 2.1.11 cd 命令特殊符号的用法

```
root@debian:~#pwd
/root
root@debian:~#cd .                     //进入当前目录，实际工作目录并未改变
root@debian:~#pwd
/root
root@debian:~#cd ..                    //进入上一级目录
```

```
[root@bogon /]#pwd
/
root@debian:~#cd ~                          //进入至当前登录用户主目录
root@debian:~#cd /etc/gnome                 //改变目录至绝对路径/etc/gnome 下
root@debian:~#pwd
/etc/gnome
root@debian:~#cd ~root                      //进入 root 用户的主目录
root@debian:~#pwd
/root
```

（3）用于查看目录或文件信息的 ls 命令

ls 命令的主要作用是显示某个目录下的内容，经常和 cd 命令配合使用。一般来说，通过 cd 命令切换到新的目录后，使用 ls 命令可以查看该目录中有哪些文件和子目录。ls 命令的基本语法如下。

```
ls [选项] [目录名称]
```

其中，参数“目录名称”表示要查看具体内容的目标目录，如果省略，则表示查看当前目录下的内容。ls 命令有许多选项，使 ls 命令的显示结果形式多样。ls 命令的常用选项及其功能如表 2.1.3 所示。

表 2.1.3　ls 命令的常用选项及其功能

选　项	功能说明
-a	列出所有文件，包括以“.”开头的隐藏文件
-d	将目录像其他普通文件一样列出，而不是列出它们的内容
-f	将文件按磁盘存储顺序列出，而不是按文件名排序输出
-i	显示文件的 inode 编号
-l	显示文件的详细信息，而且一行显示一个文件
-u	将文件按其最近访问的时间排序
-t	将文件按其最近修改的时间排序
-c	将文件按其状态修改的时间排序
-r	将输出结果逆序排列，和-t、-S 等选项配合使用
-R	将目录及其所有子目录的内容全部显示出来
-S	按文件大小排序，默认大文件在前

默认情况下，ls 命令按文件名的顺序列出所有的非隐藏文件。ls 命令用颜色区分不同类型的文件，其中，蓝色表示目录，黑色表示普通文件。可以使用一些选项改变 ls 命令的默认行为。在表 2.1.3 中，-u、-t 和-c 三个选项表示按照文件的相应时间戳顺序，分别是最近访问的时间（Access Time，ATime）、最近修改的时间（Modify Time，MTime）及状态修改的时间（Change Time，CTime）。

使用-a 选项可以显示隐藏文件。在 Linux 中，文件名以“.”开头的文件默认是隐藏的，使用-a 选项可以方便地显示这些隐藏文件。

ls 命令中最常被使用的选项应该是-l，通过它可以在每一行中显示每个文件的详细信息。文件的信息包括 7 列，每列的功能如表 2.1.4 所示。

表 2.1.4　文件信息中每列的功能

列　　数	功 能 说 明
第 1 列	文件类型及权限（具体含义在项目 3 中说明）
第 2 列	引用计数（具体含义在项目 3 中说明）
第 3 列	文件所有者（具体含义在项目 3 中说明）
第 4 列	文件所属用户组（具体含义在项目 3 中说明）
第 5 列	文件大小，默认以字节为单位
第 6 列	文件时间戳（具体内容取决于-u、-t 和-c 选项）
第 7 列	文件名

ls 命令的基本用法如例 2.1.12 所示。

例 2.1.12　ls 命令的基本用法

```
root@debian:~#cd /boot/grub
root@debian:/boot/grub#ls                         //默认按文件名排序，只显示非隐藏文件
fonts   grub.cfg   grubenv   i386-pc   locale   unicode.pf2
root@debian:/boot/grub#ls -a                      //显示隐藏文件
.  ..  fonts   grub.cfg   grubenv   i386-pc   locale   unicode.pf2
root@debian:/boot/grub#ls -l                      //显示文件的详细信息
drwxr-xr-x   2 root root    4096   7 月  30 10:30 fonts
-r--r--r-- 1   root root    6321   7 月  30 10:30 grub.cfg
-rw-r--r-- 1   root root    1024   7 月  30 10:30 grubenv
drwxr-xr-x 2   root root   12288   7 月  30 10:30 i386-pc
drwxr-xr-x 2   root root    4096   7 月  30 10:30 locale
-rw-r--r-- 1   root root 2396122   7 月  30 10:30 unicode.pf2
root@debian:/boot/grub#ls -ld fonts               //显示目录本身的详细信息
drwxr-xr-x 2   root root    4096   7 月  30 10:30 fonts
```

（4）用于查看文件内容的 cat、more、less、head、tail 命令

① cat 命令

cat 命令的作用是把文件内容显示在标准输出设备（通常是显示器）上，其基本语法如下。

```
cat [选项] 文件列表
```

cat 命令的常用选项及其功能如表 2.1.5 所示。

表 2.1.5　cat 命令的常用选项及其功能

选　　项	功 能 说 明
-b	只显示非空行的行号
-E	在每行结尾处显示“$”符号
-n	显示所有行的行号
-s	将连续的多个空行替换为一个空行
-T	把制表符 TAB 字符显示为“^I”

cat 命令的基本用法如例 2.1.13 所示。

例 2.1.13　cat 命令的基本用法

```
root@debian:~#cd /etc
[root@bogon etc]#cat issue                            //显示文件内容
Debian GNU/Linux 10 \n \l
                                                      //注意，这里是空行
[root@bogon etc]#cat -b issue                         //只显示非空行的行号
        1   Debian GNU/Linux 10 \n \l
                                                      //注意，这里是空行
[root@bogon etc]#cat -n issue                         //显示所有行的行号
    1   Debian GNU/Linux 10 \n \l
    2                                                 //注意，这里是空行
root@debian:/etc# cat -E issue                        //在每行结尾处显示"$"符号
Debian GNU/Linux 10 \n \l$
$                                                     //注意，这里是空行
```

② more 命令

使用 cat 命令显示文件内容时，如果文件太长，输出的内容不能分页显示，则使用 more 命令可以分页显示文件，即一次显示一页内容。more 命令的基本语法如下。

```
root@debian:~# more [选项]   文件名
```

使用 more 命令时一般不加任何选项。当使用 more 命令打开文件后，可以按 F 键或空格键向下翻一页，按 D 键或 Ctrl+D 组合键向下翻半页，按 B 键或 Ctrl+B 组合键向上翻一页，按 Enter 键向下移动一行，按 Q 键退出。more 命令经常和管道功能组合使用，即将一条命令的输出作为 more 命令的输入。管道命令将在后面内容中详细介绍。

more 命令的基本用法如例 2.1.14 所示。

例 2.1.14　more 命令的基本用法

```
root@debian:~#more /etc/adduser.conf       //分屏查看/etc 目录下 adduser.conf 文件内容
```

③ less 命令

less 命令是 more 命令的增强版，除 more 命令的功能外，还可以按 U 键或 Ctrl+U 组合键向上翻半页，或者按方向键改变显示窗口。

④ head 命令

cat 命令会一次性地把文件的所有内容全部显示出来。但有时用户只想查看文件的开头部分而不是文件的全部内容，此时，使用 head 命令就可以方便地实现这个功能。head 命令的基本语法如下。

```
head [选项] 文件列表
```

默认情况下，head 命令只显示文件的前 10 行。head 命令的常用选项及其功能如表 2.1.6 所示。

表 2.1.6 head 命令的常用选项及其功能

选 项	功 能 说 明
-c size	显示文件开头的 size 字节
-n number	显示文件开头的 number 行

head 命令的基本用法如例 2.1.15 所示。

例 2.1.15 head 命令的基本用法

```
root@debian:~#cd /etc
root@debian:/etc#cat issue
Debian GNU/Linux 10 \n \l
                                        //注意，这里是空行
root@debian:/etc#head -c 6 issue        //显示 issue 的前 6 字节
Debian
root@debian:/etc#head -n 2 issue        //显示 issue 的前 2 行
Debian GNU/Linux 10 \n \l
                                        //注意，这里是空行
```

⑤ tail 命令

和 head 命令相反，tail 命令只显示文件的末尾部分。-c 和-n 选项对 tail 命令也同样适用。tail 命令的基本用法如例 2.1.16 所示。

例 2.1.16 tail 命令的基本用法

```
root@debian:~#cd /etc
root@debian:/etc#cat issue
Debian GNU/Linux 10 \n \l
                                        //注意，这里是空行
root@debian:/etc#tail -c 6 issue        //显示 issue 的后 6 字节
n \l

root@debian:/etc#tail -n 2 issue        //显示 issue 的后 2 行
Debian GNU/Linux 10 \n \l
                                        //注意，这里是空行
```

（5）wc 命令

wc 命令用于统计并输出一个文件的行数、单词数和字节数。wc 命令的基本语法如下。

```
wc [选项] 文件列表
```

wc 命令的常用选项及其功能如表 2.1.7 所示。

表 2.1.7 wc 命令的常用选项及其功能

选 项	功 能 说 明
-c	输出文件字节数
-l	输出文件行数
-L	输出文件最长行的长度
-w	输出文件单词数

wc 命令的基本用法如例 2.1.17 所示。

例 2.1.17　wc 命令的基本用法

```
root@debian:~#cd /etc
[root@debian:/etc#wc issue                    //输出文件行数、单词数和字节数
2   5 27 issue
root@debian:/etc#wc -c issue                  //输出文件字节数
27 issue
root@debian:/etc#wc -l issue                  //输出文件行数
2 issue
root@debian:/etc#wc -L issue                  //输出文件最长行的长度
25 issue
root@debian:/etc#wc -w issue                  //输出文件单词数
5 issue
```

2. 文件和目录操作类命令

（1）用于创建目录的 mkdir 命令

mkdir 命令可以创建一个新目录，其基本语法如下。

```
mkdir [选项] 目录名
```

mkdir 命令的常用选项及其功能如表 2.1.8 所示。

表 2.1.8　mkdir 命令的常用选项及其功能

选　　项	功 能 说 明
-p	递归创建所有子目录
-m mode	为新建的目录设置指定的权限 mode

mkdir 命令的基本用法如例 2.1.18 所示。

例 2.1.18　mkdir 命令的基本用法

```
root@debian:~#mkdir test1                     //创建 test 子目录
root@debian:~#mkdir -p test2/share            //带-p 选项可连续创建两级目录
root@debian:~#ls -l
drwxr-xr-x 2 root root 4096 8 月   6 12:39 test1
drwxr-xr-x 3 root root 4096 8 月   6 12:39 test2
root@debian:~#ls -l test2                     //test2 目录被自动创建
drwxr-xr-x 2 root root 4096 8 月   6 12:39 share
```

（2）用于创建文件或修改文件时间的 touch 命令

touch 命令格式如下。

```
touch [选项]   文件名
```

touch 命令的第一个作用是创建一个新文件。当指定的文件不存在时，touch 命令会在当前的目录下用指定的文件名创建一个新文件。

touch 命令的第二个作用是修改已有文件的时间戳。touch 命令的常用选项及其功能如

表 2.1.9 所示。

表 2.1.9　touch 命令的常用选项及其功能

选　　项	功 能 说 明
-a	修改文件访问时间
-m	修改文件修改时间
-c	修改三个时间戳。但当文件不存在时，不会自动创建文件
-t time	使用指定的时间值 time 作为文件相应时间戳的新值，格式为[[CC]YY]MMDDhhmm[.SS]，其中 CC 和 YY 分别表示年数的前两位和后两位

如果不使用-t 选项，则-a 和-m 选项默认使用系统当前时间作为相应时间戳的新值。touch 命令的基本用法如例 2.1.19 所示。

例 2.1.19　touch 命令的基本用法

```
root@debian:~#cd test1
root@debian:~/test1#touch file1 file2          //在当前目录下创建 file1 和 file2 两个文件
root@debian:~/test1#ls -l file1 file2
-rw-r--r-- 1 root root 0 8 月   6 11:51 file1
-rw-r--r-- 1 root root 0 8 月   6 11:51 file2
```

（3）用于复制文件或目录的 cp 命令

cp 命令的主要作用是复制文件或目录，其基本语法如下。

```
cp [选项] 源文件或源目录   目标文件或目标目录
```

cp 命令的功能非常强大，通过使用不同的选项可以实现不同的复制功能。cp 命令的常用选项及其功能如表 2.1.10 所示。

表 2.1.10　cp 命令的常用选项及其功能

选　　项	功 能 说 明
-d	如果源文件为软链接则复制软链接，而不是复制源文件
-I	如果目标文件已经存在，则提示是否覆盖现有目标文件
-l	建立源文件的硬链接文件而不是复制源文件
-s	建立源文件的软链接文件而不是复制源文件
-p	保留源文件的所有者、组、权限和时间信息
-r	递归复制目录
-u	如果目标文件有相同或更新的修改时间，则不复制源文件
-r	相当于-d、-p 和-r 三个选项的组合，即-dpr

使用 cp 命令可以把一个或多个源文件或目录复制到指定的目标文件或目录中。如果第一个参数是普通文件，第二个参数是一个已经存在的目录，则 cp 命令会将源文件复制到已存在的那个目录中，而且保持文件名不变；如果两个参数都是普通文件，则第一个文件代表源文件，第二个文件代表目标文件，cp 命令会把源文件复制为目标文件；如果目标文件参数没有路径信息，则默认把目标文件保存在当前目录中，否则按照目标文件指明的路径

存放。cp 命令的基本用法如例 2.1.20 所示。

例 2.1.20　cp 命令的基本用法

```
root@debian:~/test1#cp file1 file2 ../test2          //复制 file1 和 file2 至 test1 目录中
root@debian:~/test1#ls -l ../test2
-rw-r--r-- 1 root root      0  8月   6 11:55 file1
-rw-r--r-- 1 root root      0  8月   6 11:55 file2
drwxr-xr-x 2 root root  4096 8月   6 11:55 share
root@debian:~/test1#cp file1 file3                   //复制 file1 为 file3，保存在当前目录中
root@debian:~/test1#ls -l
-rw-r--r-- 1 root root      0  8月   6 11:55 file1
-rw-r--r-- 1 root root      0  8月   6 11:55 file2
-rw-r--r-- 1 root root      0  8月   6 12:03 file3
```

使用-r 选项时，cp 命令还可以用来复制目录。如果第二个参数是一个不存在的目录，则 cp 命令会把源目录复制为目标目录，并将源目录内的所有内容复制到目标目录中，如例 2.1.21 所示。

例 2.1.21　cp 命令的基本用法——复制目录（目标目录不存在时）

```
root@debian:~#cp -r test1 test3
root@debian:~#ls -l
drwxr-xr-x 2 root root 4096 8月   6 12:39 test1
drwxr-xr-x 3 root root 4096 8月   6 12:39 test2
drwxr-xr-x 3 root root 4096 8月   6 12:09 test3          //创建目标目录 test3
root@debian:~#ls -l test1 test3
test1:
-rw-r--r-- 1 root root     0   8月   6 11:55 file1
-rw-r--r-- 1 root root     0   8月   6 11:55 file2
-rw-r--r-- 1 root root     0   8月   6 12:03 file3
test3:
-rw-r--r-- 1 root root     0   8月   6 12:10 file1
-rw-r--r-- 1 root root     0   8月   6 12:10 file2
-rw-r--r-- 1 root root     0   8月   6 12:10 file3          //将源目录内容一并复制
```

如果第二个参数是一个已经存在的目录，则 cp 命令会把源目录及其所有内容作为一个整体复制到目标目录中。在例 2.1.21 的基础上继续执行 cp -r test1 test3 命令，如例 2.1.22 所示。

例 2.1.22　cp 命令的基本用法——复制目录（目标目录已存在时）

```
root@debian:~#cp -r test1 test3
root@debian:~#ls -l test3
total 4
-rw-r--r-- 1 root root      0  8月   6 11:55 file1
-rw-r--r-- 1 root root      0  8月   6 11:55 file2
-rw-r--r-- 1 root root      0  8月   6 12:03 file3
drwxr-xr-x 3 root root  4096 8月   6 12:09 test3
```

(4) 用于移动文件或目录的 mv 命令

mv 命令用于对文件或目录进行移动或改名，其基本语法如下。

```
mv [选项] 源文件或源目录 目标文件或目标目录
```

mv 命令的常用选项及其功能如表 2.1.11 所示。

表 2.1.11　mv 命令的常用选项及其功能

选　项	功能说明
-f	如果目标文件已存在，则强制覆盖目标文件且不给提示
-i	如果目标文件已存在，则提示是否覆盖目标文件（默认选项）
-u	如果源文件的修改时间更新，则移动源文件
-v	显示移动过程

在移动文件时，如果第二个参数是一个和源文件同名的文件，则源文件会覆盖目标文件；如果使用-i 选项，则覆盖前会有提示；如果源文件和目标文件在相同的目录下，则 mv 命令的作用相当于为源文件重命名，其基本用法如例 2.1.23 所示。

例 2.1.23　mv 命令的基本用法——移动文件

```
root@debian:~#cd test1
root@debian:~/test1# mv -i file1 ../test2            //把文件 file1 移动到 test2 目录中
mv: 是否覆盖'../test2/file1'? y                      //使用-i 选项会有提示

root@debian:~/test1#mv file2 ../test2share           //把文件 file2 移动到 test2 目录中
root@debian:~/test1#mv file3 file4                   //把文件 file3 重命名为 file4
root@debian:~/test1#ls -l
-rw-r--r-- 1 root root     0   8 月    6 12:03 file4
```

如果 mv 命令的两个参数都是已经存在的目录，则 mv 命令会把第一个目录（源目录）及其所有内容作为一个整体移动到第二个目录（目标目录）中，如例 2.1.24 所示。

例 2.1.24　mv 命令的基本用法——移动目录

```
root@debian:~#mv test1    test2                       //将 test1 目录移到 test2 中
root@debian:~#ls -l test2
-rw-r--r-- 1    root root      0    8 月  6 11:55 file1
-rw-r--r-- 1    root root      0    8 月  6 11:55 file2
drwxr-xr-x 2 root root     4096 8 月   6 11:55 share
drwxr-xr-x 2 root root     4096 8 月   6 12:39 test1
```

(5) 用于删除目录的 rmdir 命令

rmdir 命令的作用是删除一个空目录。如果要删除的目录中有文件，则使用 rmdir 命令就会报错。如果使用-p 选项，则 rmdir 命令可以递归地删除多级目录，但它要求各级子目录都是空目录。rmdir 命令的基本语法如下。

```
rmdir   目录名
```

rmdir 命令的基本用法如例 2.1.25 所示。

例 2.1.25　rmdir 命令的基本用法

```
root@debian:~#cd test2
root@debian:~/test2#ls -l
-rw-r--r-- 1   root root      0   8 月  6 11:55 file1
-rw-r--r-- 1   root root      0   8 月  6 11:55 file2
drwxr-xr-x 2 root root    4096 8 月  6 11:55 share
drwxr-xr-x 2 root root    4096 8 月  6 12:39 test1
root@debian:~/test2#rmdir share                        //share 目录中有文件，删除失败
rmdir: 删除 'share' 失败: 目录非空
root@debian:~/test2#mkdir test4                        //创建 test4 目录
root@debian:~/test2#rmdir test4                        //test4 为空目录，可删除
```

（6）用于删除文件的 rm 命令

rm 命令用来永久性地删除文件或目录，其基本语法如下。

```
rm [选项] 文件或目录
```

rm 命令的常用选项及其功能如表 2.1.12 所示。

表 2.1.12　rm 命令的常用选项及其功能

选　项	功 能 说 明
-f	删除文件和目录前不给提示，即使文件和目录都不存在
-i	和-f 选项相反，删除文件和目录前都有提示
-r	递归删除目录及其所有内容
-v	删除文件前打印文件名

使用 rm 命令删除文件或目录时，如果使用了-i 选项，则删除前会有提示；如果使用了-f 选项，则删除前不会有任何提示，因此使用-f 选项时一定要谨慎。rm 命令的基本用法——删除文件如例 2.1.26 所示。

例 2.1.26　rm 命令的基本用法——删除文件

```
root@debian:~#cd test3
root@debian:~/test3#ls                          //查看当前目录下是否有 file1、file2、file3 文件
file1   file2   file3   test1
root@debian:~/test3#rm -i file1                 //删除 file1 文件
rm: 是否删除普通空文件 'file1'? y               //使用-i 选项时会有提示
root@debian:~/test3#rm -f file2                 //使用-f 选项时没有提示
root@debian:~/test3#ls
file3   test1
```

另外，不能用 rm 命令直接删除目录，必须要加上-r 选项。如果-r 和-i 选项组合使用，则在删除目录的每个子目录和文件前都会有提示。rm 命令的基本用法——删除目录如例 2.1.27 所示。

例 2.1.27　rm 命令的基本用法——删除目录

```
root@debian:~/test3#ls                          //查看当前目录下是否有 test1 文件夹
```

```
file3    test1
root@debian:~/test3#rm test1                                //rm 不能直接删除目录
rm: 无法删除 'test1': 是一个目录
root@debian:~/test3#rm -ir test1
rm: 是否进入目录 'test1'? y                                 //每删除一个文件时都会有提示
rm: 是否删除普通空文件 'test1/file2'? y
rm: 是否删除普通空文件 'test1/file3'? y
rm: 是否删除普通空文件 'test1/file1'? y
rm: 是否删除目录 'test1'? y                                 //删除目录自身也会有提示
root@debian:~/test3#ls                                      //查询是否删除成功
file3
```

3. 进程管理类命令

Linux 中有许多命令可用于查看、管理系统进程，下面介绍 4 个常用的进程管理类命令。

（1）ps 命令

ps 命令用于查看系统进程，其基本语法如下。

```
ps [选项]
```

ps 命令选项众多，通过这些选项可查看满足指定条件的进程，或控制 ps 命令的输出结果。ps 命令的常用选项及其功能如表 2.1.13 所示。

表 2.1.13　ps 命令的常用选项及其功能

选　项	功能说明
-A -e	显示所有的进程
-p pidlist -q pidlist	显示进程 ID 列表 pidlist 对应的进程
-C cmdlist	显示命令名列表 cmdlist 对应的进程
-U userlist	显示进程用户列表 userlist（创建进程的用户）对应的进程
-G grplist	显示进程组列表 grplist（创建进程的用户所属的组）对应的进程
-t ttylist	显示终端列表 ttylist 对应的进程
-f	按完整格式显示进程信息
-l	按长格式显示进程信息
-w	按短格式显示进程信息

ps 命令的基本用法如例 2.1.28 所示。

例 2.1.28　ps 命令的基本用法

```
root@debian:~#ps -f -u root
root@debian:~# ps -f -u root
UID        PID   PPID    C STIME TTY          TIME CMD
root         1      0    0 22:37 ?        00:00:02 /sbin/init
root         2      0    0 22:37 ?        00:00:00 [kthreadd]
root         3      2    0 22:37 ?        00:00:00 [rcu_gp]
root         4      2    0 22:37 ?        00:00:00 [rcu_par_gp]
```

```
root         6     2    0 22:37 ?        00:00:00 [kworker/0:0H-kblockd]
root         8     2    0 22:37 ?        00:00:00 [mm_percpu_wq]
root         9     2    0 22:37 ?        00:00:01 [ksoftirqd/0]
root        10     2    0 22:37 ?        00:00:01 [rcu_sched]
root        11     2    0 22:37 ?        00:00:00 [rcu_bh]
…省略部分输出…
```

（2）top 命令

ps 命令只能显示系统进程的静态信息，如果需要实时查看进程信息的动态变化，则可以使用 top 命令。top 命令的基本语法如下。

```
top [选项]
```

top 命令默认每 3s 刷新一次进程信息。它除显示每个进程的详细信息外，还可以显示系统硬件资源的占用情况，这些信息对于系统管理员跟踪系统运行状况或系统故障分析非常有用。top 命令的常用选项及其功能如表 2.1.14 所示。

表 2.1.14　top 命令的常用选项及其功能

选　项	功 能 说 明
-d	指定 top 命令每次刷新的间隔默认为 3s
-n	指定 top 命令结束前刷新的最大次数
-u	只监视指定用户的进程信息
-p	只监视指定进程 ID 的进程，最多可指定 20 个进程 ID
-o	按指定的列名进行排序

top 命令的基本用法如例 2.1.29 所示。

例 2.1.29　top 命令的基本用法

```
root@debian:~#top -d 10 -o PID        //每 10s 刷新一次，并且按照 PID 排序
//以下是系统资源汇总信息
top - 21:39:04 up   1:51,   4 users,   load average: 0.03, 0.06, 0.05
Tasks: 189 total,   1 running, 188 sleeping,   0 stopped,   0 zombie
%Cpu(s):  1.0 us,  2.5 sy,  0.0 ni, 96.5 id,  0.0 wa,  0.0 hi,  0.0 si,  0.0 st
KiB Mem :   999720 total,    63216 free,   658096 used,   278408 buff/cache
KiB Swap:  2097148 total,  1947088 free,   150060 used,   133856 avail Mem
//以下是进程详细信息
  PID USER     PR  NI    VIRT    RES    SHR S  %CPU  %MEM     TIME+ COMMAND
54242 root     20   0    5260    744    684 S   0.0   0.0   0:00.00 sleep
54237 root     20   0    6644   3072   2816 S   0.0   0.2   0:00.00 bash
54092 root     20   0   11148   3472   3036 R   0.1   0.2   0:00.02 top
…省略部分输出…
 1157 root     20   0    2456   1780   1676 S   0.0   0.1   0:00.00 sftp-server
 1156 root     20   0    2456   1776   1672 S   0.0   0.1   0:00.00 sftp-server
 1148 root     20   0    7652   4392   3184 S   0.0   0.2   0:00.01 bash
 1147 root     20   0   16692   7920   6808 S   0.0   0.4   0:00.15 sshd
 1144 root     20   0    8240   4920   3536 S   0.0   0.2   0:00.12 bash
```

```
  1138 root      20   0   17000    8376    6948 S    0.8    0.4    0:47.26 sshd
  1136 root      20   0   15852    6684    5844 S    0.0    0.3    0:00.00 sshd
```

（3）前台及后台进程的切换

如果某条命令需要运行很长时间，则可以把它放入后台运行，而不会影响终端窗口的操作。在命令结尾处输入“&”符号即可把命令放入后台运行，如例 2.1.30 所示。

例 2.1.30　后台运行命令

```
root@debian:~#ls &                         //将 ls 命令放入后台执行
[1] 57205                                  //此行显示任务号和进程号
test2    test3                             //此行是 ls 命令的输出
[1]+   已完成 ls                           //此行表示 ls 命令在后台运行完毕
```

在该例中，ls 命令被放入后台运行，“[1]”表示后台任务号，“57205”是 ls 命令的进程号。每个后台运行的命令都有任务号，任务号从 1 开始依次增加，任务号之后的“+”表示这是最近放入后台运行的命令。ls 命令的结果也会在终端窗口中显示出来。另外，当 ls 命令在后台结束运行时，终端窗口中会有一行提示。通过“&”放入后台的进程仍然处于运行状态。如果进程在前台中运行时按 Ctrl+Z 组合键，则会被放入后台并被置于暂停状态。

jobs 命令主要用来查看被放入后台的工作。如果想让后台处于暂停状态的进程重新进入运行状态，则可以使用 bg 命令。fg 命令与“&”相反，可以把后台的进程恢复到前台继续运行。jobs 命令、bg 命令及 fg 命令的基本用法如例 2.1.31 所示。

例 2.1.31　jobs 命令、bg 命令及 fg 命令的基本用法

```
root@debian:~#sleep 30 &                      //sleep 进入后台工作
[1] 58727
root@debian:~#sleep 40                        //通过按 Ctrl+Z 组合键使命令进入后台，并处于暂停状态
^Z
[2]+   已停止              sleep 40
root@debian:~#jobs -l                         //查询放入后台的工作
[1]- 58727  运行中         sleep 30 &
[2]+ 58858  停止           sleep 40
root@debian:~#bg 2                            //使 2 号作业进入后台运行状态
[2]+ sleep 40 &
root@debian:~#jobs -l                         //可看到 1 号和 2 号作业都在运行中
[1]- 58727  运行中         sleep 30 &
[2]+ 58858  运行中         sleep 40 &
root@debian:~#fg 2                            //将 2 号作业进入前台工作
sleep 40
```

（4）kill 命令

kill 命令通过操作系统内核向进程发送信号以执行某些特殊的操作，如挂起进程、正常退出进程或删除进程等。kill 命令的基本语法如下。

```
kill [选项] pid
```

信号可以通过信号名或编号的方式指定。kill 命令的常用选项及其功能如表 2.1.15 所示。

表 2.1.15　kill 命令的常用选项及其功能

选　项	功能说明
-l	查看信号及编号
-a	当处理当前进程时，不限制命令名和进程号的对应关系
-p	指定 kill 命令只打印相关进程的进程号，而不发送任何信号
-s	指定发送信号
-u	指定用户

使用 kill -l 命令列出所有可用信号，其中最常用的三种信号如下。

① 1 (HUP)：重新加载进程。

② 9 (KILL)：删除一个进程。

③ 15 (TERM)：正常停止一个进程。

kill 命令的基本用法如例 2.1.32 所示。

例 2.1.32　kill 命令的基本用法

```
root@debian:~#sleep 50 &
[1] 61520
root@debian:~#kill -9 61520            //-9 表示彻底删除进程
-bash: kill: (61520) – 没有那个进程
[1]+   已删除                   sleep 50
```

4. 重定向与管道命令

经过对 Linux 命令的学习，相信大家已经发现了一个现象，即很多命令通过参数指明命令运行所需的输入，同时会把命令的执行结果输出到屏幕中。这个过程其实隐含了 Linux 的两个重要概念，即标准输入和标准输出。默认情况下，标准输入是键盘，标准输出是屏幕（显示器）。也就是说，如果没有特别的指定，则 Linux 命令从键盘获得输入，并把执行结果在屏幕中显示出来。有时需要重新指定命令的输入和输出，这就涉及在 Linux 命令中使用输入重定向和输出重定向。

（1）输入重定向与输出重定向

如果想对一个命令进行输出重定向，则要在这个命令之后输入大于号（>），并且后面跟一个文件名，即表示将这个命令的执行结果输出到该文件中，如例 2.1.33 所示。

例 2.1.33　输出重定向——覆盖方式

```
root@debian:~#ls
test2   test3
root@debian:~#pwd
/root                                  // pwd 命令的执行结果
root@debian:~#pwd > pwd.res
root@debian:~#ls                       //自动创建 pwd.res
pwd.res   test2   test3
root@debian:~#cat pwd.res
/root                                  //在 pwd.res 文件中保存 pwd 命令的结果
```

从例 2.1.33 可以看出，默认情况下，pwd 命令将当前工作目录输出到屏幕中。进行输出重定向后，pwd 命令的执行结果被保存到 pwd.res 文件中。需要特别说明的是，如果输出重定向操作后指定的文件不存在，则系统会自动创建这个文件以保存输出重定向的结果；如果这个文件已经存在，则输出重定向操作会先清空这个文件的内容，再将结果写入文件。所以，使用“>”进行输出重定向时，实际上是对原文件的内容进行了“覆盖”。如果想保留原文件的内容，即在原文件的基础上“追加”新内容，则必须使用“追加”方式的重定向，如例 2.1.34 所示。

例 2.1.34　输出重定向——追加方式

```
root@debian:~#ls                          //可看到 pwd.res 文件已经存在
pwd.res    test2    test3
root@debian:~#cat pwd.res
/root                                     //在 pwd.res 文件中保存 pwd 命令的结果
root@debian:~#pwd >> pwd.res
root@debian:~#cat pwd.res
/root                                     //第一次输出重定向的结果
/root
```

追加方式的输出重定向非常简单，只要使用两个大于号（>>）即可。

输入重定向是指将原来从键盘输入的数据改为从文件读取。下面以 bc 命令为例，演示输入重定向的使用方法。bc 命令以一种交互的方式进行任意精度的数字运算，也就是说，用户通过键盘（标准输入）在终端窗口中输入数学表达式，bc 命令会输出其计算结果，如例 2.1.35 所示。

例 2.1.35　输入重定向——从键盘获得输入内容

```
root@debian:~#bc                          //进入 bc 交互模式
36+49                                     //此行通过键盘输入
85                                        //bc 输出计算结果
quit                                      //退出 bc 交互模式
```

在这个例子中，把数学表达式保存在一个文件中，并通过输入重定向使 bc 命令从这个文件中获得输入内容并计算结果，如例 2.1.36 所示。

例 2.1.36　输入重定向——从文件中获得输入内容

```
root@debian:~#cat file1
36+49
root@debian:~#bc < file1
85
```

在这个例子中，把数学表达式保存在文件 file1 中，并使用小于号（<）对 bc 命令进行输入重定向。bc 命令从文件 file1 中读取内容进行计算，并把计算结果显示在屏幕中。

（2）管道命令

简单地说，通过管道命令可以让一个命令的输出成为另一个命令的输入。管道命令的基本用法如例 2.1.37 所示。

例 2.1.37　管道命令的基本用法

```
root@debian:~#cat /etc/fstab | wc            //wc 把 cat 命令的输出作为输入
      12      88      664
```

5. 其他常用命令

（1）用于查找文件或目录的 find 命令

find 命令的功能十分强大，用于根据指定的条件查找文件。find 命令的基本语法如下。

```
find [目录] [匹配表达式]
```

其中，参数“目录”表示查找文件的起点，find 命令会在这个目录及其所有子目录下按照匹配表达式指定的条件进行查找。find 命令的常用选项及其功能如表 2.1.16 所示。

表 2.1.16　find 命令的常用选项及其功能

选　项	功 能 说 明
-name pattern -iname pattern	查找文件名符合指定模式 pattern 的文件，pattern 一般用正则表达式指定。-iname 不区分大小写
-user uname -uid uid	查找文件所有者是 uname 或文件所有者标识是 uid 的文件
-group gname -gid gid	查找文件所属组是 gname 或文件所属组标识是 gid 的文件
-atime [+-]n	查找文件访问时间在 n 天前的文件
-ctime [+-]n	查找文件状态修改时间在 n 天前的文件
-mtime [+-]n	查找文件内容修改时间在 n 天前的文件
-amin [+-]n	查找文件访问时间在 n 分钟前的文件
-cmin [+-]n	查找文件状态修改时间在 n 分钟前的文件
-mmin [+-]n	查找文件内容修改时间在 n 分钟前的文件
-newer file	查找比指定文件 file 还要新的文件（即修改时间更晚）
-empty	查找空文件或空目录
-size [+-]n[bckw]	查找文件大小为 n 个存储单元的文件
-type type	查找文件类型为 type 的文件，文件类型包括设备文件（b、c）、目录（d）、管道（p）、普通文件（f）、符号链接（l）、套接字（s）

find 最常见的用法是根据文件名查找文件。例 2.1.38 演示了如何根据文件名查找文件。

例 2.1.38　find 命令的基本用法——根据文件名查找文件

```
root@debian:~#find . -name "file4"            //查找文件名为“file4”的文件
./test2/test1/file4
```

find 命令在根据文件大小查找文件时，可以指定文件的容量单位。默认容量单位是大小为 512 字节的文件块，用“b”表示，也可以用“c”“k”“w”分别表示 1 字节（1B）、1024 字节（1KB）和 2 字节（2B），如例 2.1.39 所示。

例 2.1.39　find 命令的基本用法——根据文件大小查找文件

```
root@debian:~#find . -size 3                    //3 个文件块
./.viminfo
root@debian:~#find . -size +500k                //500KB
./.cache/gstreamer-1.0/registry.x86_64.bin
./.cache/tracker/meta.db
./.cache/tracker/meta.db-wal
```

（2）用于过滤文本的 grep 命令

grep 命令是一种强大的文本搜索工具，可以从文件中提取符合指定匹配表达式的行，默认所有人都可以使用。grep 命令的基本语法如下。

```
grep [选项] 文件
```

grep 命令的常用选项及其功能如表 2.1.17 所示。

表 2.1.17 grep 命令的常用选项及其功能

选 项	功能说明
-c	只输出匹配行的计数
-n	显示匹配行及行号
-v	显示不包含匹配文本的所有行
^	匹配正则表达式的开始行
$	匹配正则表达式的结束行
[]	单个字符，如[A]，即 A 符合要求
[-]	范围，如[A-Z]，即 A、B、C 一直到 Z 都符合要求

grep 命令的基本用法如例 2.1.40 所示。

例 2.1.40 grep 命令的基本用法

```
root@debian:~#grep swap /etc/fstab                     //提取内容为 swap 的行
# swap was on /dev/sda5 during installation
UUID=4918cbe6-a826-4601-87f1-14d420e63606 none    swap    sw    0    0
root@debian:~#grep -n cdrom /etc/fstab                 //提取包含 cdrom 的行
12:/dev/sr0        /media/cdrom0    udf,iso9660 user,noauto    0    0
```

（3）用于在文件或目录之间创建链接的 ln 命令

ln 命令用于链接文件或目录。链接包括软链接文件和硬链接文件。

软链接文件又叫符号链接文件，在对软链接文件进行读/写操作时，系统会自动把该操作转换为对源文件的操作，但在删除软链接文件时，系统仅删除软链接文件，而不删除源文件，这种形式类似于 Windows 中的快捷方式。硬链接文件是两个文件名指向硬盘上的同一块存储空间，对任何一个文件的修改将影响到另一个文件。硬链接文件是已存在的另一个文件，在对硬链接文件进行读/写和删除操作时，结果和软链接文件相同，但在删除硬链接文件的源文件时，硬链接文件依然存在，而且保留了原有的内容。ln 命令的基本语法如下。

```
ln [选项] 源文件或源目录 链接名称
```

ln 命令的常用选项及其功能如表 2.1.18 所示。

表 2.1.18　ln 命令的常用选项及其功能

选　项	功 能 说 明
-s	对源文件建立软链接，而非硬链接

ln 命令的基本用法如例 2.1.41 所示。

例 2.1.41　ln 命令的基本用法

```
root@debian:~#ln -s file1 file2
//对 file1 文件建立名为 file2 的符号链接，不加任何参数即默认建立的是硬链接
```

**【小贴士】**

只能对文件进行硬链接，目录不可以创建硬链接。

（4）man 命令

Linux 操作系统自带了数量十分庞大的命令，许多命令的使用又涉及复杂的选项和参数，我们不可能将所有命令的用法都记住。而 man 命令可以提供关于其他命令的准确、全面、详细的介绍。

man 命令的使用非常简单，只要在 man 后面加上所要查找的命令名即可，这里使用 man ls 命令查看 ls 的帮助信息，如图 2.1.2 所示，ls 命令的信息非常全面，包括命令的名称、描述、选项和参数的具体含义等，这些信息对于深入学习某个命令很有帮助。

```
LS(1)                          User Commands                          LS(1)

NAME
       ls - list directory contents

SYNOPSIS
       ls [OPTION]... [FILE]...

DESCRIPTION
       List  information about the FILEs (the current directory by default).  Sort entries alpha-
       betically if none of -cftuvSUX nor --sort is specified.

       Mandatory arguments to long options are mandatory for short options too.

       -a, --all
              do not ignore entries starting with .

       -A, --almost-all
              do not list implied . and ..

       --author
              with -l, print the author of each file

       -b, --escape
              print C-style escapes for nongraphic characters

       --block-size=SIZE
              with -l, scale sizes by SIZE when printing them; e.g., '--block-size=M';  see  SIZE
              format below

       -B, --ignore-backups
              do not list implied entries ending with ~

       -c     with -lt: sort by, and show, ctime (time of last modification of file status infor-
              mation); with -l: show ctime and sort by name; otherwise:  sort  by  ctime,  newest
              first
 Manual page ls(1) line 1 (press h for help or q to quit)
```

图 2.1.2　man 命令的基本用法

（5）shutdown 命令

shutdown 命令用于以一种安全的方式关闭系统，所谓“安全的方式”是指所有的登录用户都会收到关机提示信息，以便这些用户保存正在运行的工作。shutdown 命令的基本语法如下。

```
shutdown [选项] 时间 [关机提示信息]
```

shutdown 可以指定立即关机，也可以指定在特定的时间点或延迟特定的时间关机。shutdown 命令的常用选项及其功能如表 2.1.19 所示。

表 2.1.19　shutdown 命令的常用选项及其功能

选　项	功 能 说 明
-k	只是向其他登录用户提示警告信息而非真正关机
-h	关闭系统
-r	重启系统
-c	取消运行中的 shutdown 命令

其中，时间参数可以是“hh:mm”格式的绝对时间，表示在特定的时间点关机；也可以采用“+m”的格式，表示 m 分钟后关机。例 2.1.42 演示了 shutdown 命令的基本用法。

例 2.1.42　shutdown 命令的基本用法

```
root@debian:~#shutdown  -h  now        //现在关机
root@debian:~#shutdown  -h  22:30      //在 22:30 时刻关机
root@debian:~#shutdown  -r  +15        //15 分钟后重启系统
```

（6）其他命令

① history：显示过去执行过的命令。

② echo：显示一行文本。

③ clear：清空当前终端窗口。

④ date：显示或设置当前系统时间。

⑤ who：显示当前有哪些用户登录系统。

⑥ whoami：显示当前生效的系统登录用户。

⑦ whereis：查找一个命令对应的可执行文件、源文件和帮助文档的位置。

⑧ which：查找命令对应的可执行文件的完整路径。

大家可借助 man 命令获得关于这些命令的更多信息。

活动 4　管理归档和压缩

1. 认识归档和压缩

归档就是人们常说的“打包”，指把一组目录和文件组合成一个文件，这个文件的大小是原来目录和文件的总和。可以将归档操作形象地比喻为把几块海绵放到一个篮子里形成一块大海绵。压缩虽然也是把一组目录和文件组合成一个文件，但是它会使用某种算法对这个新文件进行处理，以减少其占用的存储空间。可以把压缩想象成对这块海绵进行“脱水”，使它的体积变小，以达到节省空间的目的。

tar 命令是 Linux 操作系统中常用的归档命令。tar 命令除归档外，还可以从归档文件中恢复源文件，即“展开”归档文件，这就是和归档相反的操作。归档文件通常以“.tar”作为文件扩展名，又称为 tar 包。

在实际工作中，通常配合其他压缩命令（如 bzip2 或 gzip）来实现对 tar 包的压缩或解压缩。tar 命令内置了相应的选项，可以直接调用相应的压缩/解压缩命令，以实现对 tar 包的压缩或解压缩。

2. 管理 tar 包

tar 命令在 Linux 操作系统上是常用的打包、压缩、加压缩工具。网上下载的源码安装包很多都是.tar.gz 或.tar.bz2 格式的，想要安装这样的软件，必须掌握 tar 命令的使用方法。tar 命令的基本语法格式如下。

```
tar  [选项]  目标文件路径及名称  源目录路径文件名
```

tar 命令的选项和参数非常多，但常用的只有几个。tar 命令的常用选项及其功能如表 2.1.20 所示。

表 2.1.20　tar 命令的常用选项及其功能

选　项	功能说明
-c	建立打包文件（和-x、-t 选项不能同时使用）
-r	将文件追加到打包文件的结尾
-A	合并两个打包文件
-f	指定打包文件名
-v	显示正在处理的文件名
-x	展开打包文件
-t	查看打包文件中包含哪个文件或目录
-C	指定在特定目录中展开打包文件
-j	使用 bzip2 来压缩/解压缩文件，打包时使用该选项可以将文件进行压缩，但解压缩还原时一定还要使用该选项
-z	用 gzip 来压缩/解压缩文件，用法同-j 选项

例 2.1.43 所示为 tar 命令对目录和文件进行打包的基本用法。

例 2.1.43　tar 命令的基本用法——打包

```
root@debian:~#mkdir test1 test2 test3 test4
root@debian:~#touch file1
root@debian:~#ls
file1   test1   test2   test3   test4
root@debian:~#tar -cvf 1.tar test1 file1
test1/
file1
root@debian:~#ls
1.tar   file1   test1   test2   test3   test4
root@debian:~#tar -tf 1.tar                    //查看 1.tar 中的内容
test1/
file1
```

从打包文件中恢复原文件时只需以-x 选项代替-C 选项即可，如例 2.1.44 所示。

例 2.1.44 tar 命令的基本用法——恢复原文件

```
root@debian:~#tar -xf 1.tar -C test2
root@debian:~#ls -d test2/*
/root/test2/file1    /root/test2/test1
```

如果将一个文件追加到 tar 包的结尾，则需要使用-r 选项，如例 2.1.45 所示。

例 2.1.45 tar 命令的基本用法——将一个文件追加到 tar 包的结尾

```
root@debian:~#touch file2
root@debian:~#tar -rf 1.tar file2
root@debian:~#tar -tf 1.tar
test1/
file1
file2
```

tar 命令可以同时进行打包和压缩操作，也可以同时进行解压缩并展开打包文件操作，只要使用额外的选项指明压缩文件的格式即可。它常用的选项有两个，其中-z 选项用于压缩和解压缩“.tar.gz”格式的文件，如例 2.1.46 所示；-j 选项用于压缩和解压缩“.tar.bz2”格式的文件，如例 2.1.47 所示。

例 2.1.46 tar 命令的基本用法——压缩和解压缩“.tar.gz”格式的文件

```
root@debian:~#ls
1.tar   file1   file2   test1 test2   test3   test4
root@debian:~#tar -zcf 1.tar.gz file1 file2                //-z 选项和-c 选项结合使用
root@debian:~#ls 1.tar.gz
1.tar.gz
root@debian:~#tar -zxf 1.tar.gz -C test3                   //-z 选项和-x 选项结合使用
root@debian:~#ls test3/*
/root/test3/file1    /root/test3/file2
```

例 2.1.47 tar 命令的基本用法——压缩和解压缩“.tar.bz2”格式的文件

```
root@debian:~#tar -jcf 1.tar.bz2 file1 file2          //-j 选项和-c 选项结合使用
root@debian:~#ls 1.tar.bz2
1.tar.bz2
root@debian:~#tar -jxf 1.tar.bz2 -C test4             //-j 选项和-x 选项结合使用
root@debian:~#ls test4/*
/root/test4/file1    /root/test4/file2
```

3. 压缩与解压缩

gzip、bzip2 和 xz 是 Linux 操作系统中常用的压缩工具。gunzip、bunzip2 和 unxz 是对应的解压缩工具。

（1）gzip 与 gunzip

使用 gzip 工具压缩后的文件扩展名为“.gz”，如例 2.1.48 所示。

例 2.1.48　gzip 命令的基本用法

```
root@debian:~#ls 1.tar.gz
1.tar.gz
root@debian:~#rm -rf 1.tar.gz
root@debian:~#gzip 1.tar
root@debian:~#ls 1.tar.gz
1.tar.gz
```

使用 gzip 对 1.tar 进行压缩时，压缩文件自动被命名为 1.tar.gz，而原打包文件 1.tar 会被删除。若对 1.tar.gz 进行解压缩，则有两种方法：一种方法是使用 gunzip 命令，把压缩文件作为参数使用，如例 2.1.49 所示；另一种方法是使用 gzip 命令，但要使用-d 解压缩选项。

例 2.1.49　gunzip 命令的基本用法

```
root@debian:~#gunzip 1.tar.gz                    //或使用 gzip -d 1.tar.gz 命令
root@debian:~#ls 1.tar
1.tar
```

（2）bzip2 与 bunzip2

bzip2 的压缩程度比 gzip 高，用时比较长，用“bzip2+文件名”的形式进行压缩。在压缩时，默认原文件被删除，可使用“-k”选项保留原来的文件，如例 2.1.50 所示。

例 2.1.50　bzip2 命令的基本用法

```
root@debian:~#touch file3 file4
root@debian:~#ls file3 file4
file3    file4
root@debian:~#bzip2 file3
root@debian:~#ls file3 file3.bz2
ls: 无法访问 file3: 没有那个文件或目录          //无法访问 file3: 没有那个文件或目录
file3.bz2
root@debian:~#bzip2 -k file4                    //-k 选项保留原文件
root@debian:~#ls file4 file4.bz2
file4    file4.bz2
```

bunzip2 在解压缩时，使用“bunzip2+压缩文件”的形式进行解压缩，如例 2.1.51 所示。

例 2.1.51　bunzip2 命令的基本用法

```
root@debian:~#bunzip2 file3.bz2
root@debian:~#ls file3
file3
```

（3）xz 与 unxz

xz 的压缩程度很高，解压缩速度也很快，适合备份各种数据，用“xz+文件名”的形式进行压缩；在压缩时，默认原文件被删除，可使用“-k”选项保留原来的文件，如例 2.1.52 所示。

例 2.1.52　xz 命令的基本用法

```
root@debian:~#ls file3 file4
```

```
file3    file4
root@debian:~#xz file3
root@debian:~#ls file3 file3.xz
ls: 无法访问 file3: 没有那个文件或目录
file3.xz
root@debian:~#xz -k file4                        //-k 选项保留原文件
root@debian:~#ls file4 file4.xz
file4    file4.xz
```

unxz 在解压缩时，使用“unxz+压缩文件”的形式进行解压缩，如例 2.1.53 所示。

例 2.1.53　unxz 命令的基本用法

```
root@debian:~#unxz file3.xz
root@debian:~#ls file3
file3
```

任务小结

（1）Linux 系统使用树形目录结构管理，需要掌握每个目录的作用，否则容易误操作。

（2）Linux 系统的基本运维命令不多，需要熟练掌握。

（3）源码安装包很多都是.tar.gz 或.tar.bz2 格式的，所以掌握 tar 的使用方法非常重要。

任务2.2　vim编辑器

在 Linux 命令行状态下，编辑配置文件或进行 Shell 编程、程序设计等都需要使用编辑器，Linux 下包含很多不同的编辑器，而 vim 是其中功能最为强大的全屏幕文本编辑器。

任务描述

A 公司的服务器安装了 Debian 10.10 作为服务器的网络操作系统，现需要在服务器上进行文件的创建和编辑工作，网络管理员小赵开始查找 Debian 10.10 网络操作系统中的常用命令，找了很多资料后，发现使用 vim 编辑器可以实现文件的创建和编辑等工作。

作为网络管理员，除使用这些命令完成日常的系统管理工作外，还有一项重要工作是编辑各种系统配置文件，而这项工作需要借助文本编辑器才能完成，其具体要求如下。

（1）在/root 目录下启动 vim，并且 vim 后面不加文件名。

（2）进入 vim 编辑模式，输入如下所示的测试文本。

```
Linux has the characteristics of open source, no copyright and more
users in the technology community.
Open source enables users to cut freely, with high flexibility, powerful
function and low cost.
In particular, the network protocol stack embedded in the system can
```

realize the function of router after proper configuration
These characteristics make Linux an ideal platform for developing
routing switching devices

（3）将以上文本保存为文件 Linux，并退出 vim。

（4）重新启动 vim，打开文件 Linux。

（5）显示文件行号。

（6）将光标移动至第 4 行。

（7）在当前行下方插入新行，并输入内容“This is a very good system!”。

（8）将文中的“Linux”用“Debian”替换。

（9）将光标移动至第 3 行，并复制第 3～4 行的内容。将光标移动至文件最后一行，并将上一步复制的内容粘贴在最后一行的下方。

（10）保存文件后退出 vim。

✔ 任务实施

活动 1　认识 vim 编辑器

1. vim 编辑器简介

基本上所有的 Linux 发行版都内置了 vi 文本编辑器，而且有些系统工具会把 vi 作为默认的文本编辑器。vim 是增强版的 vi，除具备 vi 的功能外，还可以用不同颜色显示不同类型的文本内容，相比 vi 专注于文本编辑，vim 还可以进行程序编辑，尤其在编辑 Shell 脚本文件或使用 C 语言进行编程时，能够高亮显示关键字和语法错误。而不管是专业的 Linux 系统管理员，还是普通的 Linux 系统用户，都应该熟练使用 vim。

vim 是 vimsual interface 的简称，它可以执行输出、删除、查找、替换、块操作等众多文本操作，而且用户可以根据需要对其进行定制，这是其他编辑程序所没有的。vim 不是一个排版程序，它不像 Word 或 WPS 那样可以对字体、格式、段落等其他属性进行编排，它只是一个文本编辑程序。vim 是全屏幕文本编辑器，没有菜单，只有命令。

2. 安装与启动 vim

（1）安装 vim

Debian 10.10 系统默认没有安装 vim 编辑器，需要手工进行安装，具体方法如下。

01 将光盘的设备状态变成“已连接”。

选择“虚拟机”→“设置”→“硬件”→“CD/DVD”→设备状态变成“已连接”菜单选项，在连接处选中“使用 ISO 映像文件”单选按钮，并找到 Debian 10.10 的映像文件，单击“确定”按钮即可，如图 2.2.1 所示。

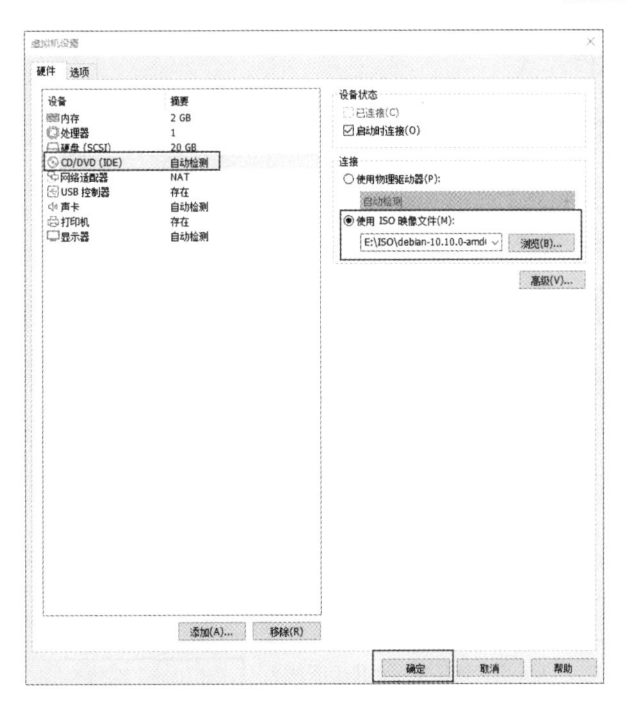

图 2.2.1　设置虚拟机的安装源

02 使用 mount 命令挂载光驱（mount 命令在项目 4 中会详细介绍）。

```
root@debian:~#mount /dev/cdrom /media/cdrom
mount: /media/cdrom0: WARNING: device write-protected, mounted read-only.
```

03 使用 apt 命令安装 vim 编辑器（apt 命令在项目 5 中会详细介绍）。

```
root@debian:~#apt install -y vim
正在读取软件包列表... 完成
正在分析软件包的依赖关系树
正在读取状态信息... 完成
将会同时安装下列软件：
  vim-runtime
建议安装：
  ctags vim-doc vim-scripts
下列【新】软件包将被安装：
  vim vim-runtime
…                                                    //此处省略部分输出
正在处理用于 man-db (2.8.5-2) 的触发器 ...
正在处理用于 systemd (241-7~deb10u8) 的触发器 ...
```

（2）启动 vim

在终端窗口中输入 vim，后跟想要编辑的文件名，即可进入 vim 工作环境。如果不指定文件名，则新建一个未命名的文本文件，退出 vim 时则必须指定文件名；若指定文件名则新建（文件不存在时）或打开同名文件。

```
root@debian:~#vim 文件名
```

3. vim 编辑器的工作模式

vim 编辑器有三种基本工作模式，分别是命令模式、编辑模式和末行模式，如表 2.2.1 所示。

表 2.2.1　vim 编辑器的工作模式及其功能

模　式	功　能
命令模式	包括光标移动，文本查找与替换、文本复制、粘贴、删除等
编辑模式	在该模式下可输入文本内容。在编辑模式下按 Esc 键可返回命令模式
末行模式	包括保存、退出、读取文件等操作

4. vim 工作模式的转换

vim 的三种工作模式的操作区别及各个模式之间的转换方法，如图 2.2.2 所示。

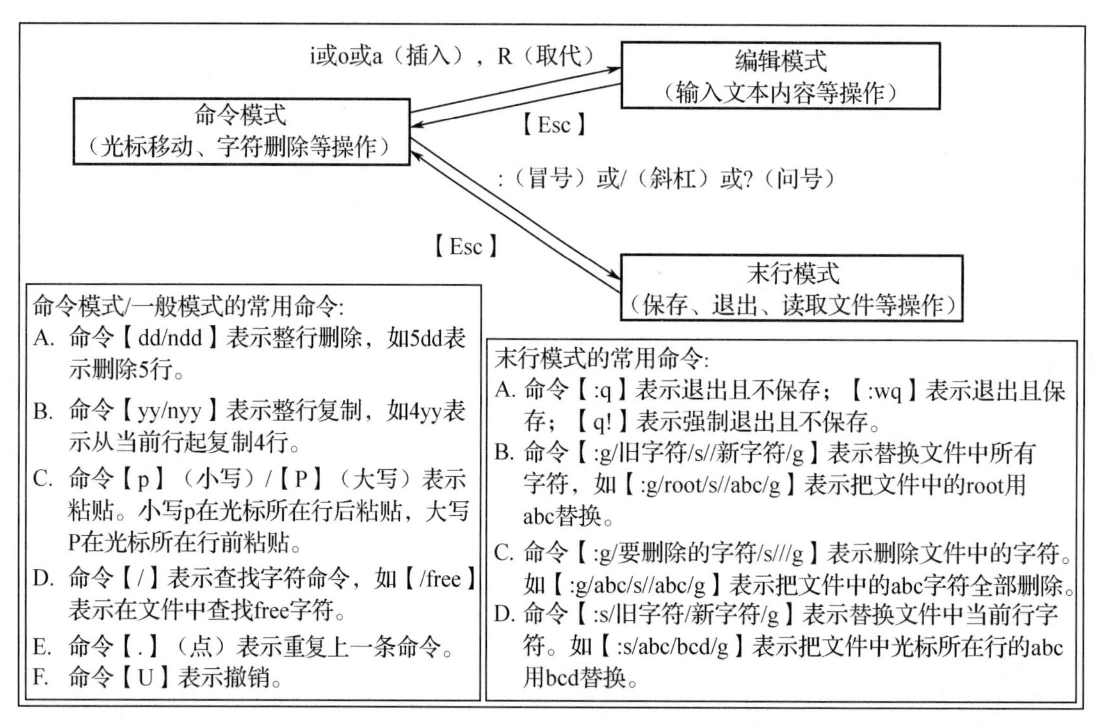

图 2.2.2　vim 编辑器

5. vim 编辑器常用命令

（1）vim 编辑器打开文件后默认进入命令模式，在命令模式下的按键常用命令如表 2.2.2 所示。

表 2.2.2　vim 编辑器在命令模式下的常用命令

按　键	描　述
h 或向左箭头键（←）	光标向左移动一个字符
j 或向下箭头键（↓）	光标向下移动一个字符
k 或向上箭头键（↑）	光标向上移动一个字符

续表

按　键	描　述
l 或向右箭头键（→）	光标向右移动一个字符
Ctrl+f	屏幕向下翻动一页，相当于“Page Down”键
Ctrl+b	屏幕向上翻动一页，相当于“Page Up”键
Ctrl+d	屏幕向下翻动半页
Ctrl+u	屏幕向上翻动半页
H	光标移动至当前屏幕第一行的行首
M	光标移动至当前屏幕中央一行的行首
L	光标移动至当前屏幕最后一行的行首
G	光标移动至文件最后一行的行首
*n*G	*n* 为数字，表示移动至文件的第 *n* 行的行首
^	移动光标至行首
$	移动光标至行尾
w	光标向右移动一个单词
*n*w	光标向右移动 *n* 个单词（其中 *n* 为数字）
b	光标向左移动一个单词
*n*b	光标向左移动 *n* 个单词（其中 *n* 为数字）

vim 编辑器在命令模式下复制、粘贴、删除的按键常用命令如表 2.2.3 所示。

表 2.2.3　vim 编辑器在命令模式下的常用命令

按　键	类　型	描　述
yy	复制与粘贴	复制光标所在行
*n*yy		向下复制从光标所在行开始的 *n* 行
p		将已复制数据粘贴至光标所在行的下一行
P		将已复制数据粘贴至光标所在行的上一行
x	删　除	删除光标所在位置的字符，相当于“Delete”键
X		删除光标所在位置的前一个字符，相当于“Backspace”键
*n*x		向右删除从光标所在位置开始的 *n* 个字符
*n*X		删除光标所在位置之前的 *n* 个字符
dd		删除光标所在的一整行
*n*dd		从光标所在行开始向下删除 *n* 行（包括光标所在行）
u	撤销与重复	撤销前一个动作
U		重复做一个动作

vim 编辑器在命令模式下查找与替换的按键常用命令如表 2.2.4 所示。

表 2.2.4 vim 编辑器在命令模式下的常用命令

按 键	类 型	描 述
/word	查 找	在光标之后的文本中查找 word 字符串，当查找到第一个 word 后，按“n”继续查找下一个
?word		在光标之前的文本中查找 word 字符串，当查找到第一个 word 后，按“n”继续查找下一个
:n1,n2s/word1/word2/g	替 换	在 n1 至 n2 行之间查找所有 word1 这个字符串并替换为 word2
:s/word1/word2/g		在全文中查找 word1 这个字符串并替换为 word2
:s/word1/word2/gc		在全文中查找 word1 这个字符串并替换为 word2，每次替换前需要用户的确认

（2）进入插入模式的说明

插入模式可通过使用不同按键进入，具体功能描述如表 2.2.5 所示。

表 2.2.5 top 命令的常用选项及其功能

按 键	描 述
a	进入插入模式并在当前光标后插入内容
A	进入插入模式并将光标移至当前段落末尾
i	进入插入模式并在当前光标前插入内容
I	进入插入模式并将光标移至当前段落段首
o	进入插入模式并在当前行后面新建空行
O	进入插入模式并在当前行前面新建空行

（3）在末行模式下的命令说明

vim 编辑器在末行模式下的常用命令如表 2.2.6 所示

表 2.2.6 vim 编辑器在末行模式下的常用命令

命 令	类 型	描 述
:w	读/写文件	保存编辑后的文件
:w!		若文件属性为只读，强制保存该文件
:w[filename]		将编辑后的文件以文件名 filename 进行保存
:r[filename]		读取 filename 文件的内容，并插入到光标所在行的下面
:q	退 出	退出 vim
:q!		如果文件内容已修改但不想保存，可以使用这个命令强制退出且不保存
:wq		保存后退出
:wq!		强制保存后退出
ZZ		若文件没有修改，则直接退出且不保存；若文件已修改，则保存后退出
:set nu	显示行号	在每行的行首显示文件行号
:set nonu		与 set nu 相反，隐藏文件行号

活动 2 使用 vim 编辑器

01 进入 Debian 10.10 操作系统，打开一个终端窗口库，在命令行中输入 vim（不加文件名）启动 vim，按字母 a 进入编辑模式。

02 输入任务要求的测试文本。

03 按 Esc 键返回命令模式，输入“:”进入末行模式，输入“w Linux”将程序保存为 Linux 文件，输入“:q”退出 vim。

04 重新启动 vim，可通过“vim Linux”打开 Linux 文件。

05 输入“:set nu”显示行号。

06 输入数字“3”并按回车键，将光标移至第 4 行的行首。

07 输入字母“o”并在当前行下面输入内容“This is a very good system!”。

08 在编辑模式下按“Esc”键返回命令模式，输入“:”进入末行模式，并输入“s/Linux/Debian/g”将文中“Linux”替换成“Debian”。

09 输入数字“3”和大写字母“G”，将光标移至第 3 行的行首，输入“2yy”复制第 3～4 行的内容。输入大写字母“G”将光标移至最后一行的行首，并按 p 键将其粘贴到最后一行的下方。

10 在末行模式下输入“:wq”保存文件后退出。

✔ 任务小结

（1）vim 是 vi 的增强版，没有菜单，只有命令。

（2）vim 文本编辑器功能非常强大，包括命令模式、编辑模式和末行模式。

项目3　用户和权限管理

项目描述

A 公司是一家拥有上百台服务器的大型互联网公司。该公司服务器的管理员众多，因管理员对服务器的熟知度不同，容易出现操作不规范的现象，使得该公司服务器存在安全隐患。因此对用户和权限的管理显得至关重要。了解和掌握 Linux 系统的用户和权限管理，可以提高 Linux 系统的安全性。

在 Linux 操作系统中，每个文件都有很多和安全相关的属性，这些属性决定了哪些用户可以对这个文件执行哪些操作。能合理、有效地管理文件权限，是评价一个 Linux 系统管理员是否合格的重要标准。

知识目标

1. 了解用户账号的类型。
2. 了解用户和用户组有关的配置文件。
3. 了解配置文件的内容及结构。

能力目标

1. 熟练使用命令进行用户和用户组的管理。
2. 熟练使用命令进行权限的配置和修改。

思政目标

1. 培养学生系统分析与解决问题的能力，使其能够掌握相关知识点并完成项目任务。
2. 培养学生提高系统安全意识和风险意识。
3. 培养学生建立保护数据安全和数据隐私的意识。
4. 增强学生数据隐私保护和数据安全意识。

思维导图

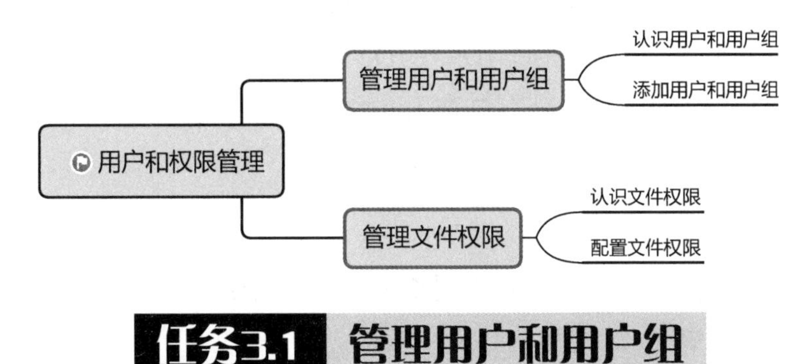

任务3.1　管理用户和用户组

任务描述

A 公司的管理员对 Linux 服务器进行基本设置后，刚想休息一下，但主管找到他，说员工还是无法进行工作，希望管理员尽快解决问题。经过查看后，管理员发现用户还没有合理的用户名和密码，所以决定开始设置用户名和密码。

Linux 是一个真正的多用户操作系统，无论用户是从本地还是从远程登录 Linux 系统，用户都必须拥有用户账号。用户登录时，系统将检验输入的用户名和口令，只有当该用户名已存在，而且口令与用户名相匹配时，用户才能进入系统，其具体要求如下。

（1）添加用户、用户组和系统用户。

（2）设置用户密码。

（3）查看和修改用户信息。

（4）实现用户间切换和权限管理。

任务实施

活动1　认识用户和用户组

1. 用户和用户组的基本概念

Linux 是一个多用户操作系统，支持多个用户同时登录操作系统。每个用户使用不同的用户名登录操作系统，并且需要提供密码。每个用户的权限不同，所能完成的任务也不同，用户管理是 Linux 安全管理机制的重要一环。通过为不同的用户赋予不同的权限，Linux 能够有效管理系统资源，合理组织文件，实现对文件的安全访问。

为每一个用户设置权限是一项烦琐的工作，而且有些用户的权限是相同的。引入“用户组”的概念可以很好地解决这个问题。用户组是用户的逻辑组合，为用户组设置相应的权限，组内的用户就会自动拥有这些权限。这种方式可以简化用户管理工作，提高系统管理员的工作效率。

用户和用户组都有一个字符串形式的名称，但在系统内部用于识别用户和用户组的是数字形式的 ID，也就是用户 ID（User ID，UID）和用户组 ID（Group ID，GID）。这很像人们的姓名与身份证号码的关系，只不过在 Linux 操作系统中，用户名是不能重复的。UID 和 GID 是数字，每个用户和用户组都有唯一的 UID 和 GID。

2. 用户配置文件

在 Linux 操作系统中，与用户相关的配置文件有两个：/etc/passwd 和/etc/shadow。

（1）/etc/passwd 文件

/etc/passwd 文件记录了用户的基本信息。下面来看一下/etc/passwd 文件的内容，如例 3.1.1 所示。

例 3.1.1 /etc/passwd 文件的内容

```
root@debian:~#cat /etc/passwd
root:x:0:0:root:/root:/bin/bash
daemon:x:1:1:daemon:/usr/sbin:/usr/sbin/nologin
bin:x:2:2:bin:/bin:/usr/sbin/nologin
sys:x:3:3:sys:/dev:/usr/sbin/nologin
sync:x:4:65534:sync:/bin:/bin/sync
…省略部分输出…
chris:x:1000:1000:CHRIS,,,:/home/chris:/bin/bash
systemd-coredump:x:999:999:systemd Core Dumper:/:/usr/sbin/nologin
```

在/etc/passwd 文件中，每一行代表一个用户。可能大家会有这样的疑问：在安装操作系统时，除默认的 root 用户，只创建了 chris 用户，为什么/etc/passwd 中会有这么多用户。其实，这里的大多数用户是系统用户（又称伪用户），不能使用这些用户直接登录系统，但它们是系统进程正常运行所必需的。这些用户不能随意修改，否则依赖它们的系统服务可能无法正常运行。每一行的用户信息都包含 7 个字段，用“:”隔开，从左到右依次为用户名、密码、用户 ID（UID）、用户组 ID（GID）、用户描述、主目录和登录 Shell，其格式如下。

```
用户名:密码:UID:GID:用户描述:主目录:登录 Shell
```

下面介绍每个字段的含义。

① 用户名：表示用户登录时使用的名称，系统内唯一。

② 密码：用户口令通过加密后保存在/etc/shadow 中，这里以 x 表示。

③ UID：用于标识用户身份的数字，不同范围的数字表示不同身份的用户。UID 的含义如表 3.1.1 所示。

表 3.1.1 UID 的含义

UID 范围	用户身份
0	UID 为 0 的用户表示系统管理员（系统超级用户），默认是 root 用户。如果把一个用户的 UID 改为 0，则它具有和 root 用户相同的权限。因此，系统中的超级用户可以有多个，但一般不建议这样做，因为有可能让系统管理变得混乱，也会增加系统风险
1～999	给系统用户使用。通常，该部分用户又被分为以下两类。 ● 1～200：系统自行建立的系统账号。 ● 201～999：若用户有系统账号需求，则可以使用这部分数字
1000～65535	给普通用户使用。例 3.1.1 所示的 admin 用户的 UID 就是 1000

④ GID：用于标识用户组的数字，每个用户都隶属一个组。root 用户的 GID 是 0，系统用户的 GID 为 1～999，普通用户在建立的同时除非指定，系统默认会建立一个同名、同 ID 号的组。

⑤ 用户描述：关于用户特征的简要说明，对于系统管理员而言并不是必需的。

⑥ 主目录：用于记录用户的主目录，它也是登录终端后默认的工作目录，类似于 Windows 中的 My Documents。用户登录后默认即进入该用户的主目录。一般来说，root 用户的主目录是/root，普通用户除非在创建时指定，否则系统会在/home 下创建与用户名同名的主目录。例如，chris 用户的主目录默认为/home/chris。通常这个字段可以改变用户的默认主目录。

⑦ 登录 Shell：用户登录后的 Shell 环境，系统默认使用的是 Bash。如果把这个字段修改为“/sbin/nologin”，则意味着禁止用户使用 Shell 环境。

（2）/etc/shadow 文件

/etc/shadow 文件记录了用户的密码及相关信息。/etc/shadow 文件的内容如例 3.1.2 所示。

例 3.1.2 /etc/shadow 文件的内容

```
chris@debian:~$cat /etc/shadow
cat: /etc/shadow: 权限不够                    //chris 用户无法打开/etc/shadow
chris@debian:~$su – root                      //切换到 root 用户
密码:                                          //输入 root 用户密码
root@debian:~#cat /etc/shadow
root:$6$7wvb.SrFsXYc4P7C$0ubIUVqcAPZb862/qDnr3cF/iKoBYVyiZqvpugWCM1dvSHzT/Yw3bk7t
CwKxgMnvpUc1SNdVrLx/GzBkSt6Pg.::0:99999:7:::
…省略部分输出…
chris:$6$UrNGiM2hWjIR0z0i$F0alsLNZOfHrems2GNFgwXc4tWn0LN26MLzKWzGTkndat9r2IXwX
obdMY0bkF/QuFXYvsGUlO8dynVSAH5UWz0:18850:0:99999:7:::
systemd-coredump:!!:18850::::::
```

普通用户无法打开/etc/shadow 文件，必须使用 root 用户才可打开，这主要是为了防止用户的密码泄露。/etc/shadow 文件中每一行代表一个用户，通过“:”分隔的 9 个字段是用户名；加密后的密码（如果是!!，则表示口令为空，不能登录）；从 1970 年 1 月 1 日距离上次修改口令日期的间隔天数；口令自上次修改后，要隔多少天才能再次修改（为 0 则无限制）；口令自上次修改后，要隔多少天才能再次修改（为 9999 则口令未设置为必须修改）；提前多少天警告用户口令将过期（默认为 7）；在口令过期多少天之后禁用该账号；从 1970 年 1 月 1 日起到账号过期的间隔天数；保留字段。

3. 用户组配置文件

（1）/etc/group 文件

/etc/group 文件记录了用户组的基本信息。下面来看一下/etc/group 文件的内容，如例 3.1.3 所示。

例 3.1.3　/etc/group 文件的内容

```
root@debian:~#cat /etc/group
root:x:0:
daemon:x:1:
…省略部分输出…
chris:x:1000:
systemd-coredump:x:999:
```

/etc/group 文件的每一行代表一个用户组，通过“:”隔开分为 4 段，分别是用户组名、组密码、GID 和组成员列表，每个字段的含义解释如下。

① 组名：和用户名一样，给每个用户组设置一个易于理解和记忆的名称。

② 组密码：组密码本来是要指定给组管理员使用的，但这个功能现在很少使用，因此这里全用“x”替代。

③ GID：这是每个用户组的数字标识符，和/etc/passwd 文件中第 4 个字段的 GID 相对应。

④ 组成员列表：每个组包含的用户，列出了具体的用户名。

（2）/etc/gshadow 文件

/etc/gshadow 文件记录了用户组密码。下面来看一下/etc/gshadow 文件的内容，如例 3.1.4 所示。

例 3.1.4　/etc/gshadow 文件的内容

```
root@debian:~#cat /etc/gshadow
root:*::
daemon:*::
…省略部分输出…
chris:!::
systemd-coredump:!!::
```

/etc/gshadow 与/etc/shadow 文件类似，根据/etc/group，每一行描述一个用户组信息，通过“:”隔开分为 4 段，分别是用户组名、组密码、用户组的管理者和组成员列表。

4. 用户和用户组的关系

一个用户可以只属于一个用户组，也可以属于多个用户组。一个用户组可以只包含一个用户，也可以包含多个用户。因此，用户和用户组存在一对一、一对多、多对一和多对多 4 种对应关系。当一个用户属于多个用户组时，就有了初始组（又称主组）和附加组的概念。

用户的初始组指只要用户登录到系统，就自动拥有这个组的权限。一般来说，当添加新用户时，如果没有明确指定用户所属的组，那么系统会默认创建一个和用户名同名的用户组，这个用户组就是新用户的初始组。用户的初始组是可以修改的，但每个用户只能属于一个初始组。除初始组外，用户加入的其他组称为附加组。一个用户可以同时加入多个附加组，并且拥有每个附加组的权限。需要注意的是，/etc/passwd 文件中第 4 个字段的 GID 指的是用户初始组的 GID。

活动 2 添加用户和用户组

1. 用户管理

（1）用于添加新用户的 useradd 命令

在命令行模式下，使用 useradd 命令可以添加一个用户，其基本语法如下。

```
useradd [选项] 用户名
```

虽然 useradd 提供了非常多的选项，但其实不使用任何选项就可以创建一个新用户，因为 useradd 定义了很多默认值。当不使用选项时，useradd 默认会执行以下操作。

① 在/etc/passwd 文件中新增一行与新用户相关的数据，包括 UID、GID、主目录等。

② 在/etc/shadow 文件中写入一行与新用户相关的密码数据，但此时密码为空。

③ 在/etc/group 文件中新增一行与新用户同名的用户组。

useradd 命令的基本用法如例 3.1.5 所示。

例 3.1.5 useradd 命令的基本用法

```
root@debian:~#useradd -m user001                    //添加用户 user001
root@debian:~#grep user001 /etc/passwd
user001:x:1001:1001::/home/user001:/bin/sh
root@debian:~#grep user001 /etc/shadow
user001:!!:18850:0:99999:7:::
root@debian:~#grep user001 /etc/group
user001:x:1001:                                     //创建了一个同名的用户组
root@debian:~#ls -ld /home/user001
drwx------ 3 user001 user001 78 8 月  10 23:51 /home/user001
```

【小贴士】

如果没有指定-m 选项，则 useradd 命令通常不会自动创建用户主目录。

显然，useradd 帮助用户指定了新用户的 UID、GID 及初始组等信息。如果不想使用这些默认值，则要利用选项加以明确规定。useradd 命令的常用选项及其功能如表 3.1.2 所示。

表 3.1.2　useradd 命令的常用选项及其功能

选　项	功能说明
-c	指定用户的注释信息，为任意字符串
-d	指定用户的主目录，目录不一定必须存在，但是会在必要的时候创建
-e	指定账号失效日期，格式为YYYY-MM-DD。如果没有指定，则使用/etc/default/useradd 文件中的 EXPIRE 变量的值；如果为空字符串，则表示永远不过期
-f	指定密码过期后，账户将被彻底禁用之前的天数。0 表示立即禁用，-1 表示不禁用。如果没有指定，则使用/etc/default/useradd 文件中的 INACTIVE 变量的值，或者为-1
-g	指定用户所属的初始组，后接 GID 或组名
-G	指定用户所属的附加组，后接 GID 或组名
-m	如果用户主目录不存在，则自动创建
-M	不创建用户主目录
-r	创建一个系统用户。新用户的标识号为 100～999，并且不会自动为新用户创建与主目录同名的基本用户组
-s	指定默认的 Shell 程序，需要使用绝对路径
-u	手动指定新用户的 UID，必须在当前系统中是唯一的

例如，要创建一个名为 user002 的新用户，手动指定其主目录为/home/user002、UID 为 222 和初始组为 chris，方法如例 3.1.6 所示。

例 3.1.6　useradd 命令的基本用法——不使用默认值

```
root@debian:~#useradd -d /home/user002 -u 222 -g chris user002
                              //添加用户 user002、初始组 chris、主目录为/home/user002、UID 为 222
root@debian:~#grep user002 /etc/passwd
user002:x:222:1000::/home/user002:/bin/sh
root@debian:~# grep user002 /etc/group
root@debian:~# ls -ld /home/user002
drwx------ 3 user002 chris 78 8 月    10 23:55 /home/user002
```

（2）用于添加新用户的 adduser 命令

adduser 命令实际上是一个 Perl 脚本文件，其基本语法如下。

```
adduser [选项] 用户名
```

adduser 命令的常用选项及其功能如表 3.1.3 所示。

表 3.1.3　adduser 命令的常用选项及其功能

选　项	功能说明
--disabled-login	指定用户的注释信息为任意字符串
--disabled-password	用户不能使用密码认证，但是可以通过其他的方式认证，如 RSA 密钥
--gid	如果创建一个用户组，则用来指定新用户组的组标识号
--group	创建一个用户组
--home	指定用户的主目录。如果该目录不存在，则会创建该目录
--shell	指定用户默认的 Shell 程序

续表

选　项	功能说明
--ingroup	指定用户所属的初始组
--system	创建一个系统用户
--no-create-home	不创建用户主目录
--uid	指定用户的用户标识号
--add_extra_groups	手动用户的附加组

① 创建普通用户

如果没有指定--system 和--group 选项，adduser 命令会创建一个普通的用户，如例 3.1.7 所示。

例 3.1.7　创建一个名为 user003 的用户

```
root@debian:~#adduser --ingroup chris --shell /bin/bash user003
正在添加用户"user003"...
正在添加新用户"user003" (1001) 到组"chris"...
创建主目录"/home/user003"...
正在从"/etc/skel"复制文件...
新的密码：
重新输入新的密码：
passwd：已成功更新密码
正在改变 user003 的用户信息
请输入新值，或直接按回车键以使用默认值
        全名 []: user003
        房间号码 []: 1001
        工作电话 []: 123456
        家庭电话 []: 654321
        其他 []:
这些信息是否正确？ [Y/n] y
root@debian:~# grep user003 /etc/passwd
user003:x:1001:1000:user003,1001,123456,654321:/home/user003:/bin/bash
//从上面的命令可以得知，adduser 命令在添加用户时会采用交互式的方式，要求输入用户的注释信息，这些信息会存储在/etc/passwd 文件的用户记录注释字段中。
```

② 创建系统用户

如果 adduser 命令使用了--system 选项，那么将会增添一个系统用户。adduser 命令将从/etc/adduser.conf 文件中的 FIRST_SYSTEM _UID 和 LAST_SYSTEM_UID 变量指定的范围内选择第 1 个可用的用户标识号作为新的系统用户 UID。

默认情况下，系统用户被放在 nogroup 组中。用--gid 选项或--ingroup 选项可以将新的系统用户添加到一个已经存在的组。用--group 选项可以将新的系统用户添加到与新用户的登录名相同的新用户组中。

跟标准用户一样，主目录会依据相同的规则创建。如果没有用--shell 选项执行新的系统用户的默认 Shell，那么新的系统用户默认 Shell 为/usr/sbin/nologin，这意味着该用户不能登录系统，如例 3.1.8 所示。

例 3.1.8 创建一个名为 user004 的系统用户

```
root@debian:~#adduser --system user004
正在添加系统用户"user004" (UID 118)...
正在将新用户"user004" (UID 118)添加到组"nogroup"...
创建主目录"/home/user004"...
root@debian:~# grep user004 /etc/passwd
user004:x:118:65534::/home/user004:/usr/sbin/nologin
//从输出可以得知，用户 user004 的用户标识号为 118，主组为 nogroup。
```

【小贴士】

在同时指定--system 选项和--group 选项的情况下，新的系统用户初始组将被设置为与其登录名相同的用户组。如果单独使用--group 选项，则会创建一个普通的用户组。

③ 创建用户组

如果单独使用--group 选项，则会创建一个普通的用户组，如例 3.1.9 所示。

例 3.1.9 创建一个名称为 employees 的用户组

```
root@debian:~#adduser --group employees
正在添加组"employees" (GID 1001)...
完成。
root@debian:~# grep employees /etc/group
employees:x:1001:
```

【小贴士】

adduser 命令的默认配置文件为/etc/adduser.conf。

（3）用于设置用户密码的 passwd 命令

创建的用户必须设置密码才能登录系统，可以使用 passwd 命令为用户设置密码。passwd 命令的基本语法如下。

```
passwd [选项] [用户名]
```

passwd 命令还能对用户的口令进行管理，包括创建、修改、删除、锁定等操作。passwd 命令的常用选项及其功能如表 3.1.4 所示。

表 3.1.4 passwd 命令的常用选项及其功能

选项	功能说明
-a	显示所有用户的状态，需要和-S 选项一起使用
-d	删除用户密码，用户登录系统时不需要密码，只有 root 用户可以执行
-e	设置用户密码立即过期，这可以强制用户下次登录时必须修改密码
-i	设置用户密码过期后指定的天数禁用该账户
-l	锁定用户，禁止其登录。只有 root 用户可以执行
-u	解锁被锁定的用户账户，允许其登录。只有 root 用户可以执行

续表

选　项	功 能 说 明
-S	查询用户密码的相关信息，即查询/etc/shadow 文件的内容
-n mindays	密码修改后 mindays 天内不能再修改密码，即/etc/shadow 文件第 4 个字段的内容
-x maxdays	密码有效期，即/etc/shadow 文件第 5 个字段的内容
-w warndays	密码过期前的警告天数，即/etc/shadow 文件第 6 个字段的内容
-I inactivedays	密码失效日期，即/etc/shadow 文件第 7 个字段的内容

root 用户可以为所有普通用户修改密码，如例 3.1.10 所示。

例 3.1.10　passwd 命令的基本用法——root 用户为普通用户修改密码

```
root@debian:~#passwd user001                    //以 root 身份修改 user001 用户的密码
新的密码：                                        //输入 user001 的密码
重新输入新的密码：                                //确定新密码
passwd：已成功更新密码
```

如果密码过于简单，如少于 6 位、过于有规律、基于字典等，系统都会给出提示信息，提示密码不安全。用户若执意使用这种密码，可以不理会提示信息。在实际的生产环境中，强烈建议使用符合安全性的密码，如包含字母、数字、特殊字符的组合等。如果不指定用户名，则修改的是当前登录用户自己的密码，如例 3.1.11 所示。

例 3.1.11　passwd 命令的基本用法——修改自己的密码

```
root@debian:~#passwd                            //修改登录用户 root 的密码
新的密码：
重新输入新的密码：
passwd：已成功更新密码
user001@debian:~$passwd                         //为用户本身修改密码
为 user1 更改 STRESS 密码。
Current password:                               //这里输入原密码
新的密码：                                        //输入新密码
重新输入新的密码：                                //确认新密码
passwd：已成功更新密码
```

（4）用于修改用户信息的 usermod 命令

对于创建好的账户，可使用 usermod 命令来设置和管理账号的各项属性，包括登录名、主目录、用户组、登录 Shell 等。该命令只能由 root 执行。usermod 命令的基本语法如下。

```
usermod [选项] 用户名
```

usermod 命令的常用选项及其功能如表 3.1.5 所示。

表 3.1.5　usermod 命令的常用选项及其功能

选　项	功 能 说 明
-a	将用户添加到指定的附加组，该选项只能和-G 选项一起使用
-c	修改用户注释字段的值

续表

选　　项	功 能 说 明
-d -m	参数-m 与参数-d 连用，可重新指定用户的主目录并自动把旧数据转移过去
-e	指定账号失效日期，格式为 YYYY-MM-DD
-f	指定密码
-g	修改用户的原始组，指定的用户组必须存在。用户主目录中，属于原始组的文件将转交新组所有。主目录之外的文件所属的组必须手动修改
-G	指定用户的附加组，多个用户组之间用逗号隔开
-l	修改用户的登录名
-L	锁定账号，禁止其登录系统
-U	解锁账号，允许其登录系统
-s	修改用户的默认 Shell
-u	指定新的用户标识号

使用 usermod 命令修改用户信息，如例 3.1.12 所示。

例 3.1.12　usermod 命令的基本用法——修改用户信息

```
root@debian:~#grep user001 /etc/passwd
user001:x:1001:1001::/home/user001:/bin/bash
root@debian:~#usermod -d /home/user01 -u 333 -g root user001
//修改用户 user001 的初始组为 root、主目录为 home/user01、UID 为 333
root@debian:~#grep user001 /etc/passwd
user001:x:333:0::/home/user01:/bin/sh
```

（5）用于删除用户的 userdel 命令

要删除指定用户账户，可使用 userdel 命令来实现，该命令只能由 root 用户执行。userdel 命令的基本语法如下。

```
userdel [-r] 用户名
```

userdel 命令的常用选项及其功能如表 3.1.6 所示。

表 3.1.6　userdel 命令的常用选项及其功能

选　　项	功 能 说 明
-r	在删除该账户的同时，删除其对应的主目录，以及目录中的所有文件
-f	强制删除账户、账户对应的主目录，以及目录中的所有文件

如果新建用户时创建了同名用户组，该组内也无其他用户，那么删除用户时可一并删除该同名用户组，正在登录的账号无法被删除。userdel 命令的用法如例 3.1.13 所示。

例 3.1.13　userdel 命令的用法

```
//下面 4 条命令显示用户被删除前的文件内容
root@debian:~#grep user002 /etc/passwd
user002:x:222:1000::/home/user002:/bin/sh
root@debian:~#grep user002 /etc/shadow
```

```
user002:!!:18802:0:99999:7:::
root@debian:~#grep user002 /etc/group
root@debian:~#ls -d /home/user002
/home/user002
root@debian:~# userdel -r user002                    //删除用户账户，并删除用户主目录
//下面 4 条命令显示用户被删除后的文件内容
root@debian:~#grep user002 /etc/passwd
root@debian:~#grep user002 /etc/shadow
root@debian:~#grep user002 /etc/group
root@debian:~#ls -d /home/user002
ls: 无法访问'/home/user002': 没有那个文件或目录          //用户主目录一同被删除
```

2. 用户组管理

（1）用于添加用户组的 groupadd 命令

groupadd 命令用于新增用户组，该命令只能由 root 执行。groupadd 命令的基本语法如下。

```
groupadd [选项] 用户组名
```

groupadd 命令的常用选项及其功能如表 3.1.7 所示。

表 3.1.7　groupadd 命令的常用选项及其功能

选　项	功 能 说 明
-g	指定新用户组的组标识号
-r	创建系统用户组

groupadd 命令的基本用法如例 3.1.14 所示。

例 3.1.14　groupadd 命令的基本用法

```
root@debian:~#groupadd user010              //添加用户组 user010
root@debian:~#grep user010 /etc/group       //用户组 user010 已创建
user010:x:1002:
root@debian:~#groupadd -g 1010 ice          //指定用户组 ID
root@debian:~#grep ice /etc/group           //用户组 ice 已创建
voice:x:22:
ice:x:1010:
```

（2）用于添加用户组的 addgroup 命令

在 Debian 中，addgroup 命令实际上是 adduser 命令的符号链接。前面已经介绍过，adduser 命令不仅可以新建用户，还可以新建用户组。在使用 addgroup 命令添加用户组时，直接指定用户组的组名即可。addgroup 命令的基本用法如例 3.1.15 所示。

例 3.1.15　使用 addgroup 命令添加用户组

```
root@debian:~#addgroup manager
正在添加组"manager" (GID 1002)...
完成。
```

```
root@debian:~#grep manager /etc/group
manager:x:1002:
```

（3）用于修改组属性的 groupmod 命令

usermod 命令可以用来修改用户的属性。那么 groupmod 命令可以修改用户组的相关属性，包括名称、GID 等。该命令只能由 root 执行，groupmod 命令的基本语法如下。

```
groupmod [选项] 用户组名
```

groupmod 命令的常用选项及其功能如表 3.1.8 所示。

表 3.1.8　groupmod 命令的常用选项及其功能

选　项	功能说明
-g	指定用户组的 GID
-n	指定用户组的名称

groupmod 命令的基本用法如例 3.1.16 所示。

例 3.1.16　groupmod 命令的基本用法

```
root@debian:~#grep ice /etc/group
voice:x:22:
ice:x:1010:
root@debian:~#groupmod -g 1011 ice              //修改 GID
root@debian:~#grep ice /etc/group
voice:x:22:
ice:x:1011:
root@debian:~#groupmod -n water ice             /修改用户组的名字
root@debian:~#grep water /etc/group
water:x:1011:
```

（4）用于删除组的 groupdel 命令

要删除指定用户组，可使用 groupdel 命令来实现，该命令只能由 root 用户执行。groupdel 命令的基本语法如下。

```
groupdel 用户组名
```

在删除指定用户组之前，保证该用户组不是任何用户的主组，否则要先删除以该组为主组的用户，才能删除这个用户组。groupdel 命令的基本用法如例 3.1.17 所示。

例 3.1.17　groupdel 命令的基本用法

```
root@debian:~#tail -2 /etc/group
user010:x:1002:
water:x:1011:
root@debian:~#groupdel water                    //删除用户组 water
root@debian:~#grep water /etc/group             //查询不到，表示已删除
```

（5）用于管理组内用户的 gpasswd 命令

若要将用户添加到指定组中，使其成为该组成员或从组内移除某个用户，可以使用

gpasswd 命令，该命令只能由 root 用户执行。gpasswd 命令的基本语法如下。

```
gpasswd [选项] 用户名 用户组名
```

gpasswd 命令的常用选项及其功能如表 3.1.9 所示。

表 3.1.9　gpasswd 命令的常用选项及其功能

选　项	功能说明
-a	添加用户到用户组中
-d	将用户从用户组中移除
-A	设置有管理权限的用户列表
-M	设置组成员列表
-r	删除密码
-R	只有组中的成员才可以用 newgroup 加入该组

gpasswd 命令的基本用法如例 3.1.18 所示。

例 3.1.18　gpasswd 命令的基本用法

```
root@debian:~#gpasswd -a user001 admin        //将用户 user001 加入 chris 用户组
正在将用户“user001”加入“chris”组中
root@debian:~#grep user001 /etc/group         //可看到 user001 用户属于 chris 用户组
chris:x:1000:user001
user001:x:1001:
```

3. 其他用户相关命令

(1) 用于显示用户信息的 id 命令

id 命令用于查看用户的 UID、GID 和附加组信息。id 命令的基本语法如下。

```
id [选项] 用户名
```

id 命令的常用选项及其功能如表 3.1.10 所示。

表 3.1.10　id 命令的常用选项及其功能

选　项	功能说明
-g	仅显示有效的组标识号
-G	显示所有的组标识号
-n	显示名称而不是数字
-u	显示有效的用户标识号

如果没有任何选项和参数，则 id 命令会显示当前已经登录用户的身份信息，如例 3.1.19 所示。

例 3.1.19　id 命令的基本用法——显示当前已经登录用户的身份信息

```
root@debian:~#id root                   //查看 root 用户的相关信息
uid=0(root) gid=0(root)  组=0(root)
```

如果想要显示指定用户的身份信息，则需要指定登录名，如例 3.1.20 所示。

例 3.1.20 id 命令的基本用法——显示指定用户的身份信息

```
root@debian:~#id chris                        //查看 chris 用户的相关信息
uid=1000(chris)  gid=1000(chris)  组 =1000(chris),24(cdrom),25(floppy),29(audio),30(dip),44(video),46(plugdev),109(netdev),112(bluetooth),116(lpadmin),117(scanner)
```

（2）用于更改和查看组成员的 groupmems 命令

groupmems 命令可以把一个用户添加到一个附加组中，也可以从一个组中移除一个用户。groupmems 命令的常用选项及其功能如表 3.1.11 所示。

表 3.1.11　groupmems 命令的常用选项及其功能

选　　项	功 能 说 明
-a username	把指定用户添加到组中
-d username	从组中移除指定用户
-g grpname	目标用户组
-l	显示组成员列表
-p	删除组中的所有用户

groupmems 命令的基本用法如例 3.1.21 所示。

例 3.1.21 groupmems 命令的基本用法

```
root@debian:~#groupmems -a user001 -g chris      //向 chris 组中添加 user001 用户
密码：                                            //输入管理员密码
root@debian:~#groupmems -l -g admin              //查询到 chris 组中已有 user001 用户
user001
```

（3）用于用户间切换的 su 命令

不同的用户具有不同的权限，当需要在不同的用户之间进行切换时，可以使用 su 命令来实现。su 命令的基本语法如下。

```
su [选项] 用户名
```

su 命令的常用选项及其功能如表 3.1.12 所示。

表 3.1.12　su 命令的常用选项及其功能

选　　项	功 能 说 明
-c	指定切换后执行的 Shell 命令
-或-l	提供一个类似于用户直接登录的环境
-s	指定切换后使用的 Shell 程序

su 命令的基本用法如例 3.1.22 所示。

例 3.1.22 su 命令的基本用法

```
root@debian:~#su – chris                    //从 root 用户切换到普通用户，不需要输入密码
上一次登录：四 6 月 24 19:50:39 CST 2021pts/0 上
```

```
chris@debian:~$su – root                    //从 chris 用户切换到 root 用户
密码：                                        //输入 root 用户的密码
上一次登录：四 6 月 24 19:51:11 CST 2021pts/0 上
root@debian:~#                              //输入 root 密码后，切换成功
```

如果用户名被省略，则表示切换到 root 用户。普通用户切换至其他用户或 root 用户时，需要输入被切换用户的密码，而 root 用户切换为普通用户则不需要密码。输入 exit 可以返回原用户身份。另外，su 和用户之间有一个选项“-”，这表示切换到新用户后，环境变量信息随之改变。虽然这个选项可以省略，但强烈建议在切换用户时使用“-”选项。

（4）用于受限特权的 sudo 命令

在早期的 UNIX 和 Linux 系统中，普通用户在执行系统管理操作时，一般是通过 su 命令切换到 root 用户。这种做法存在着一个安全隐患，就是该普通用户需要知道 root 用户的密码。

sudo 命令的应用则使普通用户不需要知道 root 用户的密码即可执行系统管理的操作。为了能够使普通用户获得这种特权，root 用户需要预先将要授权的普通用户的登录名、可以执行的特定命令，以及按照哪种用户或用户组的身份执行等信息保存在/etc/sudoers 文件中，即可完成对该用户的授权。

在普通用户执行需要特权的命令时，在命令前面加上 sudo 时，将会询问该用户自己的密码，以确认当前执行操作的是该用户本人。密码输入正确之后，系统就会将该命令以超级用户的权限运行。

由于 sudo 命令不需要指定 root 用户的密码，所以部分的 UNIX 和 Linux 系统甚至利用 sudo 命令，通过普通用户取代超级用户作为管理账户执行日常的维护，其中就包括 Debian。sudo 命令的基本语法如下。

```
sudo [选项] command
```

command 参数为要执行的命令。

sudo 命令的常用选项及其功能如表 3.1.13 所示。

表 3.1.13　sudo 命令的常用选项及其功能

选　项	功 能 说 明
-b	在后台执行指定的命令
-g	以指定的用户组作为主组运行指定的命令
-I	列出指定用户可以执行的命令
-U	与-I 选项配合使用，列出指定用户可以执行的命令
-u	以指定用户的身份执行命令

sudo 命令最重要的一个配置文件就是/etc/sudoers。该文件保存了哪些用户可以执行 sudo 命令，以及该用户可以执行哪些特权命令等。下面对该文件的配置语法进行介绍，如例 3.1.23 所示。

例 3.1.23　定义一个普通用户执行特权命令

```
chris ALL=(root) /usr/bin/find, /bin/mkdir
```

说明如下：

- chris 为要授予特权用户的登录名。此处也可以是一个用户名组，为了与用户登录名区分开，组名前面需要添加一个百分号%。
- ALL 表示运行命令的主机。此处可以是逗号分隔的主机名、IP 地址列表，甚至是网络。
- 等号后面的圆括号规定了用户能够以哪些身份执行命令。在例 3.1.23 中，chris 用户可以 root 用户的身份执行命令。如果以任何用户身份执行，则可用 ALL 表示。在用户名称后面可以加上用户组，语法为 username:groupname，其中 ALL:ALL 表示所有用户组的所有用户。
- 最后的列表为可以执行的特权命令。如果可以执行所有的命令，则用 ALL 表示。为了便于使用，sudo 命令运行时不需要验证密码，只需要在命令前面加上 NOPASSWORD: 前缀，如例 3.1.24 所示。

例 3.1.24　sudo 命令的具体做法

```
root ALL=(ALL) ALL                    //允许 root 用户在所有主机上执行任何命令
%user001 ALL=(ALL) ALL                //表示 user001 用户组的成员拥有任何权限
```

为了能够使用户 chris 通过 sudo 命令执行特权操作，只要添加例 3.1.25 所示的代码即可。

例 3.1.25　用户 chris 执行特权操作

```
root@debian:~#vim /etc/sudoers        //添加如下代码，并保存后退出
chris ALL=(ALL) ALL
chris@debian:~$sudo su -              //切换到 root 用户
[sudo] chris 的密码：                 //输入 chris 用户的密码
root@debian:~#
```

（5）用于显示用户密码信息的 chage 命令

chage 命令与前面介绍过带-S 选项的 passwd 命令功能相同，而且显示的信息更加详细。chage 命令的基本语法如下。

```
chage [选项] 用户名
```

chage 命令的常用选项及其功能如表 3.1.14 所示。

表 3.1.14　chage 命令的常用选项及其功能

选　项	功 能 说 明
-d	指定密码最后的修改日期
-E	指定密码到期日期，到期后，此账号将不可用；0 表示马上过期，-1 表示永不过期
-h	显示帮助信息并退出
-I	指定密码过期后，锁定账号的天数
-l	显示用户及密码的有效期

续表

选　项	功能说明
-m	指定密码可更改的最小天数，0 代表任何时候都可以更改密码
-M	指定密码保持有效的最大天数
-W	指定密码过期前，提前收到警告信息的天数

chage 命令的基本用法如例 3.1.26 所示。

例 3.1.26　chage 命令的基本用法

```
root@debian:~#chage -l chris                //显示用户 chris 的有效期
最近一次密码修改时间                        : 8 月 10，2021
密码过期时间                                : 从不
密码失效时间                                : 从不
账户过期时间                                : 从不
两次改变密码之间相距的最小天数              : 0
两次改变密码之间相距的最大天数              : 99999
在密码过期之前警告的天数                    : 7
```

✔ 任务小结

（1）用户管理在 Linux 安全管理机制中是非常重要的。Linux 系统中的每个功能模块都与用户和权限有着密不可分的关系。

（2）在 Linux 操作系统中，每个用户和用户组都有唯一的 UID 和 GID。

任务3.2 管理文件权限

✔ 任务描述

A 公司的网络管理员小赵，在学习了目录和文件的操作之后有一个疑问：在 Linux 系统中如何才能做到保护文件和目录不被破坏；如何对文件和目录的权限进行设置，让不同的用户有不同的使用权限。

Linux 系统的权限管理拥有一套成熟和严谨的规范。正确的权限管理，对于维护 Linux 系统的安全非常重要。这里主要了解和掌握 Linux 的权限的表示方法，以及相关命令的使用方法，具体要求如下。

（1）使用 ls 命令查看权限。

（2）使用符号修改法修改文件权限。

（3）使用数字修改法修改文件权限。

（4）更改文件的所有者和属组。

（5）更改文件的默认权限。

任务实施

活动 1　认识文件权限

1. 文件的用户和用户组

文件与用户和用户组有着千丝万缕的联系。文件都是由用户创建的，用户必须以某种“身份”对文件执行操作。Linux 操作系统把用户的身份分成三类：所有者（user）、所属组（group）和其他人（others）。每类用户对文件都可以进行读、写和执行操作，分别对应文件的三种权限，即读权限、写权限和执行权限。

文件的所有者一般为文件的创建者，哪个用户创建了文件，该用户就是该文件的所有者。通常情况下，文件的所有者拥有该文件的所有访问权限。如果有些文件比较敏感（如工资单），不想被所有者以外的任何人读取或修改，那么就要把文件的权限设置成“所有者可以读取或修改，其他所有人无权这么做”。

除文件所有者和所属组之外，系统中所有的其他用户都统一称为其他人。

Linux 系统使用字母 u（user）表示文件的所有者，g（group）表示文件的所属组，o（others）表示其他用户，a（all）表示所有的用户。

2. 权限类型

在 Linux 系统中，每个文件都有三种基本的权限类型，分别为读（read，r）、写（write，w）和执行（execute，x）。关于权限类型的说明如表 3.2.1 所示。

表 3.2.1　权限类型

类　型	对文件而言	对目录而言
读（r）	表示用户能够读取文件的内容	表示具有浏览目录的权限
写（w）	表示用户能够修改文件的内容	表示具有删除、移动目录内文件的权限
执行（x）	表示用户能够执行该文件	表示具有进入目录的权限

3. 权限表示

在之前的学习中已多次使用 ls 命令的-l 选项提示文件的详细信息。现在从文件权限的角度重点分析 ls -l 命令中第 1 列输出的含义，如例 3.2.1 所示。

例 3.2.1　查看文件权限

```
root@debian:~#touch file1 file2
root@debian:~#ls -l
-rw-r--r-- 1 root root    0  8月   10 23:51 file1
-rw-r--r-- 1 root root    0  8月   10 23:51 file2
```

输出的第 1 列共有 10 个字符（暂时不考虑最后的“-”，代表文件的类型和权限）。第 1 个字符表示文件的类型，前面的内容已有介绍。接下来的 9 个字符表示文件的权限，从左至右以 3 个字符为一组，分别表示文件所有者的权限、文件所属组的权限及其他人的权限。每一组的 3 个字符是“r”“w”“x” 3 个字母的组合，分别表示读权限、写权限和执行权限，“r”“w”“x”的顺序不能改变，如图 3.2.1 所示。如果没有相应的权限，则用减号“-”代替。

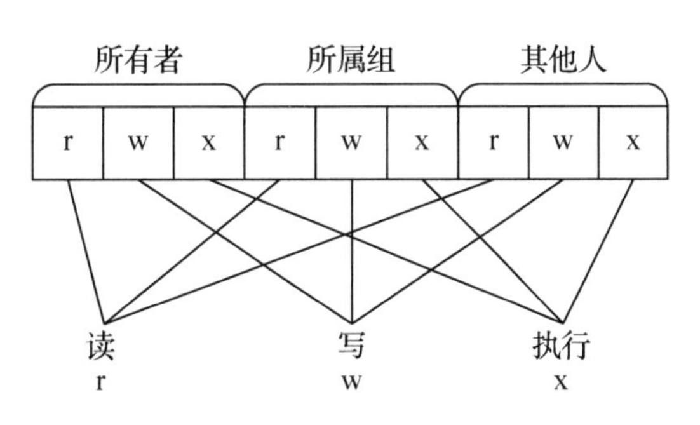

图 3.2.1　文件权限用字母表示

除使用 r、w 和 x 表示权限之外，Linux 还支持一种八进制的权限表示方法，如图 3.2.2 所示。在这种形式中，4 表示读权限，2 表示写权限，1 表示执行权限。

```
r：4（读权限）
w：2（写权限）
x：1（执行权限）
```

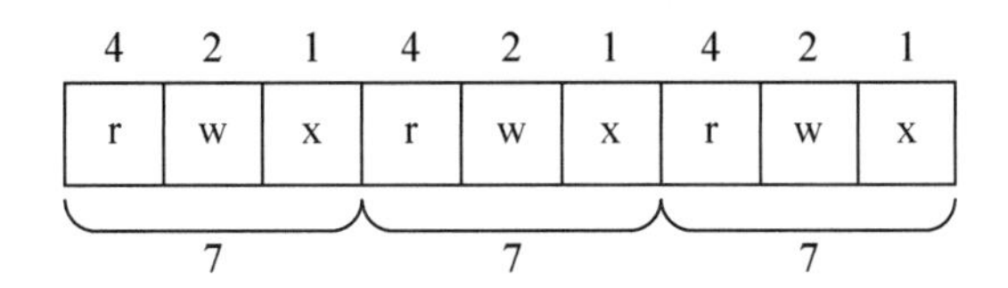

图 3.2.2　文件权限用数字表示

下面针对 file1 文件的权限进行具体说明如下。

（1）第 1 组权限“rw-”（数字为“6”=4+2+0）表示该文件对文件所有者可读、可写、不可执行。

（2）第 2 组权限“r--”（数字为“4”=4+0+0）表示该文件对文件所属组用户可读，但不可写，也不可执行。

（3）第 3 组权限“r--”（数字为“4”=4+0+0）表示该文件对其他人可读，但不可写，也不可执行。

活动 2　配置文件权限

1. 修改文件权限

修改文件权限所使用的命令是 chmod。下面来学习两种修改文件权限的方法，一种是使用符号类型修改法修改文件权限，另一种是使用数字类型修改法修改文件权限。

（1）符号类型修改法

符号类型修改法用 r、w、x 表示文件的读、写、执行权限，并用 u、g、o 表示所有者、所属组、其他人三种用户身份，同时用 a 表示所有者，将操作的类型分成三类，即添加权限、移除权限和设置权限，分别用“+”“-”“=”表示。符号类型修改法格式如表 3.2.2 所示。

表 3.2.2　符号类型修改法格式表

命　令	选　项	身份权限	操　作	权　限	操作对象
chmod	-R（递归）	u（user） g（group） o（others） a（all）	+（添加） -（移除） =（设置）	r w x	文件或目录

“-R”表示递归处理。当操作项是目录时，表示把目录中所有的文件及子目录的权限全部修改。

“[rwx]”表示三种权限的组合，如果没有相应的权限，则用“-”代替，可以同时为多种用户设置权限，每种用户权限之间用逗号分隔，逗号前后不能有空格，如例 3.2.2 所示。

例 3.2.2　chmod 命令的基本用法——用符号类型修改法修改文件权限

```
root@debian:~#ls -l
-rw-r--r-- 1 root root     0  8月   10 23:51 file1
-rw-r--r-- 1 root root     0  8月   10 23:51 file2
root@debian:~#chmod u+x,g+w file1        //添加所有者的执行权限，添加所属组的写权限
root@debian:~#chmod g=w,o-r file2        //设置所属组的权限为可写，移除其他人的可读权限
root@debian:~#ls -l
-rwxrw-r-- 1 root root     0  8月   10 23:51 file1
-rw--w---- 1 root root     0  8月   10 23:51 file2
```

其中，“+”“-”只影响指定位置的权限，没有指定的权限保持不变；而“=”相当于移除文件的所有权限，再为其设置指定的权限。

（2）数字类型修改法

数字类型修改法是将文件的三种权限分别用数字表示出来。设置权限时，把每种用户的三种权限对应数字加起来。例如，把文件 file2 的权限设置为“rwxrw-rw-”，三种用户的权限组合后的数字为 766，如例 3.2.3 所示。

例 3.2.3　chmod 命令的基本用法——用数字类型修改法修改文件权限

```
root@debian:~#ls -l file2
-rw--w---- 1 root root     0  8月   10 23:51 file2
root@debian:~#chmod 766 file2        //相当于 chmod u=rwx,g+r,o+rw file2
root@debian:~#ls -l file2
-rwxrw-rw- 1 root root     0  8月   10 23:51 file2
```

2. 更改文件的所有者和所属组

（1）更改文件所属组

改变一个用户所属组的方法比较简单，使用 chgrp 命令即可实现。chgrp 命令的语法格式如下。

```
chgrp -R 组名  文件或目录
```

这里的-R 选项表示递归修改。当选项是目录时，表示将目录中所有文件及子目录的属组全部更改。

修改后的用户组必须是已经存在于/etc/group 文件中的用户组。chgrp 命令的基本用法如例 3.2.4 所示。

例 3.2.4　chgrp 命令的基本用法

```
root@debian:~#ls -l file1
-rwxrw-r-- 1 root root      0   8 月    10 23:51 file1
root@debian:~#chgrp chris file1                          //将 file1 的属组改为 chris
root@debian:~#ls -l file1
-rwxrw-r-- 1 root chris 0    8 月    10 23:51 file1
```

（2）更改文件所有者

有时需要改变一个文件或目录的所有者，使用 chown 命令就可以修改文件的所有者。chown 命令的语法格式如下。

```
chown [-R] 用户名  文件或者目录
```

这里的-R 选项表示递归修改。当选项是目录时，表示将目录中所有文件及子目录的所有者全部更改。

chown 可以同时修改文件的用户名和所属组，只要把用户名和所属组用“:”分隔即可，其基本语法格式如下。

```
chown [-R] 用户名:属组名  文件或者目录
```

chown 命令甚至可以替代 chgrp 命令，若只修改文件的所属组，则在用户组的前面加一个“.”或“:”。chown 命令的基本用法如例 3.2.5 所示。

例 3.2.5　chown 命令的基本用法

```
root@debian:~#ls -l file1
-rwxrw-r-- 1 root chris 0    8 月    10 23:51 file1
root@debian:~#chown chris file1                    //只修改文件的所有者
root@debian:~#ls -l file1
-rwxrw-r-- 1 chris chris 0    8 月    10 23:51 file1
root@debian:~#ls -l file2
-rwxrw-rw- 1 root root      0   8 月    10 23:51 file2
root@debian:~#chown chris:chris file2              //同时修改文件的所有者和所属组
root@debian:~#ls -l file2
-rwxrw-rw- 1 chris chris 0    8 月    10 23:51 file2
root@debian:~#chown .root file1                    //只修改文件的所属组，其名前有“.”
root@debian:~#ls -l file1
-rwxrw-r-- 1 chris root 0 8 月    10 23:51 file1
```

3. 修改文件默认权限

知道了如何修改文件权限，现在来思考这样一个问题：创建文件和目录时，其默认的权限是什么？默认的权限又该如何规定呢？

执行权限对于文件和目录的意义是不同的。普通文件一般用来保存特定的数据，不需要具有执行权限，所以文件的执行权限默认是关闭的。因为，文件的默认权限是 rw-rw-rw-，用数字表示为 666。而对于目录来说，具有执行权限才能进入这个目录，这个权限在大多数情况下是需要的，所以目录的执行权限默认是开放的。因此，目录的默认权限是 rwxrwxrwx，即 777。但新建的文件和目录的默认权限并不是 666 和 777，如例 3.2.6 所示。

例 3.2.6　文件和目录的默认权限

```
root@debian:~#ls -ld test1 file3
-rw-r--r-- 1 root root        0    8 月    10 23:51 file3
drwxr-xr-x 2 root root   4096    8 月    10 23:51 test1
```

在 Linux 操作系统中，建立一个新的文件或目录时，它有一个默认权限，这个默认权限与 umask 命令有关。通常，umask 命令就是指定“当前用户在建立文件或目录时的权限默认值”。查看默认的 umask 命令，可以输入 umask 命令以数字形式查看，如例 3.2.7 所示。

例 3.2.7　查看 umask 命令的输出

```
root@debian:~#umask
0022
```

在终端窗口中直接输入 umask 命令就会显示以数值方式表示的默认值，暂时忽略第 1 位数字，只看后面的 3 位数字。umask 命令显示的数字表示要从默认权限中移除的权限。“022”即表示要从文件所有者、所属组和其他人的权限中分别移除“0”“2”“2”对应的部分。可以这样来理解：r、w、x 对应的数字分别是 4、2、1，如果要移除读权限，则写上 4；如果要移除写或执行权限，则写上 2 或 1；如果要同时移除写和执行权限，则写上 3。最终，文件和目录的实际权限就是默认权限减去 umask 命令的结果，如下所示。

```
文件：默认权限 666        减          umask（022）                644
     （rw-rw-rw-）         -          （----w--w-）      =      （rw-r--r--）
目录：默认权限 777        减          umask（022）                755
     （rwxrwxrwx）         -          （----w--w-）      =      （rwxr-xr-x）
```

这就是在例 3.2.6 中演示的效果。

如果把 umask 命令的值设置为 245，那么新建文件和目录的权限应该变为如下内容。

```
文件：默认权限 666        减          umask（245）                422
     （rw-rw-rw-）         -          （-w-r--r-x）      =      （r---w--w-）
目录：默认权限 777        减          umask（022）                532
     （rwxrwxrwx）         -          （-w-r--r-x）      =      （r-x-wx-w-）
```

其实际效果如例 3.2.8 所示。

例 3.2.8 设置 umask 命令的值

```
root@debian:~#umask 245                    //设置 umask 命令的值
root@debian:~#umask                        //查看 umask 命令的值
0245
root@debian:~#mkdir test2
root@debian:~#touch file4
root@debian:~#ls -ld test2 file4
-r---w--w- 1 root root 0 8 月  10 23:51 file4
dr-x-wx-w- 2 root root 6 8 月  10 23:51 test2
```

✔ 任务小结

（1）文件和目录的权限设置非常重要，会让不同用户具有不同的使用权限。

（2）修改文件权限有使用符号类型修改法和使用数字类型修改法，使用数字类型修改法更加方便和灵活。

项目4 磁盘管理

项目描述

服务器的存储管理是管理员的日常维护工作。作为公司的管理员，必须掌握磁盘的分区、格式化和挂载等操作。为了避免有些用户无限制地使用磁盘空间，管理员最好对用户能够使用的最大磁盘空间进行限制。

文件系统是操作系统管理和存储文件的方法，不同的操作系统支持不同类型的文件系统。为了体现 Linux 较好的兼容性，Linux 内核支持多种类型的文件系统，如 ext、ext2、ext3、ext4、xfs、swap 和 ISO 9660 等。Debian 10.10 系统默认使用 ext4 文件系统。Linux 对用户的使用空间进行管理的技术就是磁盘配额。本项目主要介绍 Linux 支持的文件系统类型，以及如何对磁盘进行分区、挂载和磁盘配额管理等。

知识目标

1. 了解 Linux 支持的文件系统类型。
2. 了解磁盘分区的命名规则。
3. 理解磁盘分区的作用。
4. 掌握 RAID 的原理。

能力目标

1. 能正确使用磁盘分区命令 fdisk 对磁盘进行分区。
2. 能正确创建文件系统命令、挂载命令和卸载命令。
3. 能正确对磁盘进行格式化等操作。
4. 能实现对不同 RAID 的配置。

思政目标

1. 培养学生的交流沟通能力、独立思考能力和清晰有序的逻辑思维能力。
2. 培养学生建立数据安全意识。

3. 培养学生建立提前规划的意识。

4. 培养学生严谨、细致的工作态度和职业素养。

思维导图

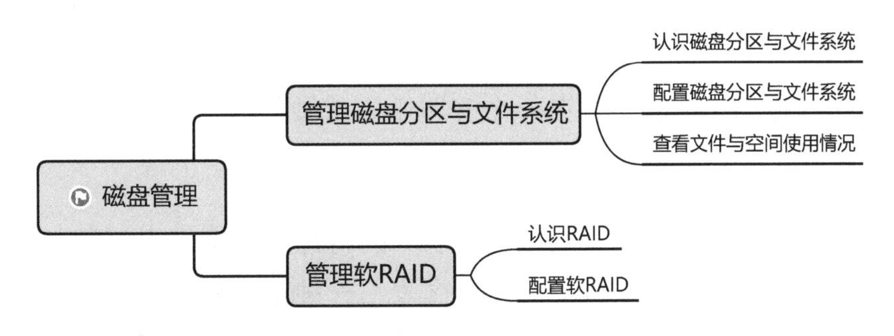

任务4.1 管理磁盘分区与文件系统

任务描述

A 公司购置了 Linux 服务器，网络管理员小赵需要对其进行磁盘分区，并创建不同类型的磁盘的格式。在 Linux 中，需要将不同类型的文件系统挂载在不同的分区下，并使用命令查看磁盘的使用情况，来验证磁盘管理的正确性。

小赵要对硬盘进行分区和格式化后才能使用。分区从实质上说就是对硬盘的一种格式化，在 Linux 系统中可采用 fdisk 命令实现。具体要求如下。

（1）添加一块磁盘，大小为 20GB。

（2）使用 fdisk 命令创建两个主分区和两个逻辑分区，主分区大小都为 5GB；逻辑分区大小分别为 8GB 和 2GB。

（3）将创建好的分区进行格式化，格式化的文件系统为 ext4。

（4）将格式化后的磁盘分区进行自动挂载。

（5）验证磁盘分区和自动挂载。

任务实施

活动 1　认识磁盘分区与文件系统

1. 磁盘分区的作用

硬盘是不能直接使用的，必须先进行分区。在 Windows 操作系统中出现的 C 盘、D 盘等不同的盘符，其实就是对硬盘进行分区的结果。磁盘分区是把磁盘分成若干个逻辑独立的部分，磁盘分区能够优化磁盘管理，并提高系统运行效率和安全性。磁盘分区的优点如下。

（1）易于管理和使用。磁盘分区相当于把一个大柜子分成多个小抽屉，每个抽屉可以分门别类地存放物品。把不同类型和用途的文件存放在不同的分区中，可以实现分类管理互不影响，还可以防止用户误操作（如磁盘格式化）给整个磁盘带来意想不到的后果。

（2）有利于数据安全。磁盘分区可以设置不同的数据访问权限。如果某个分区受到了病毒的攻击，则可以把病毒的影响范围控制在这个分区之内，使其他分区不被感染，这样就大大提高了数据的安全性。

（3）提高系统运行效率。显然，在一个分区中查找数据要比在整个硬盘上查找快得多。

2. *磁盘分区表与分区名称*

磁盘的分区信息保存在被称为“磁盘分区表”的特殊磁盘空间中。现在有两种典型的磁盘分区格式，并对应着两种不同格式的磁盘分区表：一种是传统的主引导记录（Master Boot Record，MBR）格式，另一种是 GUID 磁盘分区表（GUID Partition Table，GPT）格式。

在 MBR 格式下，磁盘的第 1 个扇区最重要。这个扇区保存了操作系统的引导信息（被称为“主引导记录”）及磁盘分区表。磁盘分区表只占 64 字节，而描述每个分区的分区条目需要 16 字节，因此 MBR 格式最多支持 4 个主分区。如果想支持更多分区，则必须把其中一个主分区作为扩展分区，再在扩展分区上划分出更多逻辑分区。因此，磁盘的主分区和扩展分区总数最多可以有 4 个，扩展分区最多只能有 1 个，而且扩展分区本身并不能用来存放用户数据。另外，每个分区条目中有 4 字节代表本分区的总扇区数，因此 MBR 格式支持的单个分区的最大容量是 2TB（2^{32}×512B）。而现在，硬盘的容量早就突破了 2TB，所以 MBR 格式显得不再适用。图 4.1.1 所示为主分区、扩展分区和逻辑分区的关系。

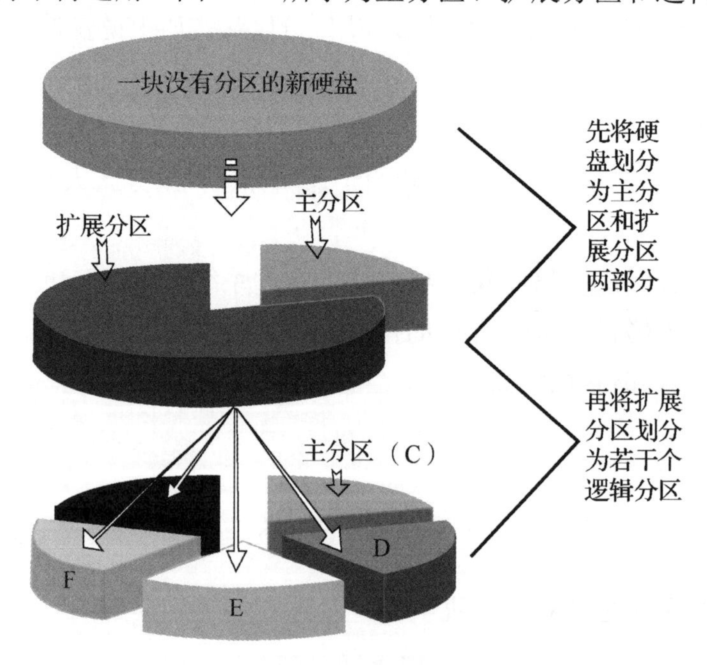

图 4.1.1　主分区、扩展分区和逻辑分区的关系

GPT 格式相对于 MBR 格式具有更多的优势。它可以自定义分区数量的最大值（Windows 操作系统最多支持 128 个分区），而且支持的硬盘容量也远大于 2TB（扇区号用 64 位整数表示，几乎可以认为没有限制）。另外，GPT 格式在磁盘末端备份了一份相同的

分区表，如果其中一份分区表被破坏了，则可以通过另一份恢复，以使分区信息不易丢失。

Windows 的分区使用 C、D、E 等来对分区进行命名。而 Linux 使用“设备名称＋分区号码”表示硬盘的各个分区，对于主分区或扩展分区的编码为 1～4，逻辑分区则从 5 开始。这样的命名方式显得更加清晰，避免了因为增加或卸载硬盘造成的盘符混乱。

Linux 的分区命名方法如下：IDE 硬盘采用/dev/hdxy 来命名。x 表示硬盘（用 a、b 等来标识），y 是分区的编号（用 1、2、3 等来标识）。SCSI 硬盘将用/dev/sdxy 来命名。光驱不管是 IDE 类型或 SCSI 类型都同 IDE 硬盘一样来命名。

IDE 硬盘和光驱设备将由内部连接来区分。第 1 个 IDE 信道的主（master）设备标识为/dev/hda，第 1 个 IDE 信道的从（slave）设备标识为/dev/hdb。按照这个原则，第 2 个 IDE 信道的主、从设备当然用/dev/hdc 和/dev/hdd 来标识。

SCSI 硬盘或光驱设备依赖于设备的 ID 号码，不用考虑遗漏的 ID 号码，如三个 SCSI 设备的 ID 号码分别是 0、2、5，设备名称分别是/dev/sda、/dev/sdb、/dev/sdc。如果现在再添加一个 ID 号码为 3 的设备，那么这个设备将被以/dev/sdc 来命名，ID 号码为 5 的设备将被称为/dev/sdd。

分区的号码不依赖于 IDE 或 SCSI 设备的命名，号码 1 到 4 为主分区或扩展分区保留，从 5 开始才用来为逻辑分区命名，如第 1 块硬盘的主分区为 hda1，扩展分区为 hda2，扩展分区下的一个逻辑分区为 hda5。Linux 分区命名如表 4.1.1 所示。

表 4.1.1　Linux 分区命名

名　称	说　明
/dev/hda	IDE1 口的主硬盘
/dev/hda1	IDE1 口主硬盘的第 1 个分区
/dev/hda2	IDE1 口主硬盘的第 2 个分区
/dev/hda5	IDE1 口主硬盘的第 1 个逻辑分区
/dev/hdb	IDE1 口的从硬盘
/dev/hdb1	IDE1 口从硬盘的第 1 个分区
/dev/sda	ID 号为 0 的 SCSI 硬盘
/dev/sda1	ID 号为 0 的 SCSI 硬盘的第 1 个分区
/dev/sdd3	ID 号为 3 的 SCSI 硬盘的第 3 个分区
/dev/sda5	ID 号为 0 的 SCSI 硬盘的第 1 个逻辑分区

3. 文件系统简介

文件系统是操作系统的核心功能之一，用来对存储空间进行组织和分配。它提供了创建、读取、修改和删除文件的接口，并对这些操作进行权限控制。文件系统是操作系统的重要组成部分，不同的文件系统采用了不同的方式来管理文件。例如，各个文件系统采用不同的方式设置文件的权限和属性，各个操作系统支持的文件系统也各不相同。

大家都知道磁盘分区后必须对其进行格式化才能使用。但格式化除了清除磁盘或分区中的所有数据外，还对磁盘做了什么操作呢？其实，文件系统需要特定的信息才能有效管理磁盘或分区中的文件，而格式化更重要的意义就是在磁盘或磁盘分区的特定区域写入这些信息，以达到初始化磁盘或磁盘分区的目的，使其成为操作系统可以识别的文件系统格式。在传统的文件管理方式中，一个分区只能被格式化为一个文件系统，因此通常认为一个文件系统就是一个分区。但新技术的出现打破了文件系统和磁盘分区之间的这种限制，现在可以将一个分区格式化为多个文件系统，也可以将多个分区合并成一个文件系统。

对一个文件而言，除本身的内容（用户数据）之外，还有很多的附加信息（即元数据），如文件的所有者和所属组、文件权限、文件大小、最近访问时间、最近修改时间等。一般来说，文件系统会将文件的内容和属性信息分开存放。

（1）数据块（Data Block）：用于保存文件的实际内容。如果文件太长，则会占用多个数据块。

（2）inode：记录了文件的属性信息及文件占用的数据块编号，但是不包含文件名，一个文件对应一个 inode。

（3）超级数据块（Super Block）：记录了和文件系统有关的信息，如 inode 和数据块的数量、使用情况、文件系统的格式及其他信息。

每个 inode 和数据块都有唯一的编号，inode 记录了一个文件占用的数据块编号。在 Linux 操作系统中，文件名的作用仅仅是方便用户记忆和使用，inode 编号才是文件的唯一标识，系统或程序通过 inode 编号来寻找正确的文件数据块。因此，确定了文件 inode 所在的位置，就可以得到存放文件内容的数据块编号，进而快速读取文件内容。

使用带-i 选项的 ls 命令可以显示目录或文件的 inode 编号，如例 4.1.1 所示。

例 4.1.1 显示目录或文件的 inode 编号

```
root@debian:~# ls -l -i /etc/fstab
783363 -rw-r--r-- 1 root root 664 8 月   10 14:19 /etc/fstab
```

Linux 中常用的文件系统如表 4.1.2 所示。

表 4.1.2 Linux 中常用的文件系统

文件系统	说明
ext	Linux 最早的文件系统，由于性能和兼容性较差，目前已不再使用
ext2	ext 的升级版本，支持最大 16TB 的分区和最大 2TB 的文件
ext3	ext2 的升级版本，它增加了日志功能，减少了文件系统的不一致，提高了可靠性
ext4	ext3 的升级版本，它引入了众多高级功能，带来了颠覆性的变化，如持久预分配、多块分配、延迟分配、盘区结构、快速 FSCK、日志校验、无日志模式、在线碎片整理、inode 增强、默认启用 Barrier、纳秒级时间戳等。ext4 支持最大 1EB 的文件系统和 16TB 的文件，以及无限数量的子目录
swap	文件系统用于 Linux 的交换分区。交换分区一般为系统物理内存的 2 倍，类似于 Windows 的虚拟内存功能
xfs	用于大容量磁盘和处理巨型文件，几乎具有 ext4 文件系统的所有功能，伸缩性强，性能优异，为 CentOS 7 之后的默认文件系统
ISO 9660	光盘的标准文件系统，支持对光盘的读/写和刻录等功能
proc	Linux 中基于内容的虚拟文件系统，用来存储有关内核运行状态的特定文件，提供了访问内核的特殊接口，挂载在/proc 目录下

活动 2 配置磁盘分区与文件系统

1. 添加磁盘

01 在进行硬盘管理之前需先添加一块硬盘。在虚拟机中添加硬盘非常容易，在虚拟机窗口选择“编辑虚拟机设置”菜单项，弹出“虚拟机设置”对话框，如图 4.1.2 所示。

02 单击“添加”按钮，弹出“添加硬件向导”对话框，在“硬件类型”列表中选择“硬盘”选项，如图 4.1.3 所示。

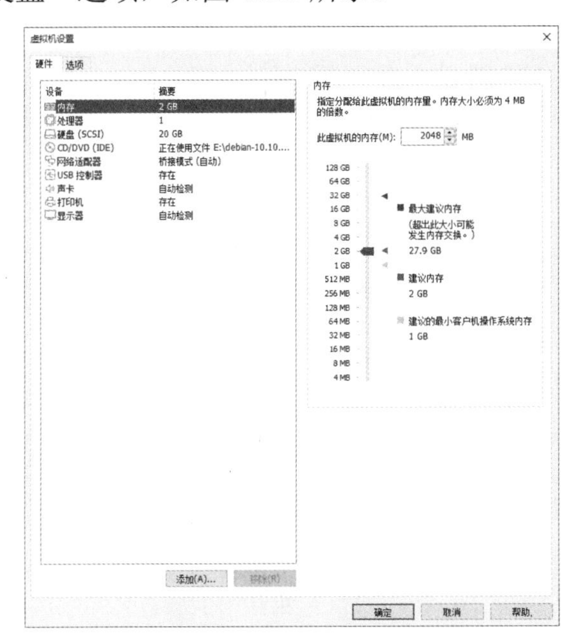

图 4.1.2 “虚拟机设置”对话框

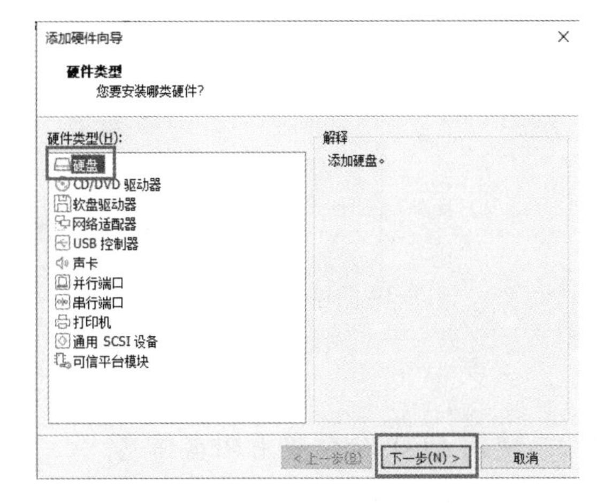

图 4.1.3 “添加硬件向导”对话框

03 单击“下一步”按钮，选择磁盘类型为“SCSI”，单击“下一步”按钮，选中“创建新虚拟磁盘”单选按钮；单击“下一步”按钮，指定磁盘大小为 20GB，并选中“将虚拟磁盘存储为单个文件”单选按钮，单击“下一步”按钮，选择保存位置，如图 4.1.4 和图 4.1.5 所示。硬盘添加完成效果如图 4.1.6 所示。

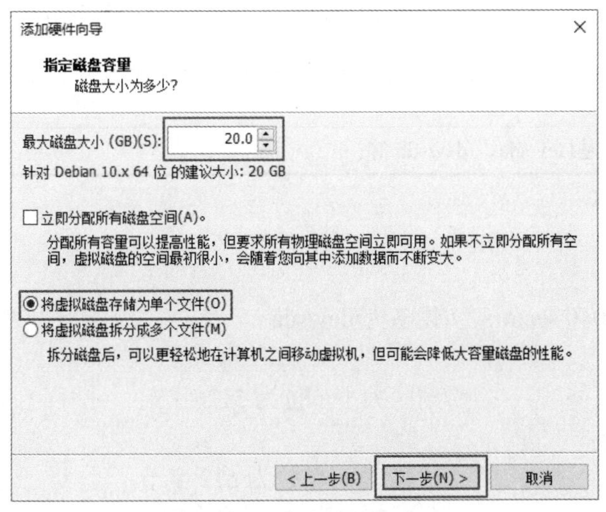

图 4.1.4 设置磁盘大小

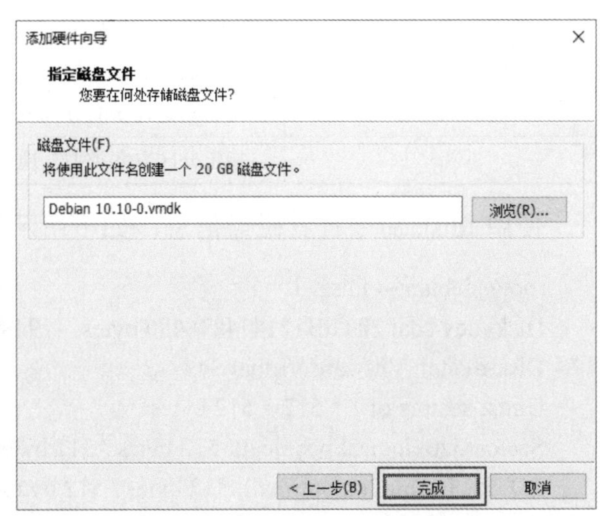

图 4.1.5 设置磁盘存储位置

图 4.1.6　硬盘添加成功

2. 使用 fdisk 命令查看磁盘信息

使用 fdisk 命令可以查看磁盘信息，该命令的基本语法如下。

```
fdisk [选项] 设备                //设备参数为要划分分区的设备，通常是/dev/sda、/dev/sdb 等。
```

fdisk 命令的常用选项及其功能如表 4.1.3 所示。

表 4.1.3　fdisk 命令的常用选项及其功能

选　　项	功 能 说 明
-b	指定磁盘扇区的大小，可以取字节为 512/1024/2048/4096。由于当前的 Linux 内核会自动获取磁盘扇区的大小，所以该选项是为了与低版本的内核兼容而保留的
-l	列出指定设备的分区表
-t	指定分区方案类型，通常是/dev/sda、/dev/sdb 等。

使用 fdisk 命令查看磁盘信息，如下所示。

```
root@debian:~#fdisk -l
Disk /dev/sda: 20 GiB, 21474836480 bytes, 41943040 sectors    //设备为/dev/sda
Disk model: VMware Virtual S
Units: sectors of 1 * 512 = 512 bytes                         //扇区大小单位为 512 字节
Sector size (logical/physical): 512 bytes / 512 bytes
I/O size (minimum/optimal): 512 bytes / 512 bytes             //磁盘读/写单位为 512 字节
Disklabel type: dos                                           //分区方案为 dos，即 MBR
```

```
Disk identifier: 0xb89ae231                                   //磁盘标识
…                                                             //此处省略部分内容
Disk /dev/sdb: 20 GiB, 21474836480 bytes, 41943040 sectors   //设备为/dev/sdb
Disk model: VMware Virtual S
Units: sectors of 1 * 512 = 512 bytes
Sector size (logical/physical): 512 bytes / 512 bytes
I/O size (minimum/optimal): 512 bytes / 512 bytes
```

可以看出/dev/sdb 是新添加的磁盘，还没有经过分区和格式化。

3. 使用 fdisk 命令创建磁盘分区

创建磁盘分区是将一个大的磁盘划分为多个逻辑区域的过程。各个磁盘分区可以相对独立地管理，以创建不同的文件系统。

fdisk 命令的使用方法非常简单，只要把磁盘名称作为参数即可。fdisk 命令的最主要功能是修改分区表（Partition Table），如下所示。

```
root@debian:~#fdisk /dev/sdb                    //注意 fdisk 命令的参数是磁盘名称而不是分区名称
Welcome to fdisk (util-linux 2.33.1).
Changes will remain in memory only, until you decide to write them.
Be careful before using the write command.
Device does not contain a recognized partition table.
Created a new DOS disklabel with disk identifier 0x37008b9e.
Command (m for help):
```

01 fdisk 命令简介

使用 fdisk 命令，输入 m 可以获得命令列表，根据命令列表进行相应的操作，如下所示。

```
Command (m for help): m                         //输入 m 获取帮助
Help:
  DOS (MBR)
   a    toggle a bootable flag
   b    edit nested BSD disklabel
   c    toggle the dos compatibility flag
  Generic
   d    delete a partition                      //删除一个分区
   F    list free unpartitioned space
   l    list known partition types              //列出已知分区类型
   n    add a new partition                     //添加新分区
   p    print the partition table               //显示磁盘分区表
   t    change a partition type                 //更改分区类型
   v    verify the partition table
   i    print information about a partition
  Misc
   m    print this menu                         //获取分区帮助
   u    change display/entry units
   x    extra functionality (experts only)
```

```
Script
  I    load disk layout from sfdisk script file
  O    dump disk layout to sfdisk script file
Save & Exit
  w    write table to disk and exit                //保存分区操作并退出
  q    quit without saving changes                 //退出且不保存分区操作
Create a new label
  g    create a new empty GPT partition table
  G    create a new empty SGI (IRIX) partition table
  o    create a new empty DOS partition table
  s    create a new empty Sun partition table
```

02 添加主分区

创建编号为 1 和 2 的主分区，两个主分区大小均为 5GiB，如下所示。

```
Command (m for help): n
Partition type
   p    primary (0 primary, 0 extended, 4 free)        //主分区
   e    extended (container for logical partitions)    //扩展分区
Select (default p): p                                  //指定分区类型
Partition number (1-4, default 1): 1                   //指定分区序号
First sector (2048-41943039, default 2048):            //起始扇区
Last sector, +/-sectors or +/-size{K,M,G,T,P} (2048-41943039, default 41943039): +5G
                                                       //指定结束扇区
Created a new partition 1 of type 'Linux' and of size 5 GiB.
                                                       //分区 1 已设置为 Linux 类型，大小设为 5GiB
Command (m for help): n
Partition type
   p    primary (1 primary, 0 extended, 3 free)
   e    extended (container for logical partitions)
Select (default p): p
Partition number (2-4, default 2): 2
First sector (10487808-41943039, default 10487808):
Last sector, +/-sectors or +/-size{K,M,G,T,P} (10487808-41943039, default 41943039): +5G
Created a new partition 2 of type 'Linux' and of size 5 GiB.
                                                       //分区 2 已设置为 Linux 类型，大小设为 5GiB
```

03 添加扩展分区

创建编号为 3 的扩展分区，将剩余空间全部分给扩展分区，起始柱面和结束柱面全部选择默认，按 Enter 键即可，如下所示。

```
Command (m for help): n
Partition type
   p    primary (2 primary, 0 extended, 2 free)
   e    extended (container for logical partitions)
Select (default p): e
Partition number (3,4, default 3): 3
```

```
First sector (20973568-41943039, default 20973568):        //将使用默认值 20973568
Last sector, +/-sectors or +/-size{K,M,G,T,P} (20973568-41943039, default 41943039):
                                                  //将使用默认值 41943039
Created a new partition 3 of type 'Extended' and of size 10 GiB.
                                                  //分区 3 已设置为 Extended 类型，大小设为 10GiB
```

04 添加逻辑分区

在扩展分区上创建逻辑分区，其中一个空间大小为 8GiB，剩下空间全部分给另外一个逻辑分区，逻辑分区无须指定编号，如下所示。

```
Command (m for help): n
All space for primary partitions is in use.
Adding logical partition 5                                  //逻辑分区 5
First sector (20975616-41943039, default 20975616):        //起始扇区
Last sector, +/-sectors or +/-size{K,M,G,T,P} (20975616-41943039, default 41943039): +8G
                                                            //结束扇区
Created a new partition 5 of type 'Linux' and of size 8 GiB.
                                           //分区 5 已设置为 Linux 类型，大小设为 8GiB
Command (m for help): n
All space for primary partitions is in use.
Adding logical partition 6                                  //逻辑分区 6
First sector (37754880-41943039, default 37754880):        //起始扇区
Last sector, +/-sectors or +/-size{K,M,G,T,P} (37754880-41943039, default 41943039):
                                                            //结束扇区
Created a new partition 6 of type 'Linux' and of size 2 GiB.
                                           //分区 6 已设置为 Linux 类型，大小设为 2GiB
```

05 查看分区结果和保存

在全部分区完成后，可以使用 p 查看分区结果。分区完成后，需输入 w 将新的分区表写入磁盘，否则新的分区表不起任何作用，如下所示。

```
Command (m for help): p
Disk /dev/sdb: 20 GiB, 21474836480 bytes, 41943040 sectors
Disk model: VMware Virtual S
Units: sectors of 1 * 512 = 512 bytes
Sector size (logical/physical): 512 bytes / 512 bytes
I/O size (minimum/optimal): 512 bytes / 512 bytes
Disklabel type: dos                                 //磁盘标签类型：dos
Disk identifier: 0x4d307454                         //磁盘标识符
Device       Boot       Start       End         Sectors Size  Id  Type
/dev/sdb1    2048       10487807    10485760    5G            83  Linux
/dev/sdb2    10487808   20973567    10485760    5G            83  Linux
/dev/sdb3    20973568   41943039    20969472    10G           5   Extended
/dev/sdb5    20975616   37752831    16777216    8G            83  Linux
/dev/sdb6    37754880   41943039    4188160     2G            83  Linux

Command (m for help): w
```

```
The partition table has been altered.
Calling ioctl() to re-read partition table.
Syncing disks.                                        //正在同步磁盘
```

4. 使用 fdisk 命令删除一个分区

如果是删除分区，则使用 d 命令，然后输入需要删除的分区编号。注意，不能直接删除扩展分区，应将逻辑分区全部删除后才可删除扩展分区，如下所示。

```
Command (m for help): d
Partition number (1-3,5,6, default 6): 6              //分区号
Partition 6 has been deleted.                         //分区 6 已删除
Command (m for help): p                               //显示分区
Disk /dev/sdb: 20 GiB, 21474836480 bytes, 41943040 sectors
Disk model: VMware Virtual S
Units: sectors of 1 * 512 = 512 bytes
Sector size (logical/physical): 512 bytes / 512 bytes
I/O size (minimum/optimal): 512 bytes / 512 bytes
Disklabel type: dos
Disk identifier: 0x4d307454

Device      Boot      Start     End       Sectors Size  Id  Type
/dev/sdb1   2048      10487807  10485760  5G            83  Linux
/dev/sdb2   10487808  20973567  10485760  5G            83  Linux
/dev/sdb3   20973568  41943039  20969472  10G           5   Extended
/dev/sdb5   20975616  37752831  16777216  8G            83  Linux
```

这里使用 p 命令查看后，可以使用 q 命令不保存且退出，因为后续会用到/dev/sdb6 的逻辑分区。

5. 磁盘格式化

创建磁盘分区之后，用户就可以在分区中创建文件系统了。Linux 提供了 mkfs 命令来创建一个 Linux 文件系统。该命令的基本语法如下。

```
mkfs [选项] 设备                               //设备参数为要创建文件系统的目标分区
```

其中，mkfs 命令的选项主要有-t，用来指定文件系统的类型。

使用的是 mkfs 命令，使用 mkfs -t ext4 /dev/sdb1 将主分区/dev/sdb1 格式化成 ext4 分区，如下所示。

```
root@debian:~#mkfs -t ext4 /dev/sdb1         //将/dev/sdb1 格式化成 ext4 分区
mke2fs 1.44.5 (15-Dec-2018)
Creating filesystem with 1310720 4k blocks and 327680 inodes
Filesystem UUID: e949c3bf-62d1-4ba1-b649-8f3b1f1f207b
Superblock backups stored on blocks:
        32768, 98304, 163840, 229376, 294912, 819200, 884736
Allocating group tables: done
Writing inode tables: done
```

```
Creating journal (16384 blocks): done
Writing superblocks and filesystem accounting information: done
```

使用同样的方法使用 mkfs 命令将其他分区格式化成 ext4 分区，如下所示。

```
root@debian:~#mkfs -t ext4 /dev/sdb2      //将/dev/sdb2 格式化成 ext4 分区
root@debian:~#mkfs -t ext4 /dev/sdb5      //将/dev/sdb5 格式化成 ext4 分区
root@debian:~#mkfs -t ext4 /dev/sdb6      //将/dev/sdb6 格式化成 ext4 分区
```

6. 挂载与卸载文件系统

新的文件系统只有挂载到 Linux 的目录树中，才可以被其他的应用系统使用。

（1）挂载点

挂载点实际上是指一个普通的目录。然而当一个目录充当了挂载点的功能角色以后它就不再是一个普通的目录了，而是成为访问被挂载的文件系统的入口。简单地说，挂载文件系统就是挂载分区，把一个分区与一个目录绑定，将分区与目录绑定的操作称为“挂载”，目录成为“挂载点”，访问挂载点就可以实现对设备的访问。

传统的 UNIX 和 Linux 都有一个默认的 mnt 目录，该目录通常被作为临时挂载点使用。也就是说，如果用户需要临时挂载一个文件系统，存取其中的文件，就可以手工将其挂载到/mnt 目录上面。现代的 Linux 通常使用/media 作为临时挂载点，尤其是当用户使用 USB 设备时，一般都会将其挂载到/media 下面的某个子目录上面。

当然，除这些系统提供的挂载点之外，用户也可以自己创建一个目录，充当挂载点的角色。

Linux 系统中还有一些特殊的挂载点，一般都是系统使用，例如，/用来挂载根目录，/proc 用来挂载 proc 文件系统，/run 用来挂载临时文件系统等。

关于挂载文件系统，需要特别注意以下三点内容。

① 不要把一个分区挂载到不同的目录中。

② 不要把多个分区挂载到同一个目录中。

③ 作为挂载点的目录最好是一个空目录。

【小贴士】

当设备挂载到指定的挂载点目录时，挂载点目录中原来的文件会暂时隐藏，无法访问。此时挂载点目录显示的是设备上的文件，而非该目录自身的内容。

（2）mount 命令

访问挂载点就可以实现对设备的访问。分区必须被挂载到某个目录后才可以使用。挂载分区的命令是 mount，其基本语法如下。

```
mount [-t 文件系统类型] 分区名 目录名
```

mount 命令的常用选项及其功能如表 4.1.4 所示。

表 4.1.4　mount 命令的常用选项及其功能

选　　项	功 能 说 明
-a	挂载/etc/fstab 文件中配置的所有文件系统
-l	在列出挂载的文件系统时显示卷标
-L	挂载指定卷标的文件系统
-n	挂载文件系统，但是不写入/etc/mtab 文件
-o	指定挂载选项
-r	将文件系统以只读的方式挂载
-T	指定用户自定义的 fstab 文件
-t	指定要挂载的文件系统类型
-U	挂载 UUID 为指定值的分区
-w	以读/写的方式挂载文件系统

下面将系统的安装光盘挂载到/media/cdrom 目录下，如例 4.1.2 所示。

例 4.1.2　挂载分区——挂载系统安装光盘

```
root@debian:~#mount –t iso9660 /dev/cdrom /media/cdrom
mount: /media/cdrom0: WARNING: device write-protected, mounted read-only.
```

需要注意的是，在光盘挂载前，需要将光盘的设备状态变成“已连接”，否则无法挂载成功。选择“虚拟机”→“设置”→“硬件”→“CD/DVD”，勾选“已连接”复选框，选中“使用 ISO 映像文件”单选项，并找到 CentOS7.4 的映像文件，单击“确定”按钮即可，如图 4.1.7 所示。

图 4.1.7　设置虚拟机的安装源

本任务将/dev/sdb1 挂载到/data1 下、/dev/sdb2 挂载到/data2 下、/dev/sdb5 挂载到/data3 下、/dev/sdb6 挂载到/data4 下，具体操作如下所示。

```
root@debian:~#mkdir /data1
root@debian:~#mkdir /data2
root@debian:~#mkdir /data3
root@debian:~#mkdir /data4
root@debian:~#mount /dev/sdb1   /data1
root@debian:~#mount /dev/sdb2   /data2
root@debian:~#mount /dev/sdb5   /data3
root@debian:~#mount /dev/sdb6   /data4
```

挂载成功后，可通过 mount|grep sdb 命令查看挂载信息，如下所示。

```
root@debian:~#mount|grep sdb
/dev/sdb1 on /data1 type ext4 (rw,relatime)
/dev/sdb2 on /data2 type ext4 (rw,relatime)
/dev/sdb5 on /data3 type ext4 (rw,relatime)
/dev/sdb6 on /data4 type ext4 (rw,relatime)
```

（3）卸载文件系统

卸载文件系统是指将某个文件从 Linux 的目录树中移除。文件系统被卸载之后，应用程序便不可对其进行读/写操作。卸载文件系统通常发生在要对文件系统进行完整备份或修复检测时，可以有效地防止其他进程对文件系统产生干扰。

卸载文件系统之前，必须停止对文件系统的读/写，当前的工作目录也不能在要卸载的文件系统中。卸载文件系统使用 umount 命令，该命令的基本语法如下。

```
umount [选项] 挂载点或目录名
```

umount 命令的常用选项及其功能如表 4.1.5 所示。

表 4.1.5　umount 命令的常用选项及其功能

选　项	功能说明
-a	卸载所有文件系统
-f	强制卸载文件系统
-l	延迟卸载文件系统
-r	当文件系统卸载失败时，尝试以只读方式重新挂载该文件系统
-t	指定要挂载的文件系统类型

将分区名或挂载点作为参数进行卸载，如例 4.1.3 所示。

例 4.1.3　卸载文件系统

```
root@debian:~#umount /dev/cdrom                 //使用分区名卸载
root@debian:~#umount /media/cdrom               //使用挂载点卸载
root@debian:~#lsblk -p /dev/cdrom               //检查分区挂载点
NAME       MAJ:MIN RM  SIZE RO TYPE MOUNTPOINT
/dev/sr0   11:0     1  45.1G  0 rom             //挂载点显示为空
```

7. 自动挂载文件系统

mount 命令挂载的文件系统，当计算机重启或关机再开时仍然需要人工执行 mount 命令才可挂载使用，这对于经常使用的分区来讲非常不方便。如果希望文件系统在计算机重启时自动挂载，可以通过修改/etc/fstab 文件来实现，如例 4.1.4 所示。

例 4.1.4　实现自动挂载文件系统

在操作系统每次运行时，将上述/dev/sdb1 分区自动以 defaults 方式挂载到/data1 挂载点上，可以在/etc/fstab 文件的末行添加如下内容。

```
root@debian:~#cat /etc/fstab
…                                                                    //此处省略部分内容
UUID=2b0b179d-a97d-4347-81c7-10e9dad8249c /        ext4 errors=remount-ro 0 1
# swap was on /dev/sda5 during installation
UUID=a40718a3-20db-492b-ac81-fa5d6473015f none swap sw                   0 0
/dev/sr0          /media/cdrom0     udf,iso9660 user,noauto              0 0
/dev/sdb1                               /data1     ext4      defaults    0 0
```

/etc/fstab 文件中的各列内容含义如下。

① 第 1 列：要挂载的设备（分区号），有卷标的可以使用卷标。

② 第 2 列：文件系统的挂载点。

③ 第 3 列：所挂载文件系统的类型。

④ 第 4 列：文件系统的挂载选项，选项有很多，如 async（异步写入）、dev（允许建立设备文件）、auto（自动载入）、rw（读/写权限）、exec（可执行）、nouser（普通用户不可 mount）、suid（允许含有 suid 文件格式）、defaults（表示同时具备以上参数，所以默认使用 defaults），还包括 usrquota（用户配额）、grpquota（组配额）等。

⑤ 第 5 列：提供 dump 功能来备份系统，0 表示不使用 dump，1 表示使用 dump，2 也表示使用，不过重要性比 1 要小些。

⑥ 第 6 列：指定计算机启动时文件系统的检查次序，0 表示不检查，1 表示最先检查，2 也表示检查，但比 1 要迟些检查。

活动 3　查看文件与空间使用情况

本活动介绍日常的文件系统管理中常用的命令。

1. df 命令

超级数据块用于记录和文件系统有关的信息，如 inode 和数据块的数量、使用情况、文件系统的格式等。df 命令用于从超级数据块中读取信息，显示整个文件系统的磁盘空间使用情况。df 命令的基本语法如下。

```
df [选项] [目录或文件名]
```

df 命令的常用选项及其功能如表 4.1.6 所示。

表 4.1.6　df 命令的常用选项及其功能

选　项	功能说明
-a	显示所有文件系统，包括/proc、/sysfs 等系统特有的文件系统
-m	以 MB 为单位显示文件系统空间
-k	以 KB 为单位显示文件系统空间
-h	使用人们习惯的 KB、MB 或 GB 为单位显示文件系统空间
-H	指定容量的换算以 1000 进位，即 1K=1000，1M=1000K
-T	显示每个分区的文件系统类型
-i	使用 inode 数量代替磁盘容量，用于显示磁盘的使用情况
-t	只显示特定类型的文件系统

不加任何选项和参数时，df 命令默认显示系统中所有的文件系统，如例 4.1.5 所示。

例 4.1.5　df 命令的基本用法——不加任何选项和参数

```
root@debian:~#df
文件系统            1K-块       已用       可用  已用%  挂载点
udev              989200          0     989200     0%  /dev
tmpfs             201820       8608     193212     5%  /run
/dev/sda1       19525456    4907568   13603004    27%  /
tmpfs            1009096          0    1009096     0%  /dev/shm
tmpfs               5120          4       5116     1%  /run/lock
tmpfs            1009096          0    1009096     0%  /sys/fs/cgroup
tmpfs             201816          0     201816     0%  /run/user/0
tmpfs             201816          0     201816     0%  /run/user/1000
/dev/sdb1        5095040      20472    4796040     1%  /data1
/dev/sdb2        5095040      20472    4796040     1%  /data2
/dev/sdb5        8191416      36852    7718752     1%  /data3
/dev/sdb6        2028368       6144    1901136     1%  /data4
```

其中，各列输出的含义如下。

（1）文件系统（File System）：文件系统所在的分区名称。

（2）1K-块（1K-Blocks）：以 1KB 为单位的文件系统空间大小。

（3）已用（Used）：已使用的磁盘空间。

（4）可用（Available）：剩余的磁盘空间。

（5）已用%（Use%）：磁盘空间的使用率。

（6）挂载点：分区挂载的目录。

使用-h 选项可使磁盘容量信息以用户易读的方式显示出来，如例 4.1.6 所示。

例 4.1.6　df 命令的基本用法——使用-h 选项

```
root@debian:~#df -h
文件系统          容量   已用   可用  已用%  挂载点
udev              967M      0   967M     0%  /dev
tmpfs             198M   8.5M   189M     5%  /run
```

```
/dev/sda1          19G  4.7G    13G   27%   /
tmpfs             986M     0   986M    0%   /dev/shm
tmpfs             5.0M  4.0K   5.0M    1%   /run/lock
tmpfs             986M     0   986M    0%   /sys/fs/cgroup
tmpfs             198M     0   198M    0%   /run/user/0
tmpfs             198M     0   198M    0%   /run/user/1000
/dev/sdb1         4.9G   20M   4.6G    1%   /data1
/dev/sdb2         4.9G   20M   4.6G    1%   /data2
/dev/sdb5         7.9G   36M   7.4G    1%   /data3
/dev/sdb6         2.0G  6.0M   1.9G    1%   /data4
```

如果把目录名或文件名作为参数，那么 df 命令会自动分析该目录或文件所在的分区，并把该分区的信息显示出来，如例 4.1.7 所示。

例 4.1.7　df 命令的基本用法——使用目录名参数

```
root@debian:~#df -h /boot
文件系统          容量   已用   可用  已用%   挂载点
/dev/sda1         19G   4.7G   13G   27%    /
```

针对活动 2 中的使用 mount|grep sdb 命令查看挂载信息，也可以使用 df 来实现，如例 4.1.8 所示。

例 4.1.8　df 命令查询挂载信息

```
root@debian:~#df -TH|grep sdb
/dev/sdb1      ext4      5.3G    21M   5.0G    1%    /data1
/dev/sdb2      ext4      5.3G    21M   5.0G    1%    /data2
/dev/sdb5      ext4      8.4G    38M   8.0G    1%    /data3
/dev/sdb6      ext4      2.1G   6.3M   2.0G    1%    /data4
```

2. du 命令

du 命令用于计算文件或目录所占的磁盘空间大小，其基本语法如下。

```
du [选项] [目录或文件名]
```

不加任何选项和参数时，du 会显示当前目录及其子目录的磁盘占用量，如例 4.1.9 所示。

例 4.1.9　du 命令的基本用法

```
root@debian:~#cd /boot
root@debian:/boot#du
2460     ./grub/i386-pc
2344     ./grub/fonts
4248     ./grub/locale
11408    ./grub
55516    .
```

可以通过一些选项改变 du 的行为，du 命令的常用选项及其功能如表 4.1.7 所示。

表 4.1.7 du 命令的常用选项及其功能

选 项	功 能 说 明
-a	显示所有目录和文件的容量（默认只显示目录容量）
-k	以 KB 为单位显示容量
-m	以 MB 为单位显示容量
-h	使用人们习惯的 KB、MB 或 GB 为单位显示容量
-s	仅显示目录总容量，不显示子目录和子文件的磁盘占用量
-S	显示目录容量，但不包括子目录的大小

如果想查看当前目录的总磁盘占用量，则可以使用-s 选项；-S 选项仅显示每个目录本身的磁盘占用量，但不包括其子目录的磁盘占用量，如例 4.1.10 所示。

例 4.1.10 du 命令的基本用法——-s 和-S 选项

```
[root@localhost boot]#du -s
55516    .
[root@localhost boot]#du -S
2460     ./grub/i386-pc
2344     ./grub/fonts
4248     ./grub/locale
2356     ./grub
44108    .
```

df 命令和 du 命令的区别在于，df 命令直接读取文件系统的超级数据块，统计的是整个文件系统的容量信息；而 du 命令会到文件系统中查找所有目录和文件的数据，因此，如果查找的范围太大，则 du 命令的执行可能需要较长时间。

3. lsblk 命令

使用 lsblk 命令同样可查看磁盘信息，它以树状结构列出了系统中所有磁盘及磁盘的分区，如例 4.1.11 所示。

例 4.1.11 lsblk 命令查看磁盘信息

```
root@debian:~#lsblk -p
NAME              MAJ:MIN RM   SIZE  RO   TYPE MOUNTPOINT
/dev/sda            8:0    0    20G   0   disk
├─/dev/sda1         8:1    0    19G   0   part /
├─/dev/sda2         8:2    0     1K   0   part
└─/dev/sda5         8:5    0   975M   0   part [SWAP]
/dev/sdb            8:16   0    20G   0   disk
├─/dev/sdb1         8:17   0     5G   0   part /data1
├─/dev/sdb2         8:18   0     5G   0   part /data2
├─/dev/sdb3         8:19   0     1K   0   part
├─/dev/sdb5         8:21   0     8G   0   part /data3
└─/dev/sdb6         8:22   0     2G   0   part /data4
/dev/sr0           11:0    1  45.1G   0   rom
```

有关 lsblk 命令的其他选项，大家可通过 man 命令查看。

任务小结

（1）添加磁盘时，应在关闭系统后添加，否则会导致添加不成功。

（2）对磁盘进行分区能够优化磁盘管理，提高系统运行效率和安全性。

任务4.2 管理软RAID

任务描述

A 公司的网络管理员小赵最近在访问服务器时，感觉访问速度很慢，经过排查发现服务器的磁盘空间即将用完，小赵决定添置大容量磁盘为大家提供网络存储、文件共享、数据库等网络服务功能，满足日常的办公需要。针对网速慢、空间不够等问题，小赵决定购买硬盘后使用动态磁盘进行管理。

动态磁盘的管理是基于卷的管理。卷是由一个或多个磁盘上的可用空间组成的存储单元，可以将它格式化为一种文件系统并分配驱动器号。动态磁盘具有提供容错、提高磁盘利用率和访问效率的功能，具体要求如下。

（1）添加 5 块硬盘，每块硬盘大小为 5GB。

（2）使用 mdadm 命令对前 4 块硬盘创建 RAID 10，名称为/dev/md0。

（3）将创建好的/dev/md0 设备进行挂载。

（4）假设/dev/md0 中有一块磁盘已经损坏，更换第 5 块硬盘作为新的 RAID 成员。

任务实施

活动 1　认识 RAID

1. RAID 概述

RAID（Redundant Arrays of Independent Disks，独立冗余磁盘阵列）用于将多个小型磁盘驱动器合并成一个磁盘阵列，以提高存储性能和容错功能。RAID 可分为软 RAID 和硬 RAID，其中，软 RAID 是通过软件实现多块硬盘冗余的，而硬 RAID 一般通过 RAID 卡来实现。软 RAID 的配置相对简单，管理也比较灵活，对于中小企业来说是较佳选择；而硬 RAID 往往花费较高，但其在性能方面具有一定的优势。

RAID 作为高性能的存储系统，已经得到了越来越广泛的应用。RAID 已经发展了 6 个级别，分别是 RAID0、RAID1、RAID2、RAID3、RAID4、RAID5，但最常用的是 RAID0、

RAID1、RAID3、RAID5 这 4 个级别。常用的 RAID 技术及其特点如表 4.2.1 所示。

表 4.2.1　常用的 RAID 技术及其特点

RAID 技术	特　点
RAID 0	存取速度最快，没有容错功能（带区卷）
RAID 1	完全容错，成本高，硬盘使用率低（镜像卷）
RAID 3	写入性能最好，没有多任务功能
RAID 4	具备多任务及容错功能，但奇偶检验磁盘驱动器会造成性能瓶颈
RAID 5	具备多任务及容错功能，写入时有额外开销 overhead
RAID 01、RAID 10	速度快、完全容错，成本高

（1）RAID 0

RAID 0 是一种简单的、无数据校验功能的数据条带化技术。它实际上并非是真正意义上的 RAID 技术，因为它并不提供任何形式的冗余策略。RAID 0 将所在磁盘条带化后组成大容量的存储空间，如图 4.2.1 所示。RAID 0 将数据分散存储在所有磁盘中，以独立访问方式实现多块磁盘的并读访问，由于可以并发执行 I/O 操作，总线带宽得到充分利用。再加上不需要进行数据校验，RAID 0 的性能在所有 RAID 技术中是最高的。从理论上讲，一个由 n 块磁盘组成的 RAID 0，其读/写性能是单个磁盘性能的 n 倍，但由于总线带宽等多种因素的限制，其实际性能的提升往往低于理论值。

RAID 0 具有低成本、高读/写性能、100%的高存储空间利用率等优点，但是它不提供数据冗余保护，一旦数据损坏将无法恢复。因此，RAID 0 一般适用于对性能要求严格但对数据安全性和可靠性要求不高的场合，如视频、音频存储、临时数据缓存空间等。

（2）RAID 1

RAID 1 称为镜像，它将数据完全一致地写入工作磁盘和镜像磁盘，磁盘空间利用率为 50%。利用 RAID 1 在写入数据时，响应时间会有所影响，但是在读/取数据时没有影响，RAID 1 提供了最佳的数据保护，一旦工作磁盘发生故障，系统会自动从镜像磁盘读/取数据，不会影响用户工作。RAID 1 是无校验的相互镜像，如图 4.2.2 所示。

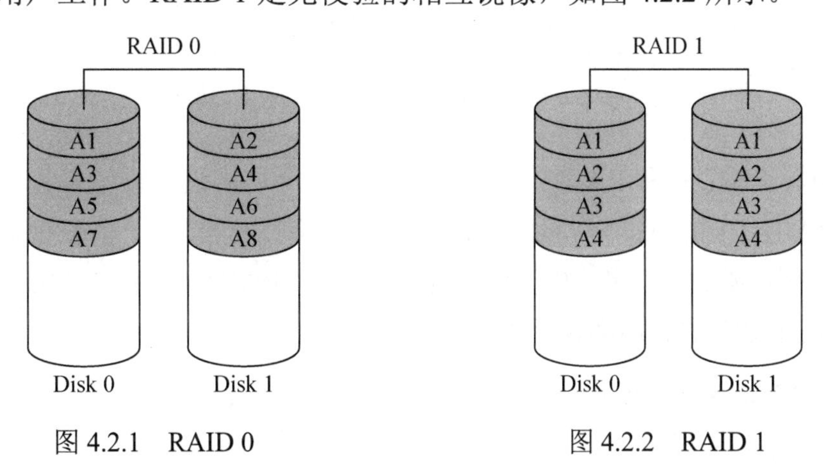

图 4.2.1　RAID 0　　图 4.2.2　RAID 1

（3）RAID 5

RAID 5 是目前最常见的 RAID 技术，可以同时存储数据和校验数据。数据块和对应的校验信息保存在不同的磁盘上，当一个数据盘损坏时，系统可以根据同一数据条带的其他数据块和对应的校验数据来重建损坏的数据。与其他 RAID 技术一样，重建数据时，RAID 5 的性能会受到很大影响。RAID 5 带分散校验的数据条带，如图 4.2.3 所示。

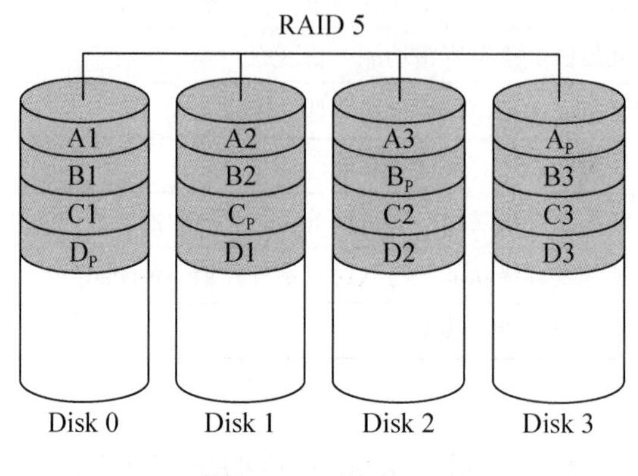

图 4.2.3　RAID 5

RAID 5 兼顾存储性能、数据安全和存储成本等各方面因素，可以将其视为 RAID 0 和 RAID 1 的折中方案，是目前综合性能最佳的数据保护方案。RAID 5 可以满足大部分的存储应用需求，数据中心多将它作为应用数据的保护方案。

（4）RAID 01 和 RAID 10

RAID 01 是先进行条带化再进行镜像，其本质是对物理磁盘实现镜像；而 RAID 10 是先进行镜像再进行条带化，其本质是对虚拟磁盘实现镜像。在相同的配置下，通常 RAID 01 比 RAID 10 具有更好的容错能力。典型的 RAID 01 和 RAID 10 模型如图 4.2.4 所示。

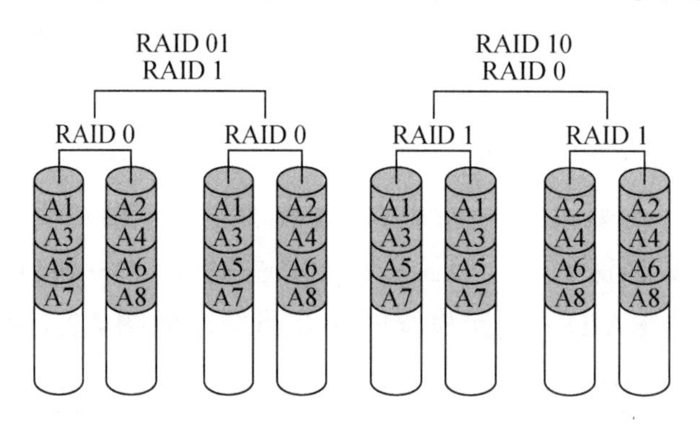

图 4.2.4　典型的 RAID 01 和 RAID 10 模型

RAID 01 兼具 RAID 0 和 RAID 1 的优点，它先用两块磁盘建立镜像，然后在镜像内部进行条带化。RAID 01 的数据将同时写入两个磁盘阵列，当其中一个磁盘阵列损坏时，仍可继续工作，在保证数据安全性的同时又提高了性能。RAID 01 和 RAID 10 内部都含有 RAID 1，因此整体磁盘的利用率仅为 50%。

2. 创建 RAID 工具 mdadm

（1）安装 mdadm 工具

mdadm 是 Linux 系统中创建和管理阵列的工具。默认情况下，Debian 10.10 系统没有安装 mdadm 工具，需要手工进行安装，具体方法如下。

01 将光盘的设备状态变成“已连接”。

选择“虚拟机”→“设置”→“硬件”→“CD/DVD”，勾选“已连接”复选框，选中“使用 ISO 映像文件”单选按钮，并找到 Debian 10.10 的映像文件，单击“确定”按钮即可。

02 使用 mount 命令挂载光驱。

```
root@debian:~#mount /dev/cdrom /media/cdrom
mount: /media/cdrom0: WARNING: device write-protected, mounted read-only.
```

03 使用 apt 命令安装 vim 编辑器（apt 命令将在项目 5 中进行详细介绍）。

```
root@debian:~#apt install -y mdadm
正在读取软件包列表... 完成
正在分析软件包的依赖关系树
正在读取状态信息... 完成
建议安装：
  dracut-core
下列【新】软件包将被安装：
  Mdadm
…                                                    //此处省略部分输出
正在处理用于 man-db (2.8.5-2) 的触发器 ...
正在处理用于 systemd (241-7~deb10u8) 的触发器 ...
update-initramfs: Generating /boot/initrd.img-4.19.0-17-amd64
```

（2）认识 mdadm 命令

mdadm 命令用于管理 Linux 操作系统中的软 RAID，基本语法格式如下。

```
mdadm [模式] RAID 设备 [选项] 成员设备名称
```

当前，生产环境中用到的服务器一般都会配备 RAID，如果没有 RAID 阵列卡，就可以用 mdadm 命令在 Linux 操作系统中创建和管理软 RAID。

mdadm 命令的工作模式包括 Assemble、Build、Create、Follow、Grow、Incremental、Assembly、Manage、Misc 和 Auto-detect 等。表 4.2.2 列出了 mdadm 工作模式及其功能。表 4.2.3 列出了 mdadm 命令的常用选项及其功能。

表 4.2.2　mdadm 工作模式

模　式	说　明
Assemble	将原来属于一个阵列的每个块设备重新组装为阵列
Build	创建或组装不需要元数据的阵列，即每个设备都没有超级块
Create	创建一个新的阵列，每个设备都具有超级块
Follow 或 Monitor	监控模式
Grow	改变阵列中每个设备被使用的容量或阵列中的设备的数目，改变阵列属性，但不能改变阵列的级别
Incremental、Assembly	向已有阵列添加设备
Manage	管理已经存在的阵列，如增加热备磁盘或设置某个磁盘失效，然后从阵列中删除这个磁盘

续表

模　式	说　明
Misc	混杂模式，可以删除某个磁盘上的旧超级块或收集阵列信息等
Auto-detect	请求内核激活已有阵列

表 4.2.3　mdadm 命令的常用选项及其功能

选　项	功　能
-a	检测设备名称
-n	指定设备数量
-l	指定 RAID 等级
-C	创建 RAID
-v	显示过程
-f	模拟设备损坏
-r	移除设备
-Q	查看摘要信息
-D	查看详细信息
-S	停止 RAID

活动 2　配置软 RAID

1. 创建与挂载软 RAID 设备

01 在虚拟机中添加 5 块硬盘，每块硬盘大小为 5GB，参考任务 4.1 完成。

02 使用 fdisk 命令查看，添加硬盘情况，如下所示。

```
root@debian:~#fdisk -l|grep /dev
…                                                  //此处省略部分内容
Disk /dev/sdc: 5 GiB, 5368709120 bytes, 10485760 sectors
Disk /dev/sdd: 5 GiB, 5368709120 bytes, 10485760 sectors
Disk /dev/sde: 5 GiB, 5368709120 bytes, 10485760 sectors
Disk /dev/sdg: 5 GiB, 5368709120 bytes, 10485760 sectors
Disk /dev/sdf: 5 GiB, 5368709120 bytes, 10485760 sectors
```

03 使用 mdadm 命令创建 RAID 10，RAID 设备名称为/dev/mdX，其中 X 为设备编号，该编号从 0 开始，如下所示。

```
root@debian:~#mdadm -Cv /dev/md0 -a yes -n 4 -l 10 /dev/sdb /dev/sdc
/dev/sdd /dev/sde
mdadm: layout defaults to n2
mdadm: layout defaults to n2
mdadm: chunk size defaults to 512K
mdadm: size set to 5238784K
mdadm: Defaulting to version 1.2 metadata
mdadm: array /dev/md0 started.
```

或

```
root@debian:~#mdadm --create /dev/md0 --auto=yes --raid-device=4 --
level=10 /dev/sdb /dev/sdc /dev/sdd /dev/sde
mdadm: /dev/sdb appears to be part of a raid array:
        level=raid10 devices=4 ctime=Thu Aug 12 00:13:40 2021
Continue creating array? y
mdadm: Defaulting to version 1.2 metadata
mdadm: array /dev/md0 started.
//--create 选项表示使用 Create 模式，--auto=yes 选项表示使用默认值，/dev/md0 表示阵列设备名，
--level=10 选项表示创建的阵列为 RAID10，--raid-device=4 表示组成阵列的磁盘数，后面跟的是组成阵
列的各个磁盘的设备名
```

04 为新建立的/dev/md0 建立类型为 ext4 的文件系统，如下所示。

```
root@debian:~#mkfs.ext4 /dev/md0
mke2fs 1.44.5 (15-Dec-2018)
Creating filesystem with 2618880 4k blocks and 655360 inodes
Filesystem UUID: dc302355-8ec3-45d2-babd-bf0af716bdd4
Superblock backups stored on blocks:
        32768, 98304, 163840, 229376, 294912, 819200, 884736, 1605632
Allocating group tables: done
Writing inode tables: done
Creating journal (16384 blocks): done
Writing superblocks and filesystem accounting information: done
```

05 查看建立的 RAID 10 的具体情况，如下所示。

```
root@debian:~#mdadm -D /dev/md0
/dev/md0:
           Version : 1.2
     Creation Time : Thu Aug 12 00:13:40 2021
        Raid Level : raid10
…                                              //此处省略部分内容
    Number   Major   Minor   RaidDevice   State
       0       8       16        0        active sync set-A   /dev/sdb
       1       8       32        1        active sync set-B   /dev/sdc
       2       8       48        2        active sync set-A   /dev/sdd
       3       8       64        3        active sync set-B   /dev/sde
```

06 将 RAID 设备挂载。

将 RAID 设备/dev/md0 挂载到指定的目录/media/md0 中，挂载成功后看到可用空间为 10GB，如下所示。

```
root@debian:~#mkdir /media/md0
root@debian:~#mount /dev/md0 /media/md0
root@debian:~#df -h|grep /dev/md0
/dev/md0          9.8GiB    37M   9.3GiB     1% /media/md0
```

2. RAID设备的修复

在生产环境中部署RAID 10，是为了提高硬盘存储设备的读/写速度及数据的安全性，但由于硬盘设备是在虚拟机中模拟出来的，所以对读/写速度的改善效果可能并不明显。接下来讲解RAID损坏后的处理方法，从而使大家在步入运维岗位后遇到类似问题时，也可以轻松解决。这里假设/dev/sdd已经损坏。

01 使用mdadm命令将其移除，如下所示。

```
root@debian:~#mdadm /dev/md0 --fail /dev/sdd
mdadm: set /dev/sdd faulty in /dev/md0
```

02 移除失效的RAID成员，如下所示。

```
root@debian:~#mdadm /dev/md0 --remove /dev/sdd
mdadm: hot removed /dev/sdd from /dev/md0
```

03 更换硬盘设备，添加一个新的RAID成员/dev/sdf，如下所示。

```
root@debian:~#mdadm /dev/md0 --add /dev/sdf
mdadm: added /dev/sdf
```

04 查看RAID 10的状态，如下所示。

```
root@debian:~#mdadm --detail /dev/md0
/dev/md0:
…                                         //此处省略部分内容
    Number   Major   Minor   RaidDevice   State
       0       8      16        0         active sync set-A   /dev/sdb
       1       8      32        1         active sync set-B   /dev/sdc
       4       8      80        2         active sync set-A   /dev/sdf
       3       8      64        3         active sync set-B   /dev/sde
```

这里RAID 10失效的/dev/sdd硬盘已经被成功替换成/dev/sdf硬盘。

✔ 任务小结

（1）RAID分为软RAID和硬RAID。

（2）配置RAID时，要注意不同RAID之间的性能和功能都不相同。

项目5 软件包管理

项目描述

A公司拥有上百台服务器。该公司服务器管理员众多，作为一名 Linux 系统管理员，对软件包进行管理是其日常工作。为了帮助用户管理软件包，Debian 10.10 系统中提供了多个软件包管理工具。

在 Debian 10.10 系统上安装软件的方法有很多。如果用户在桌面环境上工作，图形化的管理工具可以提高工作效率。synaptic 是一个功能非常完善的图形化软件包管理工具。Debian 10.10 系统在绝大多数情况下作为服务器使用，为了减少开销和增加安全性，会在命令行终端对系统进行管理。通常在命令行中安装所需软件，其方式主要有三种：apt、apt-get 和 aptitude。

本项目主要介绍如何利用 apt、apt-get、aptitude 和 synaptic 工具来安装、更新、升级软件包，以及如何使用 dpkg 工具查询软件包。

知识目标

1. 了解 apt、apt-get、aptitude 和 synaptic 工具的功能。
2. 理解 apt、apt-get、aptitude 和 synaptic 工具的区别。
3. 掌握 dpkg 命令的使用方法。

能力目标

1. 能使用 apt、apt-get 和 aptitude 的命令安装软件包。
2. 能使用 synaptic 工具安装软件包。
3. 能使用 dpkg 命令查询和安装软件包。

思政目标

1. 培养学生系统分析与解决问题的能力，使其能够掌握相关知识点并完成项目任务。

2. 培养学生防范盗版软件、提高软件安全意识和增强知识产权的保护意识。
3. 引导学生正确地安装软件和使用软件。
4. 培养学生合理进行归档，安全地压缩和解压缩文件。

思维导图

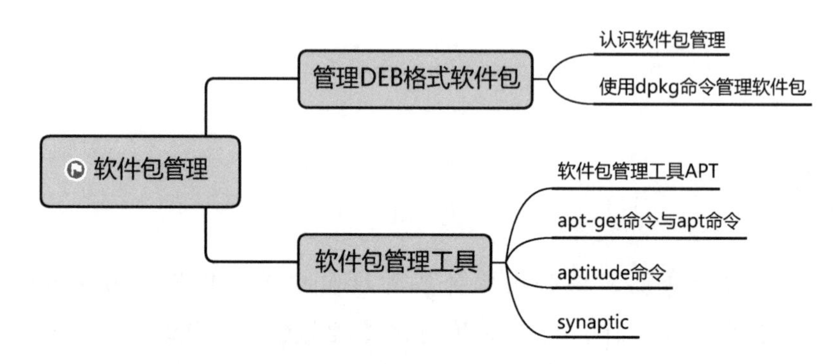

任务5.1 管理DEB格式软件包

任务描述

A 公司的管理员小赵发现很多软件包是 DEB 格式的，现在需要对某些 DEB 格式的软件包进行安装，来实现 Linux 系统的一些其他功能。dpkg 命令可为最终用户提供方便的软件包管理功能，包括安装、卸载、查询、编译和打包等。

任务实施

活动 1　认识软件包管理

Linux 系统是由大大小小的各种软件包构成的。因此，在 Linux 系统中，软件包的管理非常重要。与其他的操作系统不同，Linux 系统的软件包管理比较复杂，有时还需要处理软件包之间的冲突。

1. 软件包

在 Linux 系统中，所有的软件和文档都是以软件包形式提供的。软件包主要有两种形式，分别是二进制软件包和源代码软件包。前者主要用于封装可执行程序、相关的文档和配置文件等，后者则包含软件包的源代码和生成二进制软件包的方法等。

通常情况下，二进制软件包是用户最常使用的软件包形式。实际上，二进制软件包是一种压缩形式的文件，里面包含可执行文件、配置文件、文档资料、产品说明和版本等信息。通过这些信息，用户可以非常方便地安装、更新、升级和删除软件。用户可以通过 dpkg

等命令来查看软件包所包含的文件列表，将在后面详细介绍。

不同的 Linux 发行版有不同的软件包管理工具，同时也会有不同格式的软件包。在 Debian 系统中，常见的软件包格式有以下三种。

（1）DEB：该格式是 Debian 系统主要支持的标准软件包格式，其扩展名为.deb。Debian 软件仓储中提供的 apt、apt-get、aptitude 和 synaptic 等软件包管理工具均可支持该格式。

（2）RPM：该格式是 RedHat 及其派生的 Linux 发行版本支持的标准软件包格式。用户可以通过安装 RPM 工具进行管理。

（3）Tarball：该格式实际上是由 tar 和其他的压缩命令生成的一类压缩包。大部分的源代码形式的软件包都以 Tarball 格式提供。用户需要首先将包中的文件释放出来，然后再根据其中提供的说明文件进行安装。

2. 软件仓库

通常情况下，软件仓库是一组网站，其中提供了按照一定组织形式存储的软件包及索引文件。软件包管理工具可以根据用户的需求连接软件仓库服务器、搜索或下载某个软件包。

3. 软件包之间的相互依赖

尽管一个软件包是一个相对独立的功能组合，但其中的软件却不可避免地依赖于其他软件包的支持，主要是对底层库文件的依赖。

有了软件包管理工具，用户就不需要人工处理这些依赖关系。在安装软件包时，apt-get、apt 和 aptitude 等软件包管理工具会自动判断要安装的软件包与其他的软件包的依赖关系，并且会自动安装或更新所需要的软件包。

4. DEB 软件包格式

DEB 包的名称有其特有的格式，如某软件的 DEB 包名称的组成如下。

```
name-version.type.deb
```

① name：表示软件的名称。

② version：表示软件的版本号。

③ type：表示包的类型，一般是 AMD x86_64 计算机平台。

④ deb：表示文件扩展名。

DEB 软件包的名称如例 5.1.1 所示。

例 5.1.1 DEB 软件包名称

```
openssh-server_7.9p1-10+deb10u2_amd64
```

选项内容如下。

Name：软件包名称为 openssh-server。

Version：软件版本号为 7.9p1。

Build Number：修订号为 10。

Type：amd64 表示是在 AMD x86_64 计算机平台上编译的。

deb：文件扩展名。

活动 2　使用 dpkg 命令管理软件包

dpkg（Debian package）是为 Debian 操作系统专门开发的套件管理系统，类似 RPM，用于软件的安装、更新和移除。所有源自 Debian 系统的 Linux 的发行版本都使用 dpkg 命令，如 Ubuntu 的系统。

dpkg 命令所提供的众多功能使维护系统要比以往容易得多。DEB 软件包的安装、卸载和升级只需一条命令即可完成，dpkg 命令的基本语法格式如下。

```
dpkg [选项] 软件包名称
```

dpkg 命令的选项很多，配合不同的选项就可以完成不同的功能。dpkg 命令的常用选项及其功能如表 5.1.1 所示。

表 5.1.1　dpkg 命令的常用选项及其功能

选　项	功能说明
-i	安装软件包
-r	删除软件包（保留其配置信息）
-R	安装指定目录下的所有软件包
-p	显示可供安装的软件版本
-P	删除软件包（包括配置信息）
-s	显示指定软件包的详细状态
-L	列出属于指定软件包的文件
-l	简明列出软件包的状态
--unpack	释放软件包，但不进行配置
-c	显示软件包内文件列表
-C	检查是否有软件包残损
--configure	配置软件包
--update-avail	替换现有可安装的软件包信息
--ignore-depends=<软件包>	忽略关于 <软件包> 的所有依赖关系
--help	显示版本帮助信息
--version	显示版本信息

dpkg 命令可查询已经安装的软件包，一般使用“-l”选项，如例 5.1.2 所示。

例 5.1.2　使用 dpkg 命令查询软件包

```
root@debian:~#dpkg -l vim
期望状态=未知(u)/安装(i)/删除(r)/清除(p)/保持(h)
| 状态=未安装(n)/已安装(i)/仅存配置(c)/仅解压缩(U)/配置失败(F)/不完全安装(H)/触发器等待(W)/
触发器未决(T)
|/ 错误?=(无)/须重装(R) (状态,错误:大写=故障)
```

```
||/ 名称                版本              体系结构          描述
+++-==============-============-============-==============================
un   vim                <无>              <无>              (无描述)
//un 表示未安装软件包 vim
root@debian:~#dpkg -l ssh
期望状态=未知(u)/安装(i)/删除(r)/清除(p)/保持(h)
| 状态=未安装(n)/已安装(i)/仅存配置(c)/仅解压缩(U)/配置失败(F)/不完全安装(H)/触发器等待(W)/
触发器未决(T)
|/ 错误?=(无)/须重装(R) (状态,错误:大写=故障)
||/ 名称              版本              体系结构          描述
+++-==============-==================-============-==========================
==================
ii   ssh          1:7.9p1-10+deb10u2          all secure shell client and server (metapackage)
//ii 表示已安装软件包 ssh
```

dpkg 命令可安装本地软件包，一般使用“-i”选项，如例 5.1.3 所示。

例 5.1.3　使用 dpkg 命令安装软件包

```
root@debian:~#mount /dev/cdrom /media/cdrom
mount: /media/cdrom0: WARNING: device write-protected, mounted read-only.
root@debian:~#cd /media/cdrom/pool/main/o/openssh
root@debian:/media/cdrom/pool/main/o/openssh# dpkg -i ssh_7.9p1-10+deb10u2_all.deb
正在选中未选择的软件包 ssh。
(正在读取数据库...系统当前共安装有 141193 个文件和目录)
准备解压 ssh_7.9p1-10+deb10u2_all.deb   ...
正在解压 ssh (1:7.9p1-10+deb10u2) ...
正在设置 ssh (1:7.9p1-10+deb10u2) ...
root@debian:/media/cdrom/pool/main/o/openssh#dpkg -l ssh
期望状态=未知(u)/安装(i)/删除(r)/清除(p)/保持(h)
| 状态=未安装(n)/已安装(i)/仅存配置(c)/仅解压缩(U)/配置失败(F)/不完全安装(H)/触发器等待(W)/
触发器未决(T)
|/ 错误?=(无)/须重装(R) (状态,错误:大写=故障)
||/ 名称                  版本                    体系结构          描述
+++-==============-==================-============-==========================
ii   ssh                 1:7.9p1-10+deb10u2 all              secure shell client and server (metapackage)
```

如果想要删除已经安装的软件包，可使用-P 选项，如例 5.1.4 所示。

例 5.1.4　使用 dpkg 命令删除软件包

```
root@debian:~#dpkg -P ssh                                    //删除 ssh 软件包
(正在读取数据库...系统当前共安装有  141197  个文件和目录)
正在卸载  ssh (1:7.9p1-10+deb10u2) ...
正在清除  ssh (1:7.9p1-10+deb10u2)  的配置文件  ...
root@debian:~#dpkg -l ssh                                    //查询是否已删除 ssh 软件包
期望状态=未知(u)/安装(i)/删除(r)/清除(p)/保持(h)
| 状态=未安装(n)/已安装(i)/仅存配置(c)/仅解压缩(U)/配置失败(F)/不完全安装(H)/触发器等待(W)/
触发器未决(T)
|/ 错误?=(无)/须重装(R) (状态,错误:大写=故障)
```

```
||/ 名称                版本              体系结构          描述
+++-===============-=============-=============-==================================
un   ssh                 <无>              <无>              (无描述)
//un 表示已经删除
```

任务小结

（1）在 Debian 系统中，常见的软件包格式有三种，分别为 DEB、RPM 和 Tarball。

（2）dpkg 命令的功能维护系统比较容易，DEB 软件包的查询、安装和卸载只需一条命令即可完成。

任务5.2 软件包管理工具

任务描述

A 公司的网络管理员小赵在学习了 DEB 软件包管理后，发现了一个让他十分头疼的问题，就是软件包之间存在着的依赖关系，常使所需软件包不能顺利安装。

软件包管理工具便是为了进一步降低软件安装难度而设计的技术。软件包管理工具会自动计算软件包的相互依赖关系，并判断哪些软件应该安装，哪些不必安装。使用软件包管理工具可以方便地进行软件的安装、查询、更新、卸载等操作，而且命令简洁易记。

任务实施

活动 1　软件包管理工具 APT

1. APT

APT 是一个通用的综合软件包管理工具。apt-get 和 apt 是 APT 提供的前端软件包管理命令。在 Debian 10.10 系统中，APT 的配置文件位于/etc/apt 目录中，如下所示。

```
root@debian:~#ls -l /etc/apt
drwxr-xr-x 2 root root 4096  8 月   17 22:05 apt.conf.d
drwxr-xr-x 2 root root 4096  4 月   20 00:41 auth.conf.d
-rw-r--r-- 1 root root   150  8 月   17 22:00 listchanges.conf
drwxr-xr-x 2 root root 4096  4 月   20 00:41 preferences.d
-rw-r--r-- 1 root root   873  8 月   17 21:51 sources.list
-rw-r--r-- 1 root root     0  8 月   17 21:50 sources.list~
drwxr-xr-x 2 root root 4096  4 月   20 00:41 sources.list.d
drwxr-xr-x 2 root root 4096  8 月   17 21:50 trusted.gpg.d
```

在上面的输出中，/etc/apt/apt.conf.d 目录存储了主要的配置文件。sources.list 文件保存了当前 Debian 10.10 系统的软件仓库信息，如下所示。

```
root@debian:~#cat /etc/apt/sources.list
# deb cdrom:[Debian GNU/Linux 10.10.0 _Buster_ - Official amd64 DLBD Binary-1 20210619-16:12]/
buster contrib main

deb cdrom:[Debian GNU/Linux 10.10.0 _Buster_ - Official amd64 DLBD Binary-1 20210619-16:12]/
buster contrib main

deb http://security.debian.org/debian-security buster/updates main contrib
deb-src http://security.debian.org/debian-security buster/updates main contrib

# buster-updates, previously known as 'volatile'
# A network mirror was not selected during install.  The following entries
# are provided as examples, but you should amend them as appropriate
# for your mirror of choice.
#
# deb http://deb.debian.org/debian/ buster-updates main contrib
# deb-src http://deb.debian.org/debian/ buster-updates main contrib
```

每个软件仓库都包含说明、地址和类型等信息。/var/lib/apt 目录中存储了 APT 本地软件包，如下所示。

```
root@debian:~#ls -l /var/lib/apt
-rw-r--r-- 1 root root    251  8 月  21 11:36 cdroms.list
-rw-r--r-- 1 root root    251  8 月  21 11:35 cdroms.list~
-rw-r--r-- 1 root root 92776  8 月  21 11:51 extended_states
drwxr-xr-x 4 root root   4096 8 月  21 11:36 lists
drwxr-xr-x 3 root root   4096 8 月  21 11:34 mirrors
drwxr-xr-x 2 root root   4096 4 月  20 00:41 periodic
```

2. 本地软件仓库

Debian 系统作为内部服务器，稳定是最重要的。使用 Debian 系统光盘里的软件包作为本地软件仓库将会非常方便，它基本包含了日常工作所需软件，只要将光盘直接加载即可。在虚拟机系统中，成功挂载 Debian 10.10 系统的光盘镜像即可直接使用。下面将介绍本地软件仓库的配置过程。

（1）挂载 Debian 10.10 光盘镜像

```
root@debian:~#mount /dev/cdrom /media/cdrom        //将光盘挂载到/media/cdrom 目录下
mount: /mnt: WARNING: device write-protected, mounted read-only.
//这里需要将光盘镜像挂载到默认位置/media/cdrom，否则后续安装软件时会报错
```

（2）/etc/apt/sources.list 中描述了本地软件仓库的情况，如下所示。

```
root@debian:~#cat /etc/apt/sources.list
# deb cdrom:[Debian GNU/Linux 10.10.0 _Buster_ - Official amd64 DLBD Binary-1 20210619-16:12]/
```

```
buster contrib main

    deb cdrom:[Debian GNU/Linux 10.10.0 _Buster_ - Official amd64 DLBD Binary-1 20210619-16:12]/
buster contrib main                                   //本地软件仓库
    …                                                 //此处省略部分内容
```

活动 2　apt-get 命令与 apt 命令

apt-get 命令和 apt 命令都是 APT 提供的前端用户工具。与 apt-get 命令相比，apt 命令对其进行了改进，增加了有用的选项和子命令。这里只介绍如何通过 apt 命令来管理软件包。关于 apt-get 命令的用法，大家可借助 man 命令获得更多信息。

1. apt 命令基本语法

apt 命令的基本语法如下所示。

```
apt [选项] 子命令
```

apt 命令常用的子命令及其功能如表 5.2.1 所示。

表 5.2.1　apt 命令常用的子命令及其功能

子　命　令	功 能 说 明
update	从软件仓库更新软件包索引
upgrade	升级软件包，但是不会删除软件包
full-upgrade	升级软件包，同时会安装或删除其他的软件包，以解决依赖关系
install	安装软件包
reinstall	重新安装软件包
remove	删除软件包
purge	彻底删除软件包
autoremove	自动删除软件包及其依赖
search	搜索软件包
show	显示软件包的信息
list	根据指定的标准列出软件包，通过—installed 选项指定列出已安装的软件包，--upgradeable 选项指定可升级的软件包等

2. 搜索软件包

apt 命令的 search 子命令用来实现软件包的搜索，如下所示。

```
root@debian:~#apt search ssh
正在排序... 完成
全文搜索... 完成
4pane/未知  5.0-2 amd64
  four-pane detailed-list file manager

agent-transfer/未知  0.43-3 amd64
  copy a secret key from GnuPG's gpg-agent to OpenSSH's ssh-agent
```

```
ansible/未知 2.7.7+dfsg-1 all
  Configuration management, deployment, and task execution system
…                                                              //此处省略部分内容
x2goserver-xsession/未知 4.1.0.3-4 all
  X2Go Server (Xsession runner)

zssh/未知 1.5c.debian.1-7 amd64
  经由 ssh 进行交互式文件传输
```

3. 安装软件

利用 install 子命令，可以安装一个或多个软件包，如下所示。

```
root@debian:~#mount /dev/cdrom /media/cdrom
mount: /media/cdrom0: WARNING: device write-protected, mounted read-only.
root@debian:~#apt install -y ssh
正在读取软件包列表... 完成
正在分析软件包的依赖关系树
正在读取状态信息... 完成
下列【新】软件包将被安装:
  ssh
…                                                              //此处省略部分输出
正在处理用于 man-db (2.8.5-2) 的触发器 ...
正在处理用于 systemd (241-7~deb10u8) 的触发器 ...
```

4. 删除软件包

apt 命令提供了 remove、purge 和 autoremove 等子命令来删除软件包，如下所示。

```
root@mail:~# apt remove ssh
正在读取软件包列表... 完成
正在分析软件包的依赖关系树
正在读取状态信息... 完成
下列软件包是自动安装的并且现在不需要了:
  openssh-server openssh-sftp-server
使用'apt autoremove'来卸载它(它们)。
下列软件包将被【卸载】:
  ssh
升级了 0 个软件包，新安装了 0 个软件包，要卸载 1 个软件包，有 0 个软件包未被升级
解压缩后将会空出 220 KB 的空间。
您希望继续执行吗？ [Y/n] y
(正在读取数据库 ... 系统当前共安装有 144759 个文件和目录)
正在卸载 ssh (1:7.9p1-10+deb10u2) ...

进度：[   0%] [.....................................]
进度：[ 33%] [#####################################.....]
```

5. 更新和升级软件包

（1）在升级软件包之前，用户需要更新一下软件包的索引，如下所示。

```
root@debian:~#apt update
错误:1 cdrom://[Debian GNU/Linux 10.10.0 _Buster_ - Official amd64 DLBD Binary-1 20210619-16:12] buster InRelease
错误:2 cdrom://[Debian GNU/Linux 10.10.0 _Buster_ - Official amd64 DLBD Binary-1 20210619-16:12] buster Release
  请使用 apt-cdrom，通过它可以让 APT 识别该盘片。apt-get upgdate 不能被用来加入新的盘片。
错误:3 http://security.debian.org/debian-security buster/updates InRelease
  无法解析域名“security.debian.org”
正在读取软件包列表... 完成
E: 仓库“cdrom://[Debian GNU/Linux 10.10.0 _Buster_ - Official amd64 DLBD Binary-1 20210619-16:12] buster Release” 没有 Release 文件
N: 无法安全地用该源进行更新，所以默认禁用该源
N: 参见 apt-secure(8) 手册以了解仓库创建和用户配置方面的细节
```

（2）使用 upgrade 子命令升级软件包，如下所示。

```
root@debian:~#apt upgrade
正在读取软件包列表... 完成
正在分析软件包的依赖关系树
正在读取状态信息... 完成
正在计算更新... 完成
升级了 0 个软件包，新安装了 0 个软件包，要卸载 0 个软件包，有 0 个软件包未被升级
```

活动 3 aptitude 命令

从功能上说，aptitude 完全可以替代 apt-get 命令和 apt 命令，并且 aptitude 命令的界面更为友好。

1. aptitude 命令的基本语法

aptitude 命令的大部分选项和子命令与 apt 命令是兼容的，其基本语法如下。

```
aptitude [选项] 子命令
```

aptitude 命令提供的选项非常多，表 5.2.2 列出了 aptitude 命令的常用选项及其功能。

表 5.2.2 aptitude 命令的常用选项及其功能

选项	功能
--allow-untrusted	运行安装来自未认证软件仓库的软件包
-d 或—download-only	把软件包下载到 APT 的缓存区中，不安装，也不删除软件包
-f	尽量解决软件包依赖遇到的问题
--purge-unused	清除不再需要的软件包
-D 或—show-deps	在安装或删除软件包时，显示自动安装和删除的概要信息
-P	每一步操作都要求用户确认

续表

选　项	功　能
-y	所有问题都回答y
-u	启动时下载新的软件列表

aptitude 命令提供的子命令非常多，常用的子命令及其功能如表5.2.3所示。

表5.2.3　常用的子命令及其功能

子 命 令	功 能 说 明
install	安装软件包
upgrade	升级软件包
full-upgrade	将已安装的软件包升级到最新版本，根据依赖需要安装或删除其他的依赖包
update	从软件仓库更新软件包索引
search	搜索软件包
show	显示软件包的信息
source	下载源代码包
clean	清空APT缓存目录中下载的安装包
remove	删除软件包
purge	彻底删除指定的软件包，包括配置文件
reinstall	重新安装指定的软件包

2. 使用 aptitude 命令安装

aptitude 默认是不安装的，需要使用 apt install -y aptitude 命令进行安装。

关于 aptitude 命令实现搜索、安装、删除、更新和升级软件包的功能，和 apt 命令基本相同，这里不再赘述。如有疑问，可借助 man 命令获得更多信息。

活动4　synaptic 工具

synaptic 是在 APT 的基础上开发出来的一种图形化的软件包管理工具，在桌面环境上工作，可以提高效率。利用该工具，用户可以非常方便地通过鼠标和键盘对软件包进行管理，而不必记忆复杂的命令。由于命令行工具完全可以实现所有的软件包功能，尤其是在远程管理时，只能使用命令行工具。synaptic 工具仅作为了解，不做详细介绍。

01 安装软件包

由于系统中默认没有安装 synaptic 工具，使用以下命令安装。

```
root@debian:~#apt install -y synaptic
正在读取软件包列表... 完成
正在分析软件包的依赖关系树
正在读取状态信息... 完成
下列软件包是自动安装的，并且现在不需要了：
  openssh-server openssh-sftp-server
使用'apt autoremove'来卸载它(它们)。
```

```
将会同时安装下列软件：
  libept1.5.0 libgtk2-perl libpango-perl libxapian30
建议安装：
  libgtk2-perl-doc xapian-tools dwww menu deborphan apt-xapian-index
下列【新】软件包将被安装：
  libept1.5.0 libgtk2-perl libpango-perl libxapian30 synaptic…
                        //此处省略部分内容
正在处理用于 man-db (2.8.5-2) 的触发器 ...
正在处理用于 desktop-file-utils (0.23-4) 的触发器 ...
```

02 启动 synaptic 工具

打开 Debian 10.10 操作系统，使用管理员用户（root）登录，选择“活动”→“应用程序”→“工具”→“终端”选项，打开 Debian 10.10 的终端窗口。直接输入 synaptic 命令，即可启动。启动完成之后，synaptic 工具的主界面如图 5.2.1 所示。

图 5.2.1　synaptic 工具的主界面

✔ 任务小结

（1）软件包管理工具可以自动处理依赖性关系，功能强大，使用起来非常方便。

（2）软件包管理工具主要有 4 种，分别是 apt、apt-get、aptitude 和 synaptic。虽然简单，但一定要记得光驱需要挂载，否则无法安装软件。

项目 6　配置网络和使用远程服务

项目描述

A 公司是一家刚成立不久的创业型公司，小赵作为 Linux 系统的网络管理员，始终觉得学习 Linux 服务器的网络配置是至关重要的，同时远程管理主机也是管理员必须熟练掌握的。

为了工作方便，及时对服务器进行维护保证正常工作，Linux 系统管理员必须掌握远程管理服务器的方法。远程登录出现的时间较早，而且这类服务一直在网络管理中发挥着非常重要的作用。服务器管理员能够通过远程方式随时进行远程管理操作。随着远程登录服务功能的完善使得登录服务成为互联网最广泛的应用之一。

本项目主要介绍网络配置相关知识和技能，包括主机名、IP 地址、子网掩码、网关和 DNS 服务器等。本项目还深入讲解了远程登录的原理，以及 SSH 的配置和操作方法。

知识目标

1. 掌握网络配置的相关配置文件和配置参数。
2. 了解 SSH 服务的功能和原理。
3. 了解 SSH 服务的相关配置文件。

能力目标

1. 熟练掌握 Linux 网络相关参数配置方法。
2. 熟练掌握网络服务的启动方法。
3. 掌握 SSH 配置和远程登录方法。

思政目标

1. 培养学生的信息素养和学习能力，使其能够运用正确的方法和技巧掌握新知识、新技能。
2. 培养学生理解实践出真知的道理，使其解决问题的方法能够多种多样。
3. 引导学生正确的配置网络，能够合理和安全的管理网络。

4. 培养学生正确使用软件，能够合理、安全的配置和使用远程登录功能。

思维导图

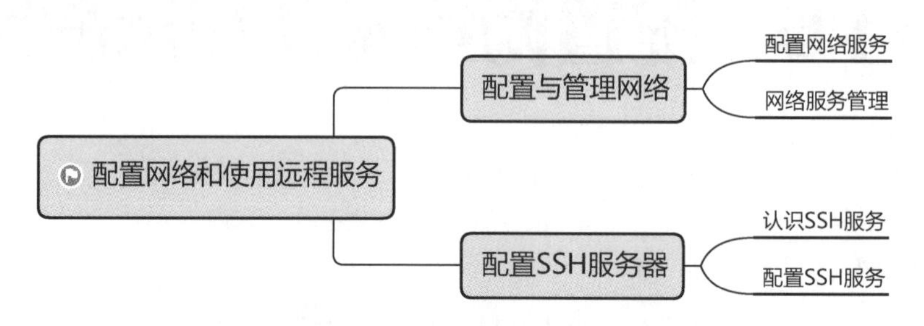

任务6.1 配置与管理网络

任务描述

A 公司部署了若干台 Linux 服务器，网络管理员小赵按照公司的业务要求，为 Linux 服务器配置与管理网络，来实现与其他主机的通信。

Linux 主机要与网络中其他主机进行通信，首先要进行正确的网络配置。网络配置通常包括主机名、IP 地址、子网掩码、网关、DNS 服务器等。小赵对此还不是特别熟悉，因此请来工程师帮忙解决。具体要求如下。

配置 Debian 10.10 服务器操作系统的 IP 地址等相关信息，如表 6.1.1 所示。

表 6.1.1　配置 Debian 10.10 的 IP 地址等信息

项　　目	说　　明
主机名	ns1.yiteng.com
IP 地址	192.168.1.33
子网掩码	255.255.255.0
网关	192.168.1.254
DNS 服务器	192.168.1.33

任务实施

活动 1　配置网络服务

1. 检查并设置有线网络处于连接状态

打开 Debian 10.10 操作系统，使用管理员 root 登录，单击桌面右上角的快捷启动按钮⏻，在“有线”下拉列表中，单击“连接”按钮，设置有线网络处于连接状态，如图 6.1.1 所示。

设置完成后，右上角将出现有线网络连接的小图标，表示有线网络处于连接状态，如图 6.1.2 所示。

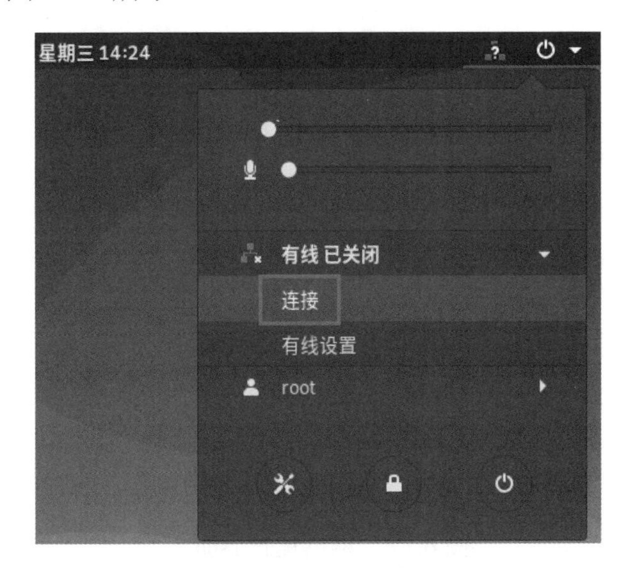

图 6.1.1　设置有线网络处于连接状态　　图 6.1.2　有线网络处于连接状态

2. 使用图形界面配置网络

Linux 初学者适合使用图形界面配置网络，其操作比较简单。使用管理员 root 登录 CentOS 7.4 操作系统，单击桌面右上角的快捷启动按钮⏻，展开“有线”下拉列表，如图 6.1.3 所示。因为现在还未正确配置网络，因此有线连接处于关闭状态。单击“有线设置”按钮，进入网络系统设置界面，如图 6.1.4 所示。单击“有线”选项组中的齿轮按钮，设置有线网络，如图 6.1.5 所示。

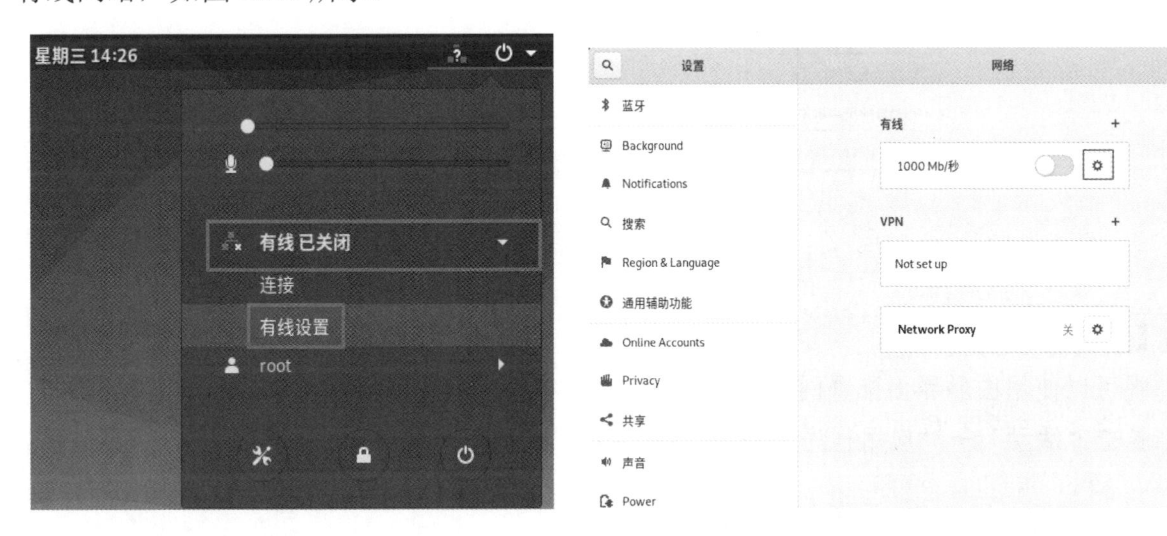

图 6.1.3　展开“有线”下拉列表　　图 6.1.4　网络系统设置界面

选择“IPv4”选项卡，设置 IP 地址获取方式为“手动”，分别设置地址、子网掩码、网关和 DNS。本任务将地址设置为 192.168.1.33，子网掩码为 255.255.255.0，网关为 192.168.1.254，DNS 为 192.168.1.33，单击“应用”按钮保存设置。

回到 6.1.4 所示的界面，单击“有线”选项组右侧的开关按钮，选择“打开”状态开启有线网络，可看到配置成功后的 IP 地址等信息，如图 6.1.6 所示。

图 6.1.5　设置有线网络　　　　图 6.1.6　网络配置界面

再次单击“有线”选项组中的齿轮按钮，可看到“详细信息”页面，如图 6.1.7 所示。

图 6.1.7　显示详细信息页面

【小贴士】

既可以使用图形界面配置网络，也可以使用系统菜单配置网络。在 Debian 10.10 系统桌面，单击“活动”→“应用程序”→“设置”→“网络”同样可以打开网络配置界面。

3. 使用网卡配置文件来配置网络

在 Linux 操作系统中，所有的系统设置都保存在特定的文件中。因此，配置网络其实就是修改相应的网卡配置文件。不同的网卡对应不同的配置文件，而配置文件的命名又与网卡的来源有关。在之前的版本中，网卡配置文件的前缀为 eth，第 1 块网卡为 eth0，第 2 块网卡为 eth1，依次类推。在 Debian 10.10 系统中，“ens”代表由主板内置的 PCI-E 接口网卡，可通过 ip addr 命令查看当前系统的默认网卡文件。

本任务将地址设置为 192.168.1.33，子网掩码为 255.255.255.0，网关为 192.168.1.254，DNS 为 192.168.1.33，通过网卡配置文件来配置网络如例 6.1.1 所示。

例 6.1.1　通过网卡配置文件来配置网络

```
root@debian:~#vim /etc/network/interfaces
# This file describes the network interfaces available on your system
# and how to activate them. For more information, see interfaces(5).

source /etc/network/interfaces.d/*                    //指定接口文件的位置，目前很少使用

# The loopback network interface
auto lo                                               //系统启动时，启动环回接口
iface lo inet loopback                                //配置 lo 为环回接口
auto     ens33                                        //系统启动时，接口自动启用，后跟接口名称
iface    ens33    inet    static
                       //定义接口选项，inet 选项指定 IP 配置方式，static 表示静态 IP 地址
address 192.168.1.33                                  //IP 地址
netmask 255.255.255.0                                 //子网掩码
gateway 192.168.1.254                                 //网关地址
root@debian:~#vim /etc/resolv.conf                    //配置 DNS 服务器地址
nameserver 192.168.1.33                               //DNS 服务器地址
```

编辑好网卡配置文件后，需要使用 systemctl restart networking 命令手动重启网络服务。然后通过 ip addr show ens33 命令查看 IP 地址等信息是否生效，如例 6.1.2 所示。

例 6.1.2　重启网卡，查看 IP 地址

```
root@debian:~#systemctl restart networking                  //手动启动网络服务
root@debian:~#ip addr show ens33
2: ens33: <BROADCAST,MULTICAST,UP,LOWER_UP> mtu 1500 qdisc pfifo_fast state UP group
default qlen 1000
    link/ether 00:0c:29:14:71:2b brd ff:ff:ff:ff:ff:ff
    inet 192.168.1.33/24 brd 192.168.1.255 scope global noprefixroute ens33
       valid_lft forever preferred_lft forever
    inet6 fe80::20c:29ff:fe14:712b/64 scope link noprefixroute
       valid_lft forever preferred_lft forever
```

4. 使用 nmcli 命令配置网络

下面简要介绍使用 nmcli 命令如何配置网络。Linux 操作系统通过 NetworkManager 守护进程管理和监控网络设置，而 nmcli 命令可以控制 NetworkManager 守护进程。一个网络接口可以有多个连接配置，但同时只有一个连接配置生效。nmcli 命令的基本语法格式如下。

```
nmcli   [选项]   {connection|device 等 object}    [命令]   [参数]
```

nmcli 的常用命令及其作用如表 6.1.2 所示。

表 6.1.2　nmcli 的常用命令及其作用

命　　令	作　　用
nmcli connection show	显示所有连接
nmcli connection show --active	显示所有活动的连接状态
nmcli connection show ens33	显示网络连接配置
nmcli device status	显示设备状态
nmcli device show ens33	显示网络接口属性
nmcli connection　add help	查看帮助
nmcli connection reload	重新加载配置
nmcli connection down ens33	禁用 ens33 配置文件
nmcli connection up ens33	启用 ens33 配置文件
nmcli device disconnect ens33	禁用 ens33 网卡
nmcli device connect ens33	启用 ens33 网卡

使用 nmcli 命令可以创建、修改、删除、激活、禁用网络连接，还可以控制和显示网络设备状态。例 6.1.3 所示为 nmcli 命令查看系统已有网络连接的方法。

例 6.1.3　使用 nmcli 命令查看系统已有网络连接的方法

```
root@debian:~#nmcli connection show                    //查看系统已有的网络连接
名称                UUID                                    类型        设备
Wired connection 1  057dd50c-306d-49ec-9bd7-2c76666b9256  ethernet    ens33
root@debian:~#nmcli con modify "Wired connection 1" connection.id ens33    //修改名字
root@debian:~#nmcli connection show                    //查看系统已有的网络连接
名称                UUID                                    类型        设备
ens33               057dd50c-306d-49ec-9bd7-2c76666b9256  ethernet    ens33
[root@bogo ~]#nmcli connection show ens33              //查看指定网络连接
connection.id:                      ens33
connection.uuid:                    057dd50c-306d-49ec-9bd7-2c76666b9256
connection.stable-id:               --
connection.type:                    802-3-ethernet
connection.interface-name:          ens33
connection.autoconnect:             是
…                                                              //此处省略部分内容
ipv4.method:                        manual
ipv4.dns:                           192.168.1.33
ipv4.dns-search:                    --
ipv4.dns-options:                   （默认）
ipv4.dns-priority:                  100
ipv4.addresses:                     192.168.1.33/24
ipv4.gateway:                       192.168.1.254
…                                                              //此处省略部分内容
```

例 6.1.3 选取了关于 ens33 的一些重要的参数，根据参数的名称和值可以很容易地推断出其代表的含义。如果现在要增加一个 IP 地址，那么可以采用例 6.1.4 所示的方式。

例 6.1.4　使用 nmcli 命令增加一个 IP 地址

```
root@debian:~#nmcli con modify ens33 +ipv4.addresses 192.168.1.226/24
root@debian:~#nmcli connection up ens33
连接已成功激活（D-Bus 活动路径：/org/freedesktop/NetworkManager/ActiveConnection/27）
root@debian:~#ip addr show ens33
2: ens33: <BROADCAST,MULTICAST,UP,LOWER_UP> mtu 1500 qdisc pfifo_fast state UP qlen 1000
    link/ether 00:0c:29:f0:e4:79 brd ff:ff:ff:ff:ff:ff
    inet 192.168.1.33/24 brd 192.168.1.255 scope global ens33
       valid_lft forever preferred_lft forever
    inet 192.168.1.226/24 brd 192.168.1.255 scope global secondary ens33
       valid_lft forever preferred_lft forever
    inet6 fe80::c44b:527:3581:f7b2/64 scope link
       valid_lft forever preferred_lft forever
```

使用 nmcli 命令和使用网卡配置文件配置网络非常相似，都是对某些网络参数进行赋值。表 6.1.3 所示为网卡配置文件参数和 nmcli 命令参数的对应关系。

表 6.1.3　网卡配置文件参数和 nmcli 命令参数的对应关系

网卡配置文件参数	nmcli 命令参数	功能说明
TYPE=Ethernet	connection.type 802-3-ethernet	网卡类型
BOOTPROTO=none	ipv4.method manual	手工配置 IP 信息
BOOTPROTO=dhcp	ipv4.method auto	自动获取 IP 信息
IPADDR=192.168.1.33 PREFIX=24	ipv4.addresses 192.168.1.33/24	IP 地址和子网掩码
GATEWAY=192.168.1.254	ipv4.gateway 192.168.1.254	网关地址
DNS1=192.168.1.33	ipv4.dns 192.168.1.33	DNS 服务器地址
DOMAIN=yiteng.com	ipv4.dns-search yiteng.com	域名
ONBOOT=yes	connection.autoconnect yes	是否开机启动网络
DEVICE=ens33	connection.interface-name ens33	网络接口名称

本任务将地址设置为 192.168.1.33，子网掩码为 255.255.255.0，网关为 192.168.1.254，DNS 为 192.168.1.33，使用 nmcli 命令修改网络连接如例 6.1.5 所示。

例 6.1.5　使用 nmcli 命令修改网络连接

```
root@debian:~#nmcli con modify ens33 ipv4.addresses 192.168.1.33/24
                                           //配置 IP 地址和子网掩码
root@debian:~#nmcli con modify ens33 \     //用“\”换行继续输入
>ipv4.dns 192.168.1.33 \                   //配置 DNS 地址
>ipv4.gateway 192.168.1.254                //配置网关地址
root@debian:~#nmcli con up ens33           //如果 ens33 连接未启用，则启用
```

因为完整的命令比较长，因此用“\”将命令换行继续输入。另外，“modify”操作只是修改了网卡配置文件，要想使配置生效，必须手动启用这些配置。下面来查看网卡配置信

息，如例 6.1.6 所示。

例 6.1.6　查看网卡信息

```
root@debian:~#ip add show ens33                    //查看 IP 地址
2: ens33: <BROADCAST,MULTICAST,UP,LOWER_UP> mtu 1500 qdisc pfifo_fast state UP qlen 1000
    link/ether 00:0c:29:5f:38:25 brd ff:ff:ff:ff:ff:ff
    inet 192.168.1.33/24 brd 192.168.1.255 scope global ens33
        valid_lft forever preferred_lft forever
    inet6 fe80::84a2:174e:fef0:a05d/64 scope link
        valid_lft forever preferred_lft forever
```

nmcli 是一个功能非常强大的命令，本书限于篇幅不能详尽介绍，只能介绍其常用设置或命令，大家可以使用 man nmcli 或 man NetworkManager.conf 来获取详细信息。

5. 使用 nmtui 工具配置网络

nmtui 是 Linux 操作系统提供的一个具有字符界面的文本配置工具。在 nmtui 的网络管理器界面中，通过键盘的上、下方向键可以选择不同的操作，通过左、右方向键或 Tab 键可以在不同的功能区之间跳转。需要注意的是，应确定在文件/etc/network/interfaces 中没有手动配置过网络。

本任务将地址设置为 192.168.1.33，子网掩码为 255.255.255.0，网关为 192.168.1.254，DNS 为 192.168.1.33，使用 nmtui 命令配置网络的方法如例 6.1.7 所示。

例 6.1.7　使用 nmtui 命令配置网络

01 在命令行或 Shell 终端的命令提示符后，以管理员用户（root）身份运行 nmtui 命令即可进入网络管理器界面，如图 6.1.8 所示。

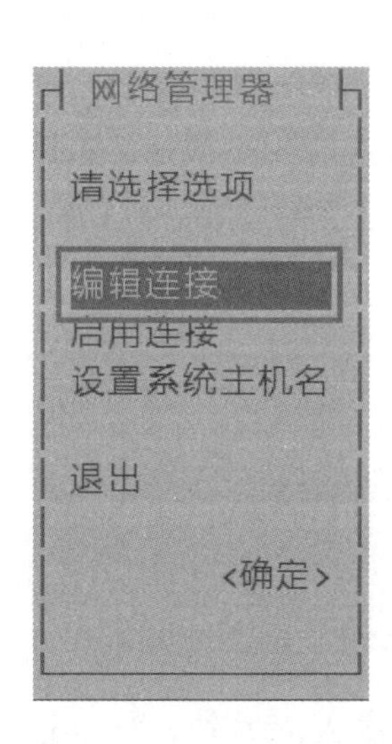

图 6.1.8　网络管理器界面

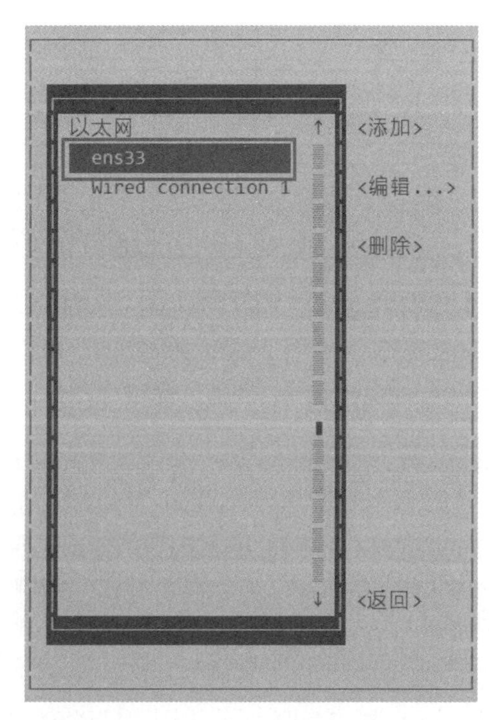

图 6.1.9　网卡及操作列表

02 在图 6.1.8 所示的界面中，选择“编辑连接”选项后，单击“确定”按钮，可以看到系统当前已有的网卡及操作列表，如图 6.1.9 所示。

03 选择“ens33”选项并对其进行编辑操作，单击“确定”按钮进入 nmtui 的编辑连接界面，如图 6.1.10 所示。

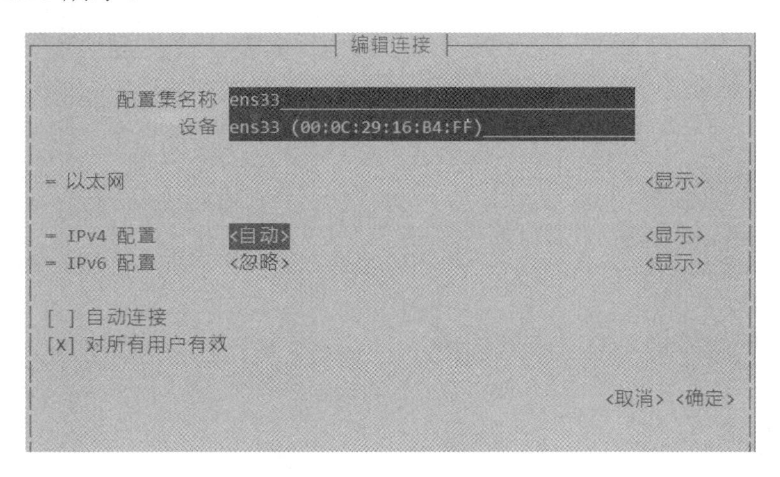

图 6.1.10 编辑连接界面

04 在 IPv4 配置的 “自动”按钮处按空格键，设置 IP 地址的配置方式为“手动”、在“显示”按钮处按空格键，显示和 IP 地址相关的文本输入框，在地址的“添加...”处按 Enter 键添加 IP 地址和子网掩码为 192.168.1.33/24、在网关处添加网关为 192.168.1.254、在 DNS 服务器的“添加...”处按 Enter 键添加 DNS 服务器地址为 192.168.1.33、在“自动连接”处按空格键进行选择，相关配置信息如图 6.1.11 所示。配置完成后，单击“确定”按钮，返回 6.1.9 界面。

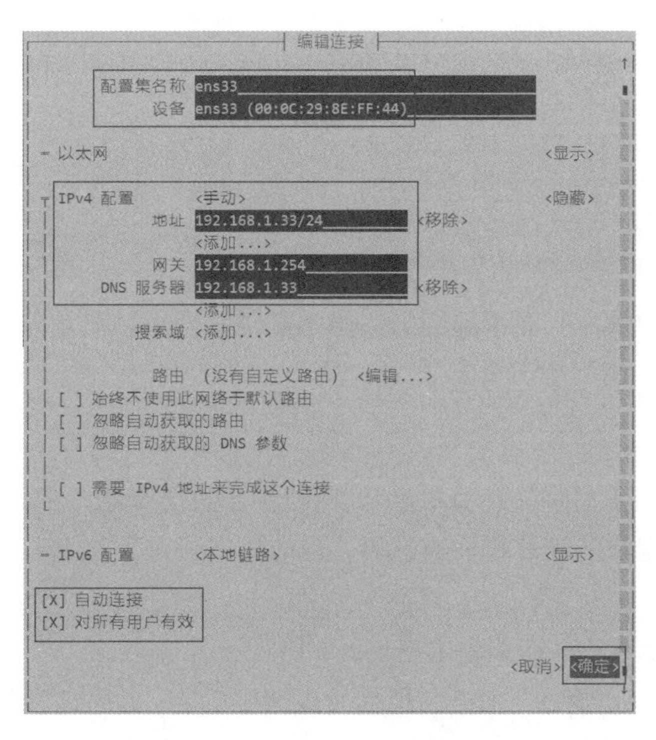

图 6.1.11 填写 IP 地址等信息

05 单击“返回”按钮回到如图 6.1.8 所示的 nmtui 网络管理器界面，选中“启用连接”选项，如图 6.1.12 所示，激活刚才的连接“ens33”，前面出现“*”号表示已激活，如图 6.1.13 所示。

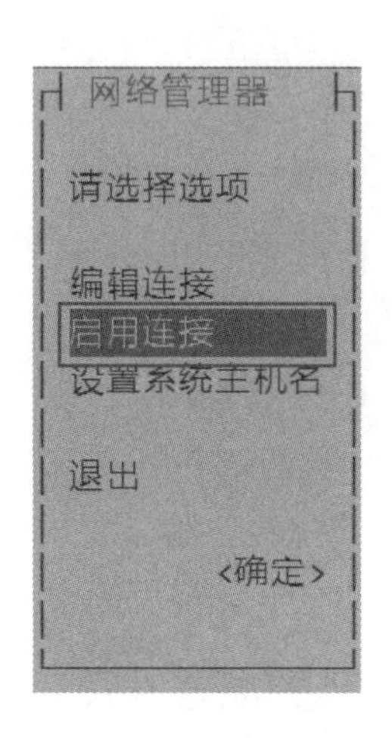

图 6.1.12　选择“启用连接”选项

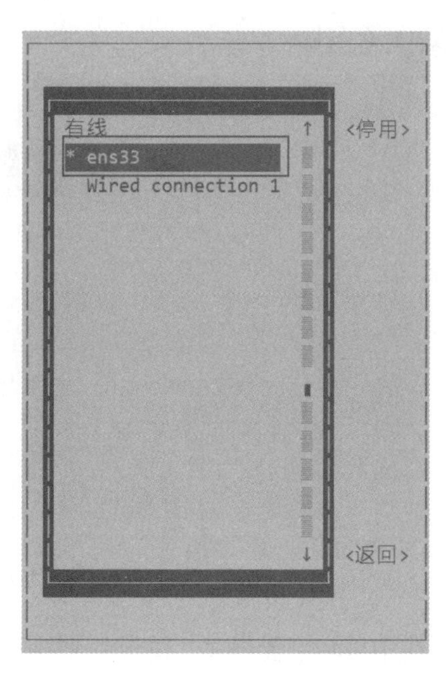

图 6.1.13　启用连接或使连接失效

06 退出 nmtui 工具。

07 查看网卡配置结果信息，如例 6.1.8 所示。

例 6.1.8　查看网卡信息

```
root@debian:~#ip add show ens33                    //查看 IP 地址
2: ens33: <BROADCAST,MULTICAST,UP,LOWER_UP> mtu 1500 qdisc pfifo_fast state UP qlen 1000
    link/ether 00:0c:29:5f:38:25 brd ff:ff:ff:ff:ff:ff
    inet 192.168.1.33/24 brd 192.168.1.255 scope global ens33
       valid_lft forever preferred_lft forever
    inet6 fe80::84a2:174e:fef0:a05d/64 scope link
       valid_lft forever preferred_lft forever
```

虽然 nmtui 工具的操作界面不像图形界面那么清晰明了，但是熟练掌握相关操作之后，它是一个非常方便的网络配置工具。

6. 配置主机名

主机名就是计算机的名字（计算机名），网络中主机名是唯一的。它用于在网络上识别独立的计算机（即使用户的计算机没有联网，也应该有一个主机名）。Debian 系统的默认主机名为 Debian。

Debian 10.10 有以下三种形式的主机名。

① 静态的（static）：“静态”主机名也称为内核主机名，是系统在启动时从/etc/hostname 自动初始化的主机名。

② 瞬态的（transient）：“瞬态”主机名是在系统运行时临时分配的主机名，由内核管

理。例如，通过 DHCP 或 DNS 服务器分配的 localhost 就是这种形式的主机名。

③ 灵活的（pretty）："灵活"主机名是 UTF8 格式的自由主机名，用于展示给终端用户。与之前版本不同，Debian 10.10 中的主机配置文件为/etc/hostname，可以在配置文件中直接更改主机名。

（1）使用 nmtui 命令修改主机名

在命令行或 Shell 终端的命令提示符后，以管理员用户（root）身份运行 nmtui 命令即可进入网络管理器界面，如图 6.1.8 所示。

在网络管理界面中，选择"设置系统主机名"选项后，单击"确定"按钮，可以看到系统当前已有的主机名，如图 6.1.14 所示。对其进行编辑操作输入新的主机名信息"ns1.yiteng.com"，单击"确定"按钮进入如图 6.1.15 所示的界面。

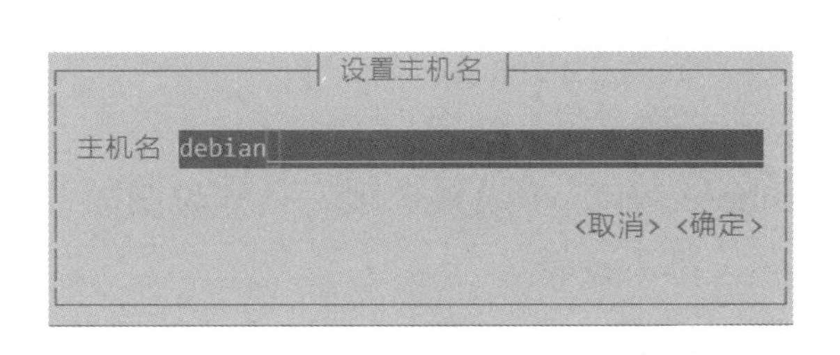

图 6.1.14　设置系统主机名

图 6.1.15　确认系统主机名

直接按 Enter 键后，返回网络管理器界面，选择"退出"按钮并按 Enter 键，退出网络管理器界面。

使用 nmtui 命令成功设置主机名后，可使用 hostname 命令查看主机名是否正确，如例 6.1.9 所示。

例 6.1.9　使用 hostname 命令查看主机名

```
root@debian:~#hostname                                    //查看主机名
debian
```

（2）使用 hostnamectl 命令修改主机名

在 Debian 系统中，可以使用 hostnamectl 命令修改主机名，可直接写入/etc/hostname 文件中，如例 6.1.10 所示。

例 6.1.10　使用 hostnamectl 命令修改主机名

```
root@debian:~#hostname                                    //查看主机名
debian
root@debian:~#hostnamectl set-hostname ns1.yiteng.com     //设置新的主机名
root@debian:~#cat /etc/hostname
ns1.yiteng.com
```

（3）使用 nmcli 命令修改主机名

nmcli 命令同样也可以进行主机名的修改，如例 6.1.11 所示。

例 6.1.11　使用 nmcli 命令修改主机名

```
root@debian:~#nmcli general hostname            //使用 nmcli 命令修改主机名
debian.yiteng.com
root@debian:~#nmcli general hostname ns1.yiteng.com
root@debian:~#nmcli general hostname
ns1.yiteng.com
```

7. 配置 DNS 客户端

/etc/resolv.conf 文件用于在 DNS 客户端指定所使用 DNS 服务器的相关信息。通过修改 /etc/resolv.conf 相关配置项，完成 DNS 客户端的配置，如例 6.1.12 所示。

例 6.1.12　DNS 客户端的配置

```
root@debian:~#vim    /etc/resolv.conf
domain    51osos.com
search    www.51osos.com    51osos.com
nameserver 202.102.192.68
nameserver 202.102.192.69
```

该配置文件主要包括 domain、search 和 nameserver 三个设置选项。具体说明如下。

① domain 选项：指定主机所在的网络域名，可不设置。

② search 选项：指定 DNS 服务器的域名搜索列表，最多可以设置 6 个，也可不设置。

③ nameserver 选项：用来设置 DNS 服务器的 IP 地址，最多可以设置三个，每个服务器记录一行。

8. 测试网络连通性

测试网络连通性可以使用 ping 命令，ping 命令的基本语法如下。

```
ping [选项] 目标主机名或 IP 地址
```

ping 命令的常用选项及其功能如表 6.1.4 所示。

表 6.1.4　ping 命令的常用选项及其功能

选　项	功 能 说 明
-c	表示数目，发送指定数量的 ICMP 包
-q	表示只显示结果，不显示传送封包信息
-R	表示记录路由过程

ping 命令通常用来作为网络可用性的检查。它可以对一个网络地址发送测试数据包，看该网络地址是否有响应并统计响应时间，以此测试网络，如例 6.1.13 所示。

例 6.1.13　使用 ping 命令测试网络的连通性

```
root@debian:~#ping 192.168.1.33        //无任何选项时，会一直测试，按 Ctrl+C 键停止
PING 192.168.1.33 (192.168.1.33) 56(84) bytes of data.
64 bytes from 192.168.1.33: icmp_seq=1 ttl=64 time=0.024 ms
64 bytes from 192.168.1.33: icmp_seq=2 ttl=64 time=0.033 ms
```

```
64 bytes from 192.168.1.33: icmp_seq=3 ttl=64 time=0.078 ms
64 bytes from 192.168.1.33: icmp_seq=4 ttl=64 time=0.043 ms
^C
--- 192.168.1.33 ping statistics ---
4 packets transmitted, 4 received, 0% packet loss, time 2999ms
rtt min/avg/max/mdev = 0.024/0.044/0.078/0.021 ms
root@debian:~#ping -c 3 192.168.1.33        //发送 3 个 ICMP 封包

PING 192.168.1.33 (192.168.1.33) 56(84) bytes of data.
64 bytes from 192.168.1.33: icmp_seq=1 ttl=64 time=0.035 ms
64 bytes from 192.168.1.33: icmp_seq=2 ttl=64 time=0.091 ms
64 bytes from 192.168.1.33: icmp_seq=3 ttl=64 time=0.063 ms

--- 192.168.1.33 ping statistics ---
3 packets transmitted, 3 received, 0% packet loss, time 1999ms
rtt min/avg/max/mdev = 0.035/0.063/0.091/0.022 ms
```

活动 2　网络服务管理

1. 常用网络服务

目前基于 Linux 平台的网络服务器越来越多，Debian 10.10 系统下常用网络服务器的软件名称和服务名称如表 6.1.5 所示。

表 6.1.5　Debian 10.10 系统常见服务器的软件名称和服务名称

服务类型	软件名称	服务名称
SSH 服务	ssh	sshd.servcie
DHCP 服务	isc-dhcp-server	isc-dhcp-server.service
SAMABA 服务	samba	smbd.service
NFS 服务	nfs-kernel-server	nfs-server.service
DNS 服务	bind9	bind9.service
Web 服务	apache2	apache2.service
FTP 服务	vsftpd	vsftpd.servcie
MAIL 服务	Sendmail、Postfix	sendmail.servcie、postfix.servcie
数据库服务	Mariadb	mariadb.service

2. systemd 初始化进程

Linux 操作系统的开机过程：从 BIOS 开始，进入 Boot Loader，再加载系统内核，然后进入内核进行初始化，最后启动初始化进程。初始化进程作为 Linux 系统的第一个进程，需要完成 Linux 系统中相关的初始化工作，为用户提供合适的工作环境。Debian 10.10 系统已经替换了熟悉的初始化进程服务 System V init，正式采用全新的 systemd 初始化进程服务。systemd 初始化进程服务采用了并发启动机制，开机速度得到了很大提升。

Debian 10.10 操作系统选择 systemd 初始化进程服务已经是一个既定事实，没有“运行级别”这个概念了。Linux 系统在启动时要进行大量的初始化工作，如挂载文件系统和交换分区、启动各类进程服务等，这些都可以看作是一个一个的单元（Unit）。systemd 用目标（target）代替了 System V init 运行级别的概念，这两者的区别如表 6.1.6 所示。

表 6.1.6　System V init 与 systemd 的区别及作用

System V init 运行级别	systemd 目标名称	作　用
0	runlevel0.target,poweroff.target	关机
1	Runlevel1.target,rescue.target	单用户模式
2	Runlevel2.target,multi-user.target	等同于级别 3
3	Runlevel3.target,multi-user.target	多用户的文本界面
4	Runlevel4.target,multi-user.target	等同于级别 3
5	Runlevel5.target,graphical.target	多用户的图形界面
6	Runlevel6.target,reboot.target	重启
emergency	Emergency.target	紧急 shell

如果想要将系统默认的运行目标修改为“多用户,无图形”模式，可直接用 ln 命令把多用户模式目标文件连接到/etc/systemd/system/目录，如例 6.1.14 所示。

例 6.1.14　将系统默认的运行目标修改为“多用户,无图形”模式

```
[root@ns1 ~]#ln -sf /lib/systemd/system/multi-user.target /etc/systemd/system/default.target
```

在 Debian 7 系统中使用 service、chkconfig 等命令来管理系统服务，而在 Debian 10 系统中则使用 systemctl 命令来管理服务。表 6.1.7 和表 6.1.8 是 Debian 7 系统中的 System V init 命令与 Debian 10 系统中的 systemctl 命令的对比，后续项目中会经常用到它们。这里以常用的 SSH 服务的 sshd 进程名称为例。

表 6.1.7　systemctl 管理服务的启动、重启、停止、重载、查看状态等常用命令

System V init 命令	systemctl 命令	作　用
service sshd start	systemctl start sshd.service	启动服务
service sshd restart	systemctl restart sshd.service	重启服务
service sshd stop	systemctl stop sshd.service	停止服务
service sshd reload	systemctl reload sshd.service	重新加载配置文件（不终止服务）
service sshd status	systemctl status sshd.service	查看服务状态

表 6.1.8　systemctl 设置服务器开机启动、不启动、查看各级别下服务器启动状态等常用命令

System V init 命令	systemctl 命令	作　用
chkconfig sshd on	systemctl enable sshd.service	开机自动启动
chkconfig sshd off	systemctl disable sshd.service	开机不自动启动
chkconfig sshd	systemctl is-enabled sshd.service	查看特定服务是否为开机自动启动
chkconfig --list	systemctl list-unit-files –type=service	查看各级别下服务的启动与禁用情况

Debian 10.10 系统的版本提供了 systemctl 命令来管理网络服务。systemctl 命令的基本

用法如例 6.1.15 所示。

例 6.1.15　systemctl 命令的基本用法

```
root@debian:~#systemctl status sshd          //查看 sshd 服务状态
sshd.service - OpenSSH server daemon
Loaded: loaded (/usr/lib/systemd/system/sshd.service; enabled; vendor
preset: enabled)
Active: active (running) since 五 2020-12-25 20:59:00 CST; 1 weeks 5
days ago
Docs: man:sshd(8)
        man:sshd_config(5)
  Main PID: 1020 (sshd)
  CGroup: /system.slice/sshd.service
        └─1020 /usr/sbin/sshd -D
//命令返回结果如下。
//active（running）表示有一个或多个程序正在系统中执行
//atcive（exited）表示仅执行一次就正常结束的服务，目前没有任何程序在系统中执行
//atcive（waiting）表示正在执行中，还在等待其他事件
//inactive（dead）表示服务关闭
//enabled 表示服务开机启动
//disabled 表示服务开机不自启
//static 表示服务开机启动项不可被管理
//failed 表示系统配置错误
```

任务小结

（1）配置网络时，一定要保证有线网络是处于连接状态的。

（2）配置网络有 4 种方法，使用 nmcli 命令实现是一种新的方法，也是以后需要重点掌握的方法。

任务6.2　配置SSH服务器

任务描述

A 公司的信息中心有多台服务器，管理员小赵准备开启服务器的远程登录功能，实现远程安全管理信息中心内的服务器。

Linux 系统实现安全远程登录，可通过开启 SSH 来实现。根据管理员小赵的环境描述，正确配置 Linux 服务器的 SSH，在网络可达的情况下即可通过 SSH 安全远程登录。配置 SSH 远程登录拓扑图，如图 6.2.1 所示，具体要求如下。

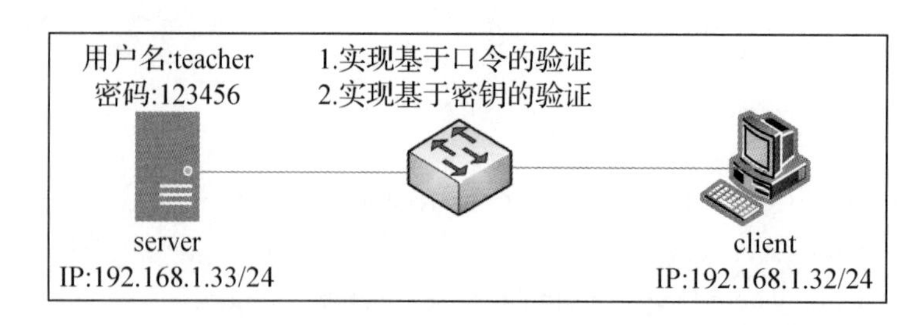

图 6.2.1　配置 SSH 远程登录拓扑图

（1）虚拟机的网络配置方式统一为仅主机模式。

（2）计算机名为 server，角色为服务器，IP 地址为 192.168.1.33/24。用户名为 teacher，密码为 123456。

（3）计算机名为 client，角色为客户机，IP 地址为 192.168.1.32/24。

（4）分别采用基于口令验证和密钥验证的方式实现 SSH 远程登录。

✔ 任务实施

活动 1　认识 SSH 服务

1. SSH 的功能

SSH（Secure Shell）是一种能够以安全方式提供远程登录的协议，也是目前远程管理 Linux 系统的首选方式。在此之前，一般使用 FTP 或 Telnet 来进行远程登录。当时使用明文的形式在网络中传输账户密码和数据信息，所以很不安全，很容易受到黑客发起的中间人攻击。轻则篡改传输的数据信息，重则直接抓取服务器的账户密码。

2. SSH 验证方式

想要使用 SSH 协议来远程管理 Linux 系统，就需要部署配置 sshd 服务程序。sshd 是基于 SSH 协议开发的一款远程管理服务程序，不仅使用起来方便快捷，还提供了以下两种安全验证的方法。

（1）基于口令的验证：用账户和密码来验证登录。在这种认证方式下，不需要进行任何配置，用户就可以使用 SSH 服务器存在的账号和口令进行登录。

（2）基于密钥的验证：需要在本地生成密钥对，然后把密钥对中的公钥上传至服务器，并与服务器中的公钥进行比较。该方式相对来说更安全。

3. SSH 配置文件

前文曾多次强调“Linux 系统中的一切都是文件”，因此在 Linux 系统中修改服务程序的运行参数，实际上就是在修改程序配置文件。实现 SSH 服务的软件是 SSH，其常用配置文件为/etc/ssh/sshd_config 和/etc/ssh/ssh_config。其中，/etc/ssh/sshd_config 为服务器端配置文件，/etc/ssh/ssh_config 为客户端配置文件。运维人员一般会把保存着最主要配置信息的文件称为主配置文件，而配置文件中有许多以井号（#）开头的注释行，要想让这些配置参数生效，需要在修改参数后再去掉前面的井号（#）。SSH 服务常用参数及其作用如表 6.2.1 所示。

表 6.2.1　SSH 常用参数及其作用

参　数	作　用	默 认 值
AcceptEnv	指定客户端发送的哪些环境变量能够被复制到当前会话中。客户端需要使用 SendEnv 选项来指定需要发送的环境变量	不复制任何环境变量
AddressFamily	指定 SSH 服务支持的协议族，可以是 any、inet 及 inet6，分别为所有协议族、IPv4 和 IPv6	any
AuthenticationMethods	指定认证方式，可以是 publickey、password、keyboard-ineractive 等值，多个值之间用逗号隔开。如果设置为 any，则表示支持所有的认证方式	any
AutorizedKeysFile	指定包含用户公钥的文件，位于用户主目录中	.ssh/authorized_keys .ssh/authorized_keys2
ClientAliveInterval	指定客户端无操作时的超时时间，以秒为单位。0 表示不超时	0
HostKey	指定 SSH 使用的包含主机私钥的文件	/etc/ssh/ssh_host_key /etc/ssh/ssh_host_rsa_key /etc/ssh/ssh_host_dsa_key
ListenAddress	设定 sshd 服务监听的 IP 地址	所有的本地 IP 地址
MaxAuthTries	指定最大密码尝试次数	6
MaxSessions	指定每个网络连接可以打开的会话数	10
PasswordAuthentication	指定是否允许密码验证	yes
PermitEmptyPasswords	指定是否允许空密码	no
PermitRootLogin	指定是否允许 root 用户登录 SSH 服务，可以取 yes、prohibit-password、with-password、forced-commands-only 和 no 等值。yes 表示允许 root 用户登录 SSH 服务，prohibit- password 和 with-password 表示禁止用户使用密码登录，forced-commands-only 表示在使用-o 选项指定了命令的情况下，允许 root 用户使用公钥认证登录，no 表示不允许 root 用户登录 SSH 服务	prohibit-password
PidFile	指定 SSH 服务进程的 ID 文件	/run/sshd.pid
Port	默认的 sshd 服务端口	22
PrintLastLog	指定是否在用户登录后输出用户最近一次登录的日期和时间	yes
PubkeyAuthentications	指定是否允许公钥认证	yes
UsePAM	是否启用 PAM 认证模块	no

4. 认识 SSH 相关软件包

在 Debian 10.10 中默认没有安装 sshd 服务，sshd 服务使用的软件包名称为 SSH，可以使用 dpkg 命令来查看 SSH 软件包是否已经安装，如例 6.2.1 所示。

例 6.2.1　查询 SSH 软件包

```
root@server:~#dpkg -l ssh
期望状态=未知(u)/安装(i)/删除(r)/清除(p)/保持(h)
```

```
| 状态=未安装(n)/已安装(i)/仅存配置(c)/仅解压缩(U)/配置失败(F)/不完全安装(H)/触发器等待(W)/触发器未决(T)
|/ 错误?=(无)/须重装(R) (状态，错误：大写=故障)
||/ 名称              版本          体系结构        描述
+++-===============-=============-=============-===================================
un  ssh             <无>          <无>            (无描述)
//un 表示未安装
```

可以用 dpkg 或 apt 命令进行安装（这里使用 dpkg），如例 6.2.2 所示。

例 6.2.2 安装 ssh 软件包

```
root@server:~#mount /dev/cdrom /media/cdrom
mount: /media/cdrom0: WARNING: device write-protected, mounted read-only.
root@server:~#cd /media/cdrom/pool/main/o/openssh
root@server:/media/cdrom/pool/main/o/openssh# dpkg -i ssh_7.9p1-10+deb10u2_all.deb
正在选中未选择的软件包 ssh
(正在读取数据库 ... 系统当前共安装有 141193 个文件和目录)
准备解压 ssh_7.9p1-10+deb10u2_all.deb  ...
正在解压 ssh (1:7.9p1-10+deb10u2) ...
正在设置 ssh (1:7.9p1-10+deb10u2) ...
root@server:/media/cdrom/pool/main/o/openssh#dpkg -l ssh
期望状态=未知(u)/安装(i)/删除(r)/清除(p)/保持(h)
| 状态=未安装(n)/已安装(i)/仅存配置(c)/仅解压缩(U)/配置失败(F)/不完全安装(H)/触发器等待(W)/触发器未决(T)
|/ 错误?=(无)/须重装(R) (状态，错误：大写=故障)
||/ 名称    版本                     体系结构      描述
+++-======-=================-===========-=====================================
ii  ssh     1:7.9p1-10+deb10u2 all           secure shell client and server (metapackage)
```

5. SSH 服务的启停

SSH 服务的后台守护进程是 sshd，因此，在启停 SSH 服务和查询 SSH 服务状态时要以 sshd 作为参数。SSH 服务的启停命令及其功能如表 6.2.2 所示。

表 6.2.2 SSH 服务的启停命令及其功能

SSH 服务的启停命令	功能说明
systemctl start sshd.service	启动 SSH 服务。sshd.service 可简写为 sshd，下同
systemctl restart sshd.service	重启 SSH 服务
systemctl stop sshd.service	停止 SSH 服务
systemctl reload sshd.service	重新加载 SSH 服务
systemctl status sshd.service	查看 SSH 服务的状态
systemctl disable sshd.service	设置 SSH 服务为开机不自动启动
systemctl enable sshd.service	设置 SSH 服务为开机时自动启动
systemctl list-unit-files|grep sshd.service	查看 SSH 服务是否为开机时自动启动

活动 2 配置 SSH 服务

1. 实现基于口令的验证

（1）普通用户登录

01 在服务器 server 端安装 SSH 服务，前面已经讲述，这里省略。

02 在服务器 server 端启动 SSH 服务。

一般的服务程序并不会在配置文件修改后立即获得最新的参数。如果想让新配置文件生效，则需要手动重启相应的服务程序。最好也将这个服务程序加入开机启动项，这样系统在下一次启动时，该服务程序便会自动运行，继续为用户提供服务，如下所示。

```
root@debian:~#systemctl restart sshd
root@debian:~#systemctl enable sshd
```

03 在服务器 server 上建立 teacher 用户，并设置密码为 123456，如下所示。

```
root@server:~#useradd -m teacher
root@server:~#passwd teacher
新的密码：
重新输入新的密码：
passwd：所有的身份验证令牌已经成功更新
```

04 在客户端 client 端，使用 teacher 用户远程连接 server 服务器，其格式为“ssh [参数]主机 IP 地址”，要退出登录则执行 exit 命令，如下所示。

```
root@client:~#ssh teacher@192.168.1.33
The authenticity of host '192.168.1.33 (192.168.1.33)' can't be established.
ECDSA key fingerprint is SHA256:reJyGQCb70Jt4gZRJdLOOz6fcMBB/zALStb8nHFzU+0.
Are you sure you want to continue connecting (yes/no)? yes
Warning: Permanently added '192.168.1.33' (ECDSA) to the list of known hosts.
teacher@192.168.1.33's password:                    //此处输入远程主机 teacher 用户的密码
Linux debian 4.19.0-17-amd64 #1SHP Debian 4.19.194-3 (2021-07-18) x86_64
The programs included uith the Debian GNU/Linux system are free softuare;the exact distribution terms f
or each program are described in the individual f iles in fusr ishare/ doc/*/copuright .
Debian GNU/Linux comes uith ABSOLUTELY ND ARRANTY, to the extentpermitted by applicable
law.
$exit
退出登录
Connection to 192.168.1.33 closed.
```

（2）root 管理员登录

01 在 Debian 10.10 系统默认禁止以 root 管理员的身份远程登录到服务器，可以大大降低被黑客暴力破解密码的概率。当 root 管理员再来尝试访问 sshd 服务时，系统会提示不可访问的错误信息，如下所示。

```
root@client:~#ssh 192.168.1.33
The authenticity of host '192.168.1.33 (192.168.1.33)' can't be established.
```

```
ECDSA key fingerprint is SHA256:reJyGQCb70Jt4gZRJdLOOz6fcMBB/zALStb8nHFzU+0.
Are you sure you want to continue connecting (yes/no)? yes
Warning: Permanently added '192.168.1.33' (ECDSA) to the list of known hosts.
root@192.168.1.33's password:                    //此处输入远程主机 root 管理员的密码
Permission denied, please try again.
```

02 如果想要允许 root 管理员登录，在 server 服务器上配置允许 root 管理员登录。使用 vim 编辑器打开 sshd 服务的主配置文件/etc/ssh/sshd_config，然后把第 32 行 #PermitRootLogin prohibit-password 参数前的#去掉，并把参数值 prohibit-password 改成 yes，这样 root 管理员就可以远程登录了。记得最后保存文件并退出，如下所示。

```
root@server:~#vi /etc/ssh/sshd_config
…                              //此处省略部分内容
  30
  31 #LoginGraceTime 2m
  32 PermitRootLogin yes
  33 #StrictModes yes
…                              //此处省略部分内容
```

03 在服务器 server 端启动 SSH 服务，如下所示。

```
root@server:~#systemctl restart sshd
root@server:~#systemctl enable sshd
```

04 在客户端主机 client 上，使用 root 管理员用户远程连接 server 服务器，如下所示。

```
root@client:~#ssh 192.168.1.33
The authenticity of host '192.168.1.33 (192.168.1.33)' can't be established.
ECDSA key fingerprint is SHA256:reJyGQCb70Jt4gZRJdLOOz6fcMBB/zALStb8nHFzU+0.
Are you sure you want to continue connecting (yes/no)? yes
Warning: Permanently added '192.168.1.33' (ECDSA) to the list of known hosts.
root@192.168.1.33's password:                    //此处输入远程主机 chris 用户的密码
Last login: Thu 8 月   18 09:18:15 2021 from 192.168.1.32
root@server:~#exit
退出登录
Connection to 192.168.1.33 closed.
```

2. 实现基于密钥的验证

加密是对信息进行编码和解码的技术，它通过一定的算法（密钥）将原本可以直接阅读的明文信息转换成密文形式。密钥就是密文的钥匙，有私钥和公钥之分。在传输数据时，如果担心被他人监听或截获，就可以在传输前先使用公钥对数据进行加密处理，然后再进行传输。这样，只有掌握私钥的用户才能解密这段数据，除此之外的其他人即便截获了数据，也很难将其破译为明文信息。

总之，在使用密码进行口令验证终究存在着被暴力破解或嗅探截获的风险。如果正确配置了密钥验证方式，那么 sshd 服务将更加安全。

下面使用密钥验证方式，以用户 teacher 身份登录 SSH 服务器，具体配置如下。

01 在服务器 server 上建立 teacher 用户，并设置密码为 123456，如下所示。

```
root@server:~#useradd -m teacher
root@server:~#passwd teacher
新的密码：
重新输入新的密码：
passwd：所有的身份验证令牌已经成功更新
```

02 在客户端主机 client 上生成“密钥对”，并查看公钥 id_rsa.pub 和私钥 id_rsa，如下所示。

```
root@client:~#ssh-keygen
Generating public/private rsa key pair.
Enter file in which to save the key (/root/.ssh/id_rsa):        //按回车键或设置密钥的存储路径
Created directory '/root/.ssh'.
Enter passphrase (empty for no passphrase):                     //直接按回车键或设置密钥的密码
Enter same passphrase again:                                    //再次按回车键或设置密钥的密码
Your identification has been saved in /root/.ssh/id_rsa.
Your public key has been saved in /root/.ssh/id_rsa.pub.
The key fingerprint is:
SHA256:lreFUcQzMGck1Om2gC09ZUxF4lflxHkXfcKPGJBcb+Q root@client.yiteng.com
The key's randomart image is:
+---[RSA 2048]----+
|          o*%X=+oO|
|            oB@=o=*|
|             +.+.=E+=|
|              o.=o+o. .|
|             S.o+..   |
|              . . o.   |
|               .       |
|                       |
|                       |
+----[SHA256]-----+
root@client:~#cat /root/.ssh/id_rsa.pub                          //查看公钥 id_rsa.pub
ssh-rsa
AAAAB3NzaC1yc2EAAAADAQABAAABAQDBlLUqTDw44Xsh+TXVYPX7ex7kRJ8s+EEXCH3egFe2ns
zpukfD1XHYyHo2rJtUfzQzJW1jRWyvJyueO7P+M+CVFxBIHDbBWxbKqUFU4yfHYM2w7KpwScJvQnrk2
K3ie2IW11w6SlCtwd73hvkWIuGZl1lTZG8JwbvgoXuD7kiEHPaJFW9xowUvJHw9xSWVHss6VNlRl+7J4Fz
sC466CUu3Aa4fceUjcNnz5JqRFH75SVROg8nIc72uR50y4MviZNWO0SFbfSjZmJm4NiQMFvO1dfiLx1Wa
D57VJPD7GT+eFg1mCU/GpJDREPdC8qkiDXCglZmppMw2yntJzsLv7MCH root@client.yiteng.com
root@client:~#cat /root/.ssh/id_rsa
```

03 把客户端主机 client 中生成的公钥文件传送至远程主机，如下所示。

```
root@client:~#ssh-copy-id teacher@192.168.1.33
/usr/bin/ssh-copy-id: INFO: Source of key(s) to be installed: "/root/.ssh/id_rsa.pub"
The authenticity of host '192.168.1.33 (192.168.1.33)' can't be established.
ECDSA key fingerprint is SHA256:LH1v+H9pPKZ0FvEshMSP9zoqFIyvzYcYF2BN37xzzPs.
```

```
ECDSA key fingerprint is MD5:bf:6d:fe:e3:cb:8c:93:00:43:fe:55:53:a8:ca:68:26.
Are you sure you want to continue connecting (yes/no)? yes          //此处输入 yes
/usr/bin/ssh-copy-id: INFO: attempting to log in with the new key(s), to filter out any that are already installed
/usr/bin/ssh-copy-id: INFO: 1 key(s) remain to be installed -- if you are prompted now it is to install the new keys
teacher@192.168.1.33's password:          //此处输入远程服务器密码
Number of key(s) added: 1
Now try logging into the machine, with:    "ssh 'teacher@192.168.1.33'"
and check to make sure that only the key(s) you wanted were added.
```

04 在服务器 server 进程上，使用 vim 编辑器打开 sshd 服务的主配置文件/etc/ssh/sshd_config，然后把第 56 行# PasswordAuthentication yes 参数前的#去掉，并把参数值 yes 改成 no，最后保存文件并退出，如下所示。

```
root@server:~#vim /etc/ssh/sshd_config
…                        //此处省略部分内容
    55 # To disable tunneled clear text passwords, change to no here!
    56 PasswordAuthentication no
    57 #PermitEmptyPasswords no
…                        //此处省略部分内容
```

05 在服务器 server 端启动 SSH 服务，如下所示。

```
root@server:~#systemctl restart sshd
root@server:~#systemctl enable sshd
```

06 在客户端 client 上尝试使用 teacher 用户远程登录到服务器，此时无须输入密码也可以成功登录。同时利用 ip addr 命令可以查看到 ens33 的 IP 地址是 192.168.1.33，也是 server 的网卡和 IP 地址，说明已成功登录到了远程服务器 server 上。

```
root@client:~#ssh teacher@192.168.1.33
$ip addr show ens33
2: ens33: <BROADCAST,MULTICAST,UP,LOWER_UP> mtu 1500 qdisc pfifo_fast state UP qlen 1000
    link/ether 00:0c:29:13:d3:99 brd ff:ff:ff:ff:ff:ff
    inet 192.168.1.33/24 brd 192.168.1.255 scope global ens33
        valid_lft forever preferred_lft forever
    inet6 fe80::5066:6ec6:16c9:c92e/64 scope link
        valid_lft forever preferred_lft forever
```

07 在服务器 server 上查看 client 客户端的公钥是否传送成功，如下所示。

```
root@server:~#cat /home/teacher/.ssh/authorized_keys
ssh-rsa
AAAAB3NzaC1yc2EAAAADAQABAAABAQDBlLUqTDw44Xsh+TXVYPX7ex7kRJ8s+EEXCH3egFe2ns
zpukfD1XHYyHo2rJtUfzQzJW1jRWyvJyueO7P+M+CVFxBIHDbBWxbKqUFU4yfHYM2w7KpwScJvQnrk2
K3ie2IW11w6SlCtwd73hvkWIuGZl1lTZG8JwbvgoXuD7kiEHPaJFW9xowUvJHw9xSWVHss6VNlRl+7J4Fz
sC466CUu3Aa4fceUjcNnz5JqRFH75SVROg8nIc72uR50y4MviZNWO0SFbfSjZmJm4NiQMFvO1dfiLx1Wa
D57VJPD7GT+eFg1mCU/GpJDREPdC8qkiDXCglZmppMw2yntJzsLv7MCH root@client.yiteng.com
```

任务小结

（1）使用 SSH 协议来远程管理 Linux 系统，提供了基于口令和密钥的两种验证方式。

（2）由于基于密钥的验证方式需要在本地生成密钥对，所以该方式相对来说更安全。

项目 7　配置与管理 DNS 服务器

项目描述

A 公司是一家拥有上百台服务器的大型互联网公司，员工每天都要使用 Web 等服务器，为了解决员工可以通过域名进行访问服务器的问题，现需要搭建内部 DNS 服务器。

DNS（Domain Name System）服务器是计算机域名系统的缩写，目的是为了解决域名和 IP 地址之间的转换问题，它像一个翻译官，给人们访问互联网带来了更好的体验。

本项目主要介绍 DNS 服务器的基本知识，以及 DNS 主、从服务器的配置和验证。

知识目标

1. 了解 DNS 服务器的工作原理。
2. 掌握 DNS 服务器的相关配置文件。

能力目标

1. 掌握主 DNS 服务器的配置和验证。
2. 掌握从 DNS 服务器的配置和验证。

思政目标

1. 培养学生的团队合作精神、写作能力和协同创新能力。
2. 培养学生能主动收集客户需求，按需配置服务器，逐步养成爱岗敬业的精神和服务意识。
3. 培养学生能积极参与工作任务，并能独立思考，按需提出优化建议。
4. 使学生了解 DNS 发现历史，以及域名解析的基本过程，体会我国拥有根域名服务器对网络空间安全的重要性，树立为网络安全和信息化建设做出贡献的价值观。

思维导图

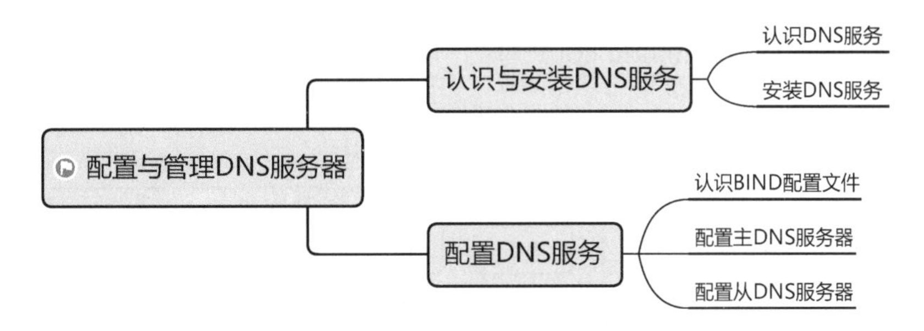

任务7.1　认识与安装DNS服务

任务描述

目前，A 公司已经注册使用了自己的域名 yiteng.com，现网络管理员小赵需要安装 DNS 服务，于是小赵需要先判断是否已经安装好了该服务，如果没有，则安装相关软件包，从而为后续的任务提供保障。

小赵搭建好服务器的环境后，准备先检查软件包的安装情况，如果没有安装 DNS 软件包，则使用相关命令安装，并对安装情况进行检查。

任务实施

活动 1　认识 DNS 服务

在网络上所有计算机之间的通信都是依赖 IP 地址的，由于 IP 地址难以记忆，使用起来很不方便，人们就使用相关的文字性域名来访问网络上的主机，如使用域名 www.baidu.com 就可以访问百度的主机，但是在访问的过程中，还需要把域名转换为 IP 地址计算机才能正确地访问主机。通常这种转换都由专门 DNS 的服务器来完成。

1. DNS 功能

DNS（Domain Name System）域名系统的缩写，它是一种基于 TCP/UDP 的服务，同时监听在 TCP 和 UDP 的 53 号端口。DNS 服务器所提供的服务是完成将主机名或域名与 IP 地址相互转换的工作。通常把域名转换为 IP 地址称为正向解析，把 IP 地址转换为域名则称为反向解析。

2. DNS 组成

（1）域名空间：指定结构化的域名层次结构和相应数据。

（2）域名服务器：服务器端用于管理区域（zone）内的域名或资源记录，并负责其控制范围内所有的主机域名解析请求的程序。

（3）解析器：客户端向域名服务器提交解析请求的程序。

整个 Internet 的域名系统采用树形层次结构，由许多 domain 组成，从上到下为根域、顶级域、二级域等，以 www.baidu.com 为例解析 DNS 的树形结构，如图 7.1.1 所示。

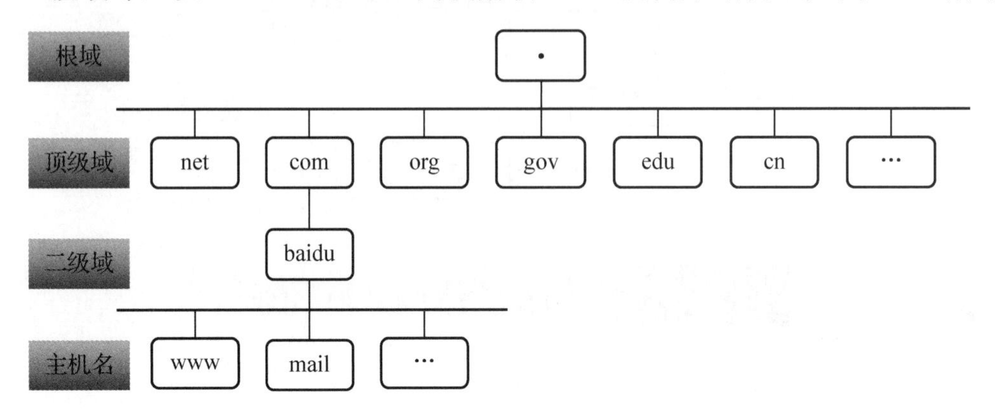

图 7.1.1　DNS 的树形结构

每个域至少有一个域名服务器，该服务器只需存储其管辖内的域名和 IP 地址信息，同时向上级域的 DNS 服务器注册，顶级域服务器管理二级域服务器，二级域服务器管理三级域服务器。若是美国以外的国家，其顶级域为国家代码，如中国为 cn，英国为 uk，而 com、edu 则成为二级域，如 www.sina.com.cn，顶级域为 cn，二级域为 com，三级域为 sina，主机名为 www。全球有 13 台根服务器，大多数位于美国，在亚洲只有一台位于日本，三级域一般由各个国家的网络管理中心统一分配和管理。

3. DNS 的工作过程

由本地主机发出请求首先查询本地的/etc/hosts 文件，如果 hosts 文件里有解析，那么返回 hosts 文件的解析结果；如果没有则查询本地 DNS 缓存。如果本地的 DNS 缓存内保存有结果，则返回结果，如果没有则查询本地第一台 DNS 服务器。首先查找该 DNS 服务器缓存，如果有对应记录，则返回结果，如果没有相应记录，则检查是不是自己负责的域，如果不是则启用第二个 DNS 服务器。在第二个服务器也是要经过类似的步骤，如果是自己负责的域，则去该域的上一级服务器查找，直至根域。如果上一级服务器有该记录，则在本地服务器添加该记录以方便下次查询，如果根域也没有结果则查询失败。

4. DNS 的服务器类型

（1）主域名服务器（Master Server）

主域名服务器是本区域最权威的域名服务器，它在本地存储所管理区域的地址数据库文件，负责为客户提供权威的地址解析。通常可以在主域名服务器的区域配置文件中看到 type=master 这样的属性。

（2）辅助域名服务器（Slave Server）

辅助域名服务器也称从域名服务器，它通常与主域名服务器一起工作，是主域名服务器的一个备份。辅助域名服务器的地址数据来源于主域名服务器，并且随着主域名服务器数据的变化而变化。通常可以在辅助域名服务器的区域配置文件中看到 type=slave 这样的属性。

（3）缓存域名服务器（Cache Only Server）

缓存域名服务器可以运行域名服务器软件，但是不保存地址数据库文件。当客户发起查询，它就从其他远程服务器取得每次域名服务器查询的结果，并将结果放在高速缓存中，以后遇到相同查询的时候就用它予以回答。高速缓存服务器提供的所有信息都是间接的，所以它不是权威服务器。

（4）转发服务器（Forwarder Server）

转发服务器与其他 DNS 服务器不同的是当它遇到自己无法解析的客户请求时，会把请求转发到其他 DNS 服务器，如果设置了多个转发器，则会按顺序转发，直到找到地址并全部转发为止。

活动2　安装DNS服务

实现 DNS 服务的软件不止一种，目前互联网中应用最多的是由加州大学伯克利分校开发的一款开源软件——BIND。

1. 认识DNS服务软件包

由于启动 DNS 服务时需要 BIND（Berkeley Internet Name Domain）相关软件包，因此在配置使用 DNS 之前，应先检查系统中是否已经安装了这个包，一般来说，DNS 服务器在安装系统时可以选择直接安装，不用再另行安装。

DNS 服务的主程序可通过 dpkg 命令查询主程序软件包有没有安装，如果没有安装则可以使用 apt install -y bind9 命令进行安装。

（1）查询 BIND 软件是否安装

使用“dpkg -l bind9”命令查询 BIND 软件是否安装，如下所示。在 Debian 10.10 操作系统中，默认没有安装 BIND 软件包。

```
期望状态=未知(u)/安装(i)/删除(r)/清除(p)/保持(h)
| 状态=未安装(n)/已安装(i)/仅存配置(c)/仅解压缩(U)/配置失败(F)/不完全安装(H)/触发器等待(W)/
触发器未决(T)
|/ 错误?=(无)/须重装(R) (状态，错误：大写=故障)
||/ 名称                版本            体系结构          描述
+++-==============-============-============-=================================
un   bind9             <无>            <无>              (无描述)
//un 表示未安装。
```

（2）安装 BIND 软件

如果 BIND 软件包未安装，则需要自行安装。在挂载光盘后，使用“apt install -y bind9”命令安装 DNS 所需要的软件包，BIND 软件的安装如下所示。

```
root@debian:~#mount /dev/cdrom /media/cdrom
mount: /mnt: WARNING: device write-protected, mounted read-only.
```

```
root@debian:~#apt install -y bind9
正在读取软件包列表... 完成
正在分析软件包的依赖关系树
正在读取状态信息... 完成
建议安装：
  bind9-doc dnsutils resolvconf ufw
下列【新】软件包将被安装：
  bind9
...                                                              //此处省略部分内容
bind9-pkcs11.service is a disabled or a static unit not running, not starting it.
bind9-resolvconf.service is a disabled or a static unit not running, not starting it.
正在处理用于 man-db (2.8.5-2) 的触发器 ...
正在处理用于 systemd (241-7~deb10u8) 的触发器 ...
```

2. DNS 服务的启停

虽然 BIND 的后台守护进程为 named，但在启停 DNS 服务和查询 DNS 服务状态时要以 bind9 作为参数。DNS 服务的启停命令及其功能如表 7.1.1 所示。

表 7.1.1　DNS 服务的启停命令及其功能

DNS 服务的启停命令	功 能 说 明
systemctl start bind9.service	启动 DNS 服务。bind9.service 可简写为 bind9，下同
systemctl restart bind9.service	重启 DNS 服务
systemctl stop bind9.service	停止 DNS 服务
systemctl reload bind9.service	重新加载 DNS 服务
systemctl status bind9.service	查看 DNS 服务的状态
systemctl disable bind9.service	设置 DNS 服务为开机不自动启动
systemctl enable bind9.service	设置 DNS 服务为开机自动启动
systemctl list-unit-files|grep bind9.service	查看 DNS 服务是否为开机自动启动

任务小结

（1）DNS 服务器的作用主要是提供域名与 IP 地址相互转换的功能。

（2）实现 DNS 服务的软件 BIND，在安装时的软件包名称为 bind9，主进程名为 named，但在启停时使用 bind9 作为参数。

任务7.2　配置DNS服务

任务描述

A 公司的网络管理员小赵在工程师的帮助下，将两台服务器安装好 DNS 服务后，现需要完成 DNS 服务主配置文档和正反向区域配置文档的相关配置。

配置 DNS 服务的过程中，最重要的环节是配置其主配置文档和正反向区域配置文档。然而这些文档的配置对于 Linux 的初学者而言是比较困难的，因此小赵请来公司的工程师帮忙完成。配置 DNS 服务器拓扑图，如图 7.2.1 所示，具体要求如下。

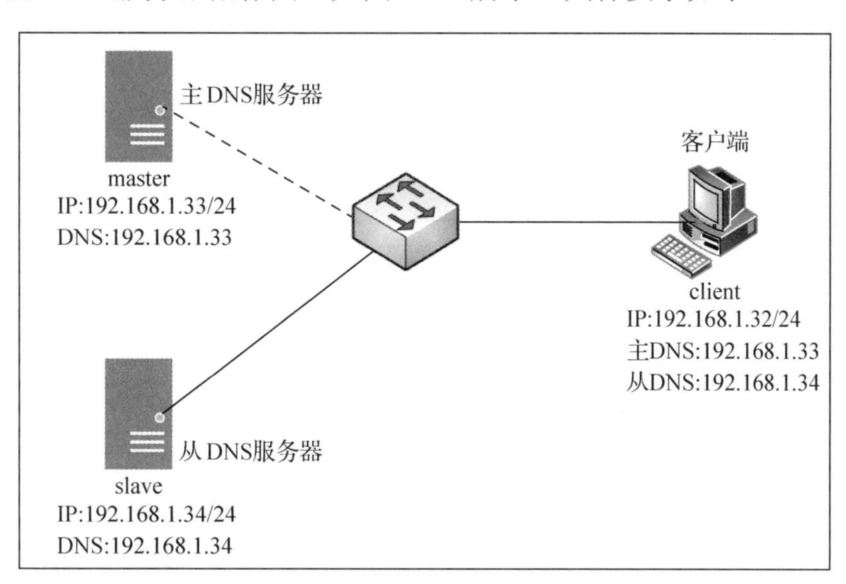

图 7.2.1 配置 DNS 服务器拓扑图

（1）虚拟机的网络配置方式统一为仅主机模式。

（2）配置主 DNS 服务器和从 DNS 服务器，具体要求如表 7.2.1 所示。

表 7.2.1 配置 DNS 服务器参数表

项　目	说　明
主 DNS 服务器 IP 地址	192.168.1.33/24
从 DNS 服务器 IP 地址	192.168.1.34/24
域名	yiteng.com
正向解析区域文件	db.yiteng.com.zone
反向解析区域文件	db.192.168.1.zone
SOA、NS 资源记录	默认值
MX 资源记录	mail.yiteng.com
A 资源记录	master.yiteng.com(192.168.1.33) slave.yiteng.com(192.168.1.34) www.yiteng.com(192.168.1.35) mail.yiteng.com(192.168.1.36) client.yiteng.com(192.168.1.32)
CNAME 资源记录	为主机 www 设置别名 web

（3）在反向解析区域文件中添加与正向解析区域文件对应的 PTR 记录。

（4）在客户端上测试 DNS 服务的正确性。

任务实施

活动 1　认识 BIND 配置文件

BIND 的主要配置文件都位于/etc/bind 目录中，表 7.2.2 列出了 BIND 的主要配置文件及其功能。

表 7.2.2　BIND 的主要配置文件及其功能

目　录	功能说明
db.0	网络地址“0.*”的反向解析文件
db.127	localhost 反向区域文件，用于将本地回送 IP 地址（127.0.0.1）转换为名字 localhost
db.255	广播地址“255.*”的反向解析文件
db.empty	RFC 1918 空区域反向解析文件
db.local	localhost 正向区域文件，用于将名字 localhost 转换为本地环回 IP 地址 127.0.0.1
db.root	根服务器指向文件，由 Internet NIC 创建和维护，无须修改，但是需要定期更新
named.conf	BIND 的主配置文件，用于定义当前域名服务器负责维护的域名解析信息
named.conf.default-zones	包含默认的根域和 local 域
named.conf.local	当前域名服务器负责维护的所有区域信息
named.conf.options	定义当前域名服务器主配置文件的全局选项
rndc.key	包含 named 守护进程使用的认证信息

尽管 BIND9 的配置文件比较多，但是实际上需要用户配置的文件主要是 named.conf 和 named.conf.default-zones。

1. named.conf

BIND 的主进程名为 named。BIND 在安装时会在/etc/bind 目录下创建一个名为 named.conf 的全局配置文件。文件 named.conf 引用的三个文件是 named.conf.options、named.conf.local 和 named.conf.default-zones。BIND 的主配置文件 named.conf 内容如下所示。

```
root@master:/etc/bind# cat named.conf
// This is the primary configuration file for the BIND DNS server named.
//
// Please read /usr/share/doc/bind9/README.Debian.gz for information on the
// structure of BIND configuration files in Debian, *BEFORE* you customize
// this configuration file.
//
// If you are just adding zones, please do that in /etc/bind/named.conf.local

include "/etc/bind/named.conf.options";          //引用 named.conf.options
include "/etc/bind/named.conf.local";            //引用 named.conf.local
include "/etc/bind/named.conf.default-zones";
                                                 //引用 named.conf.default-zones
```

2. named.conf.default-zones

该文件已在全局配置文件中通过 include 指示符引入。在/etc/bind/named.conf.default-zones 文件中，主要定义的是“zone”语句，用户可以定义域名正向解析、反向解析等，默认该文件中包含了本机域名/IP 地址解析的 zone 定义，zone 语句的基本格式如下。

```
zone "区域名称" IN {
    type DNS 服务器类型;
    file "区域文件名";
    allow-update { none; };
masters { 主域名服务器地址; };
};
```

zone 声明定义了区域的关键属性，包括 DNS 服务器类型、区域文件等。

（1）type：定义了 DNS 服务器的类型，可取值为 hint、master、slave 和 forward，分别表示根域名服务器、主域名服务器、辅助域名服务器和转发服务器。

（2）file：指定了该区域的区域文件，区域文件包含区域的域名解析数据。

（3）allow-update：指定了允许更新区域文件信息的辅助 DNS 服务器地址。

（4）masters：指定了主域名服务器地址，当 type 的取值为 slave 时有效。

正反向解析区域的 zone 声明格式相同，但对于反向解析的区域名称有特殊的约定。如果要反向解析的网段是“a.b.c”，那么对应的区域名称应设置为“c.b.a.in-addr.arpa”。

3. 区域文件

DNS 服务器提供域名解析服务的关键就是区域文件。区域文件和传统的/etc/hosts 文件类似，记录了域名和 IP 地址的对应关系，但是区域文件的结构更复杂，功能也更强大。/etc/bind 目录中的 db.local 和 db.127 两个文件是正向区域解析文件和反向区域解析文件的配置模板。一个典型的正向区域文件如例 7.2.1 所示。

例 7.2.1　典型的正向区域文件

```
root@master:~#cat /etc/bind/db.local
;
; BIND data file for local loopback interface
;
$TTL    604800
@       IN      SOA     localhost. root.localhost. (
                              2         ; Serial
                         604800         ; Refresh
                          86400         ; Retry
                        2419200         ; Expire
                         604800 )       ; Negative Cache TTL
;
@       IN      NS      localhost.
@       IN      A       127.0.0.1
@       IN      AAAA    ::1
```

在区域文件中，域名和 IP 地址的对应关系由资源记录（Resource Record，RR）表示。资源记录的基本语法格式如下。

```
name        [TTL]        IN        RR_TYPE        value
```

（1）name：表示当前的域名。

（2）TTL：表示资源记录的生存周期（Time To Live），即资源记录的有效期。这里的 1D 表示生存周期为 7 天。

（3）IN：表示资源记录的网络类型是 Internet 类型。

（4）RR_TYPE：表示资源记录的类型。常见的资源记录类型有 SOA、NS、A、AAAA、CNAME、MX 和 PTR。

（5）value：表示资源记录的值，具体意义与资源记录类型有关。

下面分别介绍每种资源记录类型的含义。

（1）SOA 资源记录：区域文件的第一条有效资源记录是 SOA（Start Of Authority）。出现在SOA资源记录中的"@"符号表示当前域名，如"yiteng.com."或"1.168.192.in-addr.arpa."。SOA 资源记录的值由三部分组成，第一部分是当前域名，即 SOA 资源记录中的第二个"@"；第二部分是当前域名管理员的邮箱地址，但是地址中不能出现"@"，必须要用"."代替；第三部分包含 5 个子属性，具体含义如下。

① Serial：表示本区域文件的版本号或序列号，用于辅助 DNS 服务器和主 DNS 服务器同步时间。每次修改区域文件的资源记录时都要及时修改 Serial 的值，以反映区域文件的变化。一般来说会使用容易记忆的数字，如使用时间作为序号即 2021 年 8 月 12 日第 01 号，写作 2021081201。

② Refresh：表示辅助 DNS 服务器的动态刷新时间间隔。辅助 DNS 服务器每隔一段时间就会根据区域文件版本号自动检查主 DNS 服务器的区域文件是否发生了变化。如果发生了变化，则更新自己的区域文件。这里的"604800"表示 7 天。

③ Retry：表示辅助 DNS 服务器的重试时间间隔。当辅助 DNS 服务器未能从主 DNS 服务器中更新数据时，会在一段时间内再次尝试更新。这里的"86400"表示 24 小时。

④ Expire：表示辅助 DNS 服务器资源记录的有效期。如果在有效期内未能从主 DNS 服务器中更新数据时，那么辅助 DNS 服务器将不能对外提供域名解析服务。这里的"2419200"表示 28 天。

⑤ Negative Cache TTL：如果没有为资源记录指定存活周期，则默认使用 Negative Cache TTL 指定的值。这里的"604800"表示 7 天。

（2）NS 资源记录：NS（Name Server）资源记录表示该区域的 DNS 服务器地址，一个区域可以有多个 DNS 服务器，如例 7.2.2 所示。

例 7.2.2 NS 资源记录

```
@        IN        NS        master.yiteng.com.
@        IN        NS        slave.yiteng.com.
```

（3）A 和 AAAA 资源记录：这两种资源记录就是域名和 IP 地址的对应关系。A 资源记录用于 IPv4 地址，而 AAAA 资源记录用于 IPv6 地址。A 资源记录示例如例 7.2.3 所示。

例 7.2.3　A 资源记录

```
Ns1      IN      A      192.168.1.33
www      IN      A      192.168.1.33
mail     IN      A      192.168.1.33
ftp      IN      A      192.168.1.33
```

（4）CNAME 资源记录：CNAME 是 A 资源记录的别名，如例 7.2.4 所示。

例 7.2.4　CNAME 资源记录

```
www1     IN      CNAME      www        //表示 www1 是 www 主机的别名
```

（5）MX 资源记录：定义了本地的邮件服务器，如例 7.2.5 所示。

例 7.2.5　MX 资源记录

```
@        IN      MX 10      mail.yiteng.com.
                 //数字 10 代表优先级，当有多台邮件服务器时才起作用，值越低越优先
```

需要特别注意的是，在添加资源记录时，以“.”结尾的域名表示绝对域名，也叫完全限定名（FQDN），如“www.yiteng.com.”。其他的域名表示相对域名，如“ns1”“www”分别表示“ns1.yiteng.com”“www.yiteng.com”。

（6）PTR 资源记录：表示了 IP 地址和域名的对应关系，用户 DNS 的反向解析，一个典型的反向区域文件如例 7.2.6 所示。

例 7.2.6　典型反向区域文件

```
root@master:~#cat /etc/bind/db.127
;
; BIND reverse data file for local loopback interface
;
$TTL     604800
@        IN      SOA      localhost. root.localhost. (
                               1          ; Serial
                          604800          ; Refresh
                           86400          ; Retry
                         2419200          ; Expire
                          604800 )        ; Negative Cache TTL
;
@        IN      NS       localhost.
1.0.0    IN      PTR      localhost.
```

可以发现反向解析文件与正向解析文件的主要区别在资源记录上。PTR 资源记录又称指针类型，如例 7.2.7 所示。

例 7.2.7　PTR 资源记录

```
33       IN      PTR      www.yiteng.com.
```

这里的 33 是 IP 地址中的主机号，因此完整的记录名是 33.1.168.192.in-addr.arpa，表示

IP 地址是 192.168.1.33。

活动 2　配置主 DNS 服务器

1. 设置 master 服务器的 IP 地址等信息

使用 apt install -y bind9 命令一键安装 DNS 服务的主程序，前面已经学习过，这里不再详述。

2. 修改主配置文件/etc/bind/named.conf.default-zones

使用的主配置文件是/etc/bind/named.conf.default-zones，并默认在全局配置文件中已经通过 include 指示符引入。一般在主配置文件通过 zone 声明设置区域相关信息，包括正向区域和反向区域。在文件末尾添加其内容，如下所示。

```
root@master:~#vim /etc/bind/named.conf.default-zones          //在文件末尾添加
zone "yiteng.com" IN {
        type master;
        file "/etc/bind/db.yiteng.com.zone";
};
zone "1.168.192.in-addr.arpa" IN {
        type master;
        file "/etc/bind/db.192.168.1.zone";
};
```

3. 正反向解析区域文件的建立

在/etc/bind 目录中创建正向解析区域文件 db.yiteng.com.zone 和反向解析区域文件 db.192.168.1.zone，如下所示。

```
root@master:~#cd /etc/bind
root@master:/etc/bind#cp db.local db.yiteng.com.zone
root@master:/etc/bind#cp db.127 db.192.168.1.zone
root@master:/etc/bind#ls -l *zone
-rw-r--r-- 1 root bind 271 8 月   16 17:42 db.192.168.1.zone
-rw-r--r-- 1 root bind 281 8 月   16 16:14 db.yiteng.com.zone
```

4. 正向解析区域文件的配置

在主 DNS 服务器的/etc/bind 目录中，建立并打开正向区域文件 db.yiteng.com.zone，修改后的内容如下所示。

```
root@master:/etc/bind#vim db.yiteng.com.zone
;
; BIND data file for local loopback interface
;
$TTL    604800
@       IN      SOA     localhost. root.localhost. (
                        2           ; Serial
```

```
                        604800          ; Refresh
                         86400          ; Retry
                       2419200          ; Expire
                        604800 )        ; Negative Cache TTL
;
@           IN          NS          master.
@           IN          MX          5       mail.yiteng.com.
master      IN          A           192.168.1.33
Slave       IN          A           192.168.1.34
www         IN          A           192.168.1.35
mail        IN          A           192.168.1.36
client      IN          A           192.168.1.32
web         IN          CNAME       www
```

5. 反向解析区域文件的配置

在主 DNS 服务器的/etc/bind 目录中，建立并打开反向区域文件 db.192.168.1.zone，修改后的内容如下所示。

```
root@master:/etc/bind#vim db.192.168.1.zone
;
; BIND reverse data file for local loopback interface
;
$TTL    604800
@       IN      SOA     localhost. root.localhost. (
                              1         ; Serial
                         604800         ; Refresh
                          86400         ; Retry
                        2419200         ; Expire
                         604800 )       ; Negative Cache TTL
;
@       IN      NS      master.
@       IN      MX      5       mail.yiteng.com.
33      IN      PTR     master.yiteng.com.
34      IN      PTR     slave.yiteng.com.
35      IN      PTR     www.yiteng.com.
36      IN      PTR     mail.yiteng.com.
32      IN      PTR     client.yiteng.com.
```

6. 重启 DNS 服务

配置完成后，使用 systemctl restart bind9 命令重启 DNS 服务和使用 systemctl enable bind9 命令开机自启动，如下所示。

```
root@master:~#systemctl restart bind9
root@master:~#systemctl enable bind9
```

7. 客户端的 DNS 配置

配置 DNS 客户端网络，确保两台主机之间的网络连接正常。客户端的 DNS 配置如下所示。

```
root@client:~#cat /etc/resolv.conf
nameserver 192.168.1.33
```

8. 在 DNS 客户端上验证 DNS 服务

BIND 软件包提供了三个实用的 DNS 测试工具——nslookup、dig 和 host。host 和 dig 是命令行工具，nslookup 工具有命令行模式和交互模式两种模式。下面简单介绍这三个工具的使用方法。

（1）安装 DNS 测试工具，如下所示。

```
root@client:~#mount /dev/cdrom /media/cdrom
mount: /media/cdrom0: WARNING: device write-protected, mounted read-only.
root@client:~#apt install -y dnsutils                //安装 DNS 测试工具
```

（2）使用 nslookup 工具验证 DNS 服务。在命令行中使用 nslookup 命令进入交互模式，如下所示。

```
root@client:~#nslookup
>www.yiteng.com                                          //正向解析
Server:         192.168.1.33                             //显示 DNS 服务器的 IP 地址
Address:        192.168.1.33#53
Name:    www.yiteng.com
Address: 192.168.1.35
>192.168.1.33                                            //反向解析
Server:         192.168.1.33
Address:        192.168.1.33#53
33.1.168.192.in-addr.arpa       name = master.yiteng.com.
>set type=NS                                             //查询区域的 DNS 服务器
>yiteng.com                                              //输入域名
Server:         192.168.1.33
Address:        192.168.1.33#53
yiteng.com      nameserver = master.
>set type=MX                                             //查询区域的邮件服务器
>yiteng.com                                              //输入域名
Server:         192.168.1.33
Address:        192.168.1.33#53
yiteng.com      mail exchanger = 5 mail.yiteng.com.
>set type=CNAME                                          //查询别名
>web.yiteng.com                                          //输入域名
Server:         192.168.1.33
Address:        192.168.1.33#53
web.yiteng.com  canonical name = www.yiteng.com.
>exit                                                    //退出
```

（3）使用 dig 工具验证 DNS 服务，如下所示。

dig 是一个方便灵活的域名查询工具。它通过-t 选项进行正向查询资源记录类型，通过-x 选项进行反向查询。

```
root@client:~#dig -t A www.yiteng.com                    //正向查询 A 资源记录
; <<>> DiG 9.11.5-P4-5.1+deb10u5-Debian <<>> -t A www.yiteng.com
…                                                        //此处省略部分内容
;; ANSWER SECTION:
www.yiteng.com.        604800    IN        A        192.168.1.35
…                                                        //此处省略部分内容
root@client:~#dig -t NS yiteng.com                       //正向查询 NS 资源记录
…                                                        //此处省略部分内容
;; ANSWER SECTION:
yiteng.com.            604800    IN        NS       master.
…                                                        //此处省略部分内容
root@client:~#dig -t MX yiteng.com                       //正向查询 MX 资源记录
…                                                        //此处省略部分内容
;; ANSWER SECTION:
yiteng.com.            604800    IN        MX       5 mail.yiteng.com.
…                                                        //此处省略部分内容
root@client:~#dig -x 192.168.1.35                        //反向查询 PTR 资源记录
…                                                        //此处省略部分内容
;; ANSWER SECTION:
35.1.168.192.in-addr.arpa. 604800     IN     PTR      www.yiteng.com.
…                                                        //此处省略部分内容
```

（4）使用 host 工具验证 DNS 服务，如下所示。host 工具可以进行一些简单的主机名和 IP 地址的查询。

```
root@client:~#host www.yiteng.com                        //正向查询 A 资源记录
www.yiteng.com has address 192.168.1.35
root@client:~#host 192.168.1.35                          //反向查询 PTR 资源记录
35.1.168.192.in-addr.arpa domain name pointer www.yiteng.com.
root@client:~#host -t NS yiteng.com                      //正向查询 NS 资源记录
yiteng.com name server master.
root@client:~#host -t MX yiteng.com                      //正向查询 MX 资源记录
yiteng.com mail is handled by 5 mail.yiteng.com.
root@client:~#host -t CNAME web.yiteng.com               //正向查询 CNAME 资源记录
web.yiteng.com is an alias for www.yiteng.com.
root@client:~#host -l yiteng.com                         //列出 DNS 服务器的资源记录
yiteng.com name server yiteng.com.
yiteng.com has address 192.168.1.33
mail.yiteng.com has address 192.168.1.36
master.yiteng.com has address 192.168.1.33
slave.yiteng.com has address 192.168.1.34
www.yiteng.com has address 192.168.1.35
```

活动 3　配置从 DNS 服务器

从 DNS 服务器是 DNS 服务的一种容错机制，当主 DNS 服务器遇到故障出现不能正常工作时，从 DNS 服务器可以马上投入分担主 DNS 服务器的工作，提供解析服务。由于从 DNS 服务器的所有地址数据来源于主 DNS 服务器，所以大家也可以在主 DNS 服务器无法修复的情况下把从 DNS 服务器升级为主 DNS 服务器。

1. 主 DNS 服务器的配置

01 使用活动 2 中配置好的 DNS 服务器作为主 DNS 服务器，进行如下所示的修改。

```
root@master:~#vim /etc/bind/named.conf.default-zones            //在文件末尾添加
zone "yiteng.com" IN {
        type master;
        file "/etc/bind/db.yiteng.com.zone";
            allow-transfer { 192.168.1.34;  };      //允许从服务器来获取资料，是被动的
            also-notify {192.168.1.34;  };          //主动把变更通知给从 DNS 服务器，是主动的
};
zone "1.168.192.in-addr.arpa" IN {
        type master;
        file "/etc/bind/db.192.168.1.zone";
            allow-transfer { 192.168.1.34;  };
            also-notify {192.168.1.34;  };
};
```

02 使用 systemctl restart bind9 命令重启 DNS 服务和使用 systemctl enable bind9 命令开机自动启动服务，如下所示。

```
root@master:~#systemctl restart bind9
root@master:~#systemctl enable bind9
```

2. 从 DNS 服务器的配置

01 设置 slave 服务器的 IP 地址等信息，使用 apt install -y bind9 命令一键安装 DNS 软件，前面已经学习过，这里不再详述。

02 配置/etc/bind/named.conf.default-zones 文件。

与主 DNS 服务器一样，从 DNS 服务器同样需要配置“named.conf.default-zones”文件，建立接收主 DNS 服务器数据的区域。与主 DNS 服务器不同的是要把“type”的属性设置为“slave”，说明这是一个从区域并且增加一个“masters”参数，告诉从 DNS 服务器该区域的主 DNS 服务器的 IP 地址，从 DNS 服务器就会到该 IP 地址去接收数据。在主 DNS 服务器中，区域数据库文件是存放在“/etc/bind”目录里的，一般情况下，这些数据是自己创建的。而在从 DNS 服务器中，同样是把区域数据库文件存放在“/etc/bind”目录里，系统会自动把主 DNS 服务器传送过来的数据保存在该目录中而不需要人为干预。从 DNS 服务器会把更新请求转发到主 DNS 服务器实现动态更新，如下所示。

```
root@slave:~#vim /etc/bind/named.conf.default-zones        //在文件末尾添加
zone "yiteng.com" IN {
        type slave;
        file "/etc/bind/db.yiteng.com.zone";
        masters { 192.168.1.33; };
};
zone "1.168.192.in-addr.arpa" IN {
        type slave;
        file "/etc/bind/db.192.168.1.zone";
        masters { 192.168.1.33; };
};
```

【小贴士】

默认情况下，主 DNS 服务器可以传送区域数据到所有服务器，为了安全起见，一般会设定主 DNS 服务器只允许传送区域数据到从 DNS 服务器。在主 DNS 服务器的 named.conf 配置中加入“allow-transfer{ip 地址;};”可以设定全局允许传送的地址。

03 赋予 bind 用户组对/etc/bind 目录具有写的权限。

```
root@slave:~# chmod g+w /etc/bind
```

04 修改 AppArmor 对/etc/bind/**的默认权限为 rw（第 19 行）和刷新该文件的配置，如下所示。

```
root@slave:~# vim /etc/apparmor.d/usr.sbin.named
…                                                    //此处省略部分内容
  # See /usr/share/doc/bind9/README.Debian.gz
19   /etc/bind/** rw,
20   /var/lib/bind/** rw,
21   /var/lib/bind/ rw,
22   /var/cache/bind/** lrw,
23   /var/cache/bind/ rw,
…                                                    //此处省略部分内容
root@slave:~# apparmor_parser -r /etc/apparmor.d/usr.sbin.named
//刷新配置文件
```

【小贴士】

AppArmor 是强制访问控制系统，通过它可以指定程序可以读、写或运行哪些文件，以及是否可以打开网络端口等。作为对传统 UNIX 的自主访问控制模块的补充，AppArmor 提供了强制访问控制机制。

05 重启从 DNS 服务器

配置完成后，使用 systemctl restart named 重启从 DNS 服务器，如下所示。

```
root@slave:~#systemctl restart bind9
root@slave:~#systemctl enable bind9
```

3. 从 DNS 服务器的查看

查看从 DNS 服务器中的/etc/bind 目录，可看到已经自动生成了正反向解析文件，如下所示。

```
root@slave:~#cd /etc/bind
root@slave:/etc/bind# ls -l *.zone
-rw-r--r-- 1 bind bind 593 8月   23 15:13 db.192.168.1.zone
-rw-r--r-- 1 bind bind 473 8月   23 15:13 db.yiteng.com.zone
```

4. 从 DNS 服务器的测试

在测试从 DNS 服务器前，要先把主 DNS 服务器关机，然后把测试机的 DNS 指向从 DNS 服务器，选用上述的 nslookup 命令来测试，如下所示。

```
root@client:~#cat /etc/resolv.conf
nameserver 192.168.1.33
nameserver 192.168.1.34
[root@client ~]#nslookup
> www.yiteng.com
Server:         192.168.1.34
Address:        192.168.1.34#53
Name:    www.yiteng.com
Address: 192.168.1.35
> 192.168.1.35
Server:         192.168.1.34
Address:        192.168.1.34#53
35.1.168.192.in-addr.arpa       name = www.yiteng.com.
```

可见，从 DNS 服务器能独立完成正反向的解析任务，表示从 DNS 服务器配置成功。

✔ 任务小结

（1）在创建正反向解析区域文件时，要注意文件的名字和存放的位置，如果和文件中的不一致则会导致配置不成功的后果。

（2）在配置从 DNS 服务器时，正反向解析区域文件的数据是自动生成的。

项目 8　配置与管理 DHCP 服务器

项目描述

A 公司是一家刚成立不久的创业型公司，现需要实现员工的计算机插上网线就能自动获取网络资源，手机连上 Wi-Fi 就能正常通信。而这些连接服务器的过程，以及常见设备自动连接网络的过程，一般都需要 DHCP 服务器来提供支持。

DHCP（Dynamic Host Configuration Protocol，动态主机配置协议）是一个局域网的网络协议，使用 UDP 工作，主要用于管理内部网络的计算机，特别是 IP 地址的分配。

在计算机网络中，每台计算机都有自己的 IP 地址，IP 地址是其唯一标识。如果同一网络内的计算机数量过多，由管理员为每台计算机单独指定 IP 地址，这样的工作量会很大，还易出现 IP 地址重复的现象。此时可以借助 DHCP 服务器来配置客户端的网络配置信息，如 IP 地址，子网掩码、网关、DNS 服务器等。为网络的集中管理提供了方便，在企事业单位应用广泛。本项目介绍了 DHCP 服务的基本工作原理和 DHCP 服务器的配置方法。

知识目标

1. 了解 DHCP 服务的工作原理。
2. 掌握 DHCP 服务的主配置文件。

能力目标

1. 能正确安装、配置和启动 DHCP 服务器。
2. 能正确配置 DHCP 客户端。
3. 能让 DHCP 客户端正确获取服务器的 IP 地址。

思政目标

1. 培养学生具有交流沟通能力、独立思考能力和清晰有序的逻辑思维能力。
2. 培养学生能主动收集客户需求，按需配置服务器，逐步养成爱岗敬业精神和服务意识。
3. 培养学生发扬工匠精神，努力实现服务器业务高可用性。

4. 培养学生具有节约意识，能均衡使用硬件资源实现服务器配置合理。

思维导图

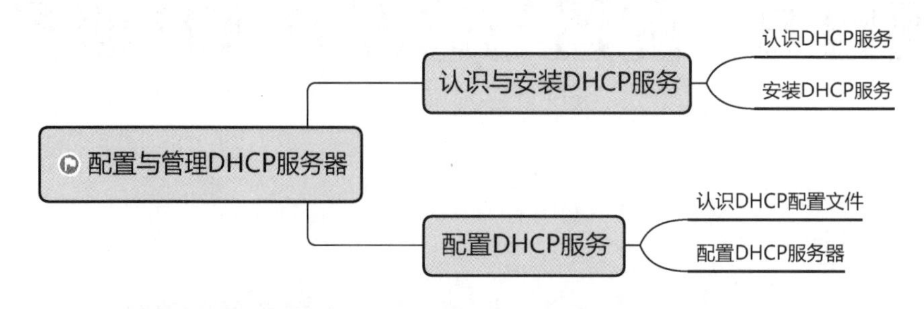

任务8.1 认识与安装DHCP服务

任务描述

最近一段时间，A 公司的网络管理员小赵收到了不少计算机出现 IP 地址冲突的求助，经检查发现，是由于部分员工自行设置 IP 地址造成的。于是小赵准备在信息中心的 Linux 服务器上使用动态分配 IP 地址的方式来解决地址冲突的问题。

在信息中心的 Linux 服务器安装 DHCP 软件包，可以实现动态分配 IP 地址的功能。DHCP 服务为主机动态分配 IP 地址，可以很好地解决地址冲突问题。

任务实施

活动 1 认识 DHCP 服务

1. DHCP 服务概述

DHCP 的前身是 BOOTP，它工作在 OSI 的应用层上，是一种帮助计算机从指定的 DHCP 服务器中获取信息、用于简化计算机 IP 地址配置和管理的网络协议，可以自动为计算机分配 IP 地址，减轻网络管理员的工作负担。

DHCP 基于客户端/服务器模式，请求配置信息的计算机称为 DHCP 客户端，而提供信息的称为 DHCP 服务器。服务器使用固定的 IP 地址，在局域网中扮演着给客户端提供动态 IP 地址、DNS 配置和网管配置的角色。客户端与 IP 地址相关的配置，都在启动时由服务器自动分配。

2. DHCP 的功能

IP 地址的分配方式有静态分配和动态分配两种。静态分配是指由网络管理员为每台主机手动设置固定的 IP 地址。这种方式容易造成主机 IP 地址冲突，只适用于规模较小的网络。如果网络中的主机较多，那么依靠网络管理员手动分配 IP 地址必然非常耗时。另外，在移动办公环境中，为网络环境的移动设备（主要是笔记本电脑）分配 IP 地址也是一件非常烦琐的事情。

利用 DHCP 为主机动态分配 IP 地址就可以解决这些问题。动态分配 IP 地址具有以下优点。

（1）IP 地址分配更加安全可靠。动态分配 IP 地址可以防止 IP 地址冲突，还能避免手动分配引起的配置错误。

（2）非常适合移动办公环境。如果工作环境中移动办公的情况比较多，可能有人经常拿着笔记本电脑来往于不同的办公室或楼层，那么网络管理员也不用每次都为这些笔记本电脑分配新的 IP 地址。

（3）减轻网络管理员的管理负担。在 DHCP 的帮助下，网络管理员的工作集中于维护一台或多台 DHCP 服务器。DHCP 服务器能代替网络管理员为其他主机分配 IP 地址等信息。显然，DHCP 让网络管理员从烦琐的工作中解脱出来，可以专注于其他更重要的工作。

（4）缓解 IP 地址资源紧张的问题。一般来说，一个公司可以分配的 IP 地址要小于潜在的用户主机数。如果为每台主机分配固定的 IP 地址，那么到最后很可能造成无 IP 地址可用的局面。DHCP 引入了“租约”的概念，及时回收不用的 IP 地址，可以最大限度地保证所有用户都有 IP 地址可用。

3. DHCP 的工作原理

DHCP 采用客户机/服务器模式运行，采用 UDP 作为传输层传输协议。在 DHCP 服务器上安装和运行 DHCP 软件，DHCP 客户端从 DHCP 服务器获取 IP 地址及其他相关参数。DHCP 分配 IP 地址的方式分为以下三种。

（1）自动分配，又称永久租用。DHCP 客户端从 DHCP 服务器获取一个 IP 地址后，可以永久使用。DHCP 服务器不会再将这个 IP 地址分配给其他 DHCP 客户端。

（2）动态分配，又称限定租期。DHCP 客户端获得的 IP 地址只能在一定期限内使用，这个期限就是 DHCP 服务器提供的“租约”。一旦租约到期，DHCP 服务器可以收回这个 IP 地址并分配给其他 DHCP 客户端使用。

（3）手动分配，又称保留地址。DHCP 服务器根据网络管理员的设置将指定的 IP 地址分配给 DHCP 客户端，一般是将 DHCP 客户端的物理地址（又称 MAC 地址）与 IP 地址绑定起来，确保 DHCP 客户端每次都可以获得相同的 IP 地址。

DHCP 客户端在申请租用新的 IP 地址或延长现有 IP 地址的使用期限时，都要和 DHCP 服务器通信，下面分别介绍这两种情况的工作流程。

（1）申请租用新的 IP 地址

DHCP 客户端每次启动时都会向 DHCP 服务器申请新的 IP 地址。在这种情况下，DHCP 客户端和 DHCP 服务器的交互过程如图 8.1.1 所示。

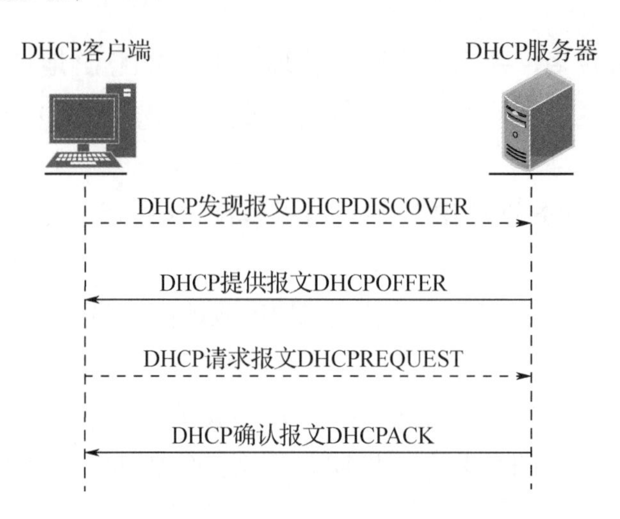

图 8.1.1　DHCP 客户端和 DHCP 服务器的交互过程

① DHCP 客户机发送 IP 租约请求

当 DHCP 客户端启动后，它先以广播方式向网络中发出一个 DHCP 发现报文（DHCPDISCOVER），报文的源地址为 0.0.0.0，目的地址为 255.255.255.255，这个报文的主要目的是查找网络中的 DHCP 服务器。DHCP 客户端的发送端口是 UDP 的 68 端口，而 DHCP 服务器的接收端口是 UDP 的 67 端口。网络上每台安装了 TCP/IP 的主机都会收到这种广播信息，但只有 DHCP 服务器才会做出响应，如果一直没有响应就会提示 DHCPDISCOVER 错误。

② DHCP 服务器提供 IP 地址

当 DHCP 服务器收到客户端发出的 DHCPDISCOVER 报文后，从 IP 地址池中选择一个未租用的 IP 地址，以 DHCP 提供报文（DHCPOFFER）的形式广播发送给 DHCP 客户端。DHCP 服务器会暂时保留这个 IP 地址以免同事将其分配给其他 DHCP 客户端。DHCPOFFER 报文也必须以广播的方式发送，因此 DHCP 客户端此时还没有自己的 IP 地址。

③ DHCP 客户机进行 IP 租用选择

当 DHCP 客户端收到 DHCPOFFER 报文后，以广播方式向 DHCP 服务器发送 DHCP 请求报文（DHCPREQUEST)。网络中可能有多个 DHCP 服务器，因此 DHCP 客户端会收到多个 DHCPOFFER 报文，DHCP 客户端会选择使用最先收到的 DHCPOFFFR 报文。DHCP 客户端以广播方式发送 DHCPOFFER 报文的原因在于，除通知已被选择的 DHCP 服务器外，还要把这个选择结果告诉其他 DHCP 服务器，使其及时解除各自保留的 IP 地址以供其他 DHCP 客户端使用。

④ DHCP 服务器 IP 租用认可

被选择的 DHCP 服务器收到 DHCP 客户端的 DHCPREQUEST 报文后，以广播方式向 DHCP 客户端发送一个 DHCP 确认报文（DHCPACK）。DHCPACK 报文中除已分配的 IP 地址外，还包含默认网关、DNS 服务器等相关网络配置参数。

至此，DHCP 客户端已成功申请到一个 IP 地址，可以在租约期限内正常使用。如果 DHCP 客户端想要在租约到期前主动释放申请到的 IP 地址，可以选择向 DHCP 服务器发送一个 DHCP 释放（DHCPRELEASE）报文，通知 DHCP 服务器回收已分配的 IP 地址。

（2）延长现有 IP 地址的使用期限

DHCP 客户端申请的 IP 地址有使用期限，如果想延长这个期限，就必须和 DHCP 服务器协商更新租约。当然，更新租约的过程不需要使用者介入，DHCP 客户端会自动处理。

在租约期限超过 50%时，DHCP 客户端以单播方式向最初提供 IP 地址的 DHCP 服务器发送 DHCPREQUEST 报文请求延长租期。如果收到 DHCP 服务器返回的 DHCPACK 报文，则说明 DHCP 服务器同意延长租期；如果收到的是 DHCPNACK 报文，则说明 DHCP 服务器不同意延长租期，但 DHCP 客户端仍可继续使用这个 IP 地址，因为此时租约并未到期。

如果第一次更新租约的请求不成功，则 DHCP 客户端在租约期限超过 87.5%时，会再次发送 DHCPREQUEST 报文请求延长租期。如果 DHCP 服务器同意请求，则按相应时间延长租期；如果这次仍然不成功，则 DHCP 客户端会继续使用这个 IP 地址，直到租约到期。租约到期后，DHCP 客户端必须发送 DHCPDISCOVER 报文重新申请 IP 地址。

【小贴士】

客户端执行 DHCPDISCOVER 后，如果没有 DHCP 服务器响应客户端的请求，客户端就会随机使用 169.254.0.0/16 网段中的一个 IP 地址配置本机地址。

活动 2　安装 DHCP 服务

1．认识 DHCP 服务软件包

由于启动 DHCP 服务时需要使用 isc-dhcp-server 软件包，因此在配置 DHCP 之前，应先检查系统中是否已经安装了这个软件包。

DHCP 服务的主程序可通过 dpkg 命令查询主程序软件包是否安装，如果没有安装可以使用 apt 命令进行安装。

（1）查询 DHCP 服务

使用“dpkg -l isc-dhcp-server”命令查询 DHCP 软件包是否安装，如下所示。在 Debian 1.10 操作系统中，默认没有安装 DHCP 软件包。

```
root@debian:~# dpkg -l isc-dhcp-server
期望状态=未知(u)/安装(i)/删除(r)/清除(p)/保持(h)
| 状态=未安装(n)/已安装(i)/仅存配置(c)/仅解压缩(U)/配置失败(F)/不完全安装(H)/触发器等待(W)/触发器未决(T)
|/ 错误?=(无)/须重装(R) (状态，错误：大写=故障)
||/ 名称                    版本                    体系结构          描述
+++-================-================-============-==================
un   isc-dhcp-server <无>                    <无>                (无描述)
//un 表示未安装。
```

（2）安装 DHCP 服务

如果 DHCP 软件包未安装，则需要自行安装 DHCP 软件包。在挂载光盘后，使用“apt install –y isc-dhcp-server”命令安装 DHCP 所需要的软件包，DHCP 软件的安装如下所示。

```
root@debian:~#mount /dev/cdrom /media/cdrom
mount: /mnt: WARNING: device write-protected, mounted read-only.
```

```
root@debian:~#apt install -y isc-dhcp-server
正在读取软件包列表... 完成
正在分析软件包的依赖关系树
正在读取状态信息... 完成
将会同时安装下列软件：
  libirs-export161 libisccfg-export163 policycoreutils selinux-utils
建议安装：
  isc-dhcp-server-ldap
下列【新】软件包将被安装：
  isc-dhcp-server libirs-export161 libisccfg-export163 policycoreutils selinux-utils
...                                                          //此处省略部分内容
正在处理用于 libc-bin (2.28-10) 的触发器 ...
正在处理用于 systemd (241-7~deb10u8) 的触发器 ...
```

2. DHCP 服务的启停

DHCP 服务的后台守护进程是 dhcpd，但在启停 DHCP 服务和查询 DHCP 服务状态时要以 isc-dhcp-server 作为参数。DHCP 服务的启停命令及其功能，如表 8.1.1 所示。

表 8.1.1　DHCP 服务的启停命令及其功能

DHCP 服务的启停命令	功能说明
systemctl start isc-dhcp-server.service	启动 DHCP 服务。isc-dhcp-server.service 命令可简写为 isc-dhcp-server，下同
systemctl restart isc-dhcp-server.service	重启 DHCP 服务
systemctl stop isc-dhcp-server.service	停止 DHCP 服务
systemctl reload isc-dhcp-server.service	重新加载 DHCP 服务
systemctl status isc-dhcp-server.service	查看 DHCP 服务的状态
systemctl disable isc-dhcp-server.service	设置 DHCP 服务为开机不自动启动
systemctl enable isc-dhcp-server.service	设置 DHCP 服务为开机自动启动
systemctl list-unit-files|grep isc-dhcp-server.service	查看 DHCP 服务是否为开机自动启动

✔ 任务小结

（1）分配 IP 地址有静态分配和动态分配两种方式，其中动态分配比静态分配更可靠，还能缓解 IP 地址资源的紧张状况。

（2）DHCP 采用 UDP 作为传输层传输协议，使用的端口号是 67 和 68。

任务8.2　配置DHCP服务

✔ 任务描述

网络管理员小赵按照 A 公司的要求，在信息中心的 Linux 服务器上安装了 DHCP 服务，现需要配置，并在配置后进行测试是否成功。

配置 DHCP 服务的主要工作就是使用命令修改配置文件，使其配置文件生效。小赵对此并不熟悉，于是请来工程师协助解决。配置 DHCP 服务器拓扑图，如图 8.2.1 所示，具体要求如下。

（1）虚拟机的网络配置方式统一为仅主机模式。

（2）在 master 服务器上，配置 DHCP 服务给内部计算机分配 IP 地址，IP 地址为 192.168.1.33/24。

（3）分配的地址池为 192.168.1.2～192.168.1.32，子网掩码为 24 位。

（4）DNS 服务器地址为 202.96.128.86。

（5）网关地址为 192.168.1.254。

（6）客户端 client1 动态获取 DHCP 服务器的 IP 地址等信息。

（7）客户端 client2 主机的 MAC 地址为 00:0c:29:f0:e4:79，分配固定 IP 地址为 192.168.1.32。

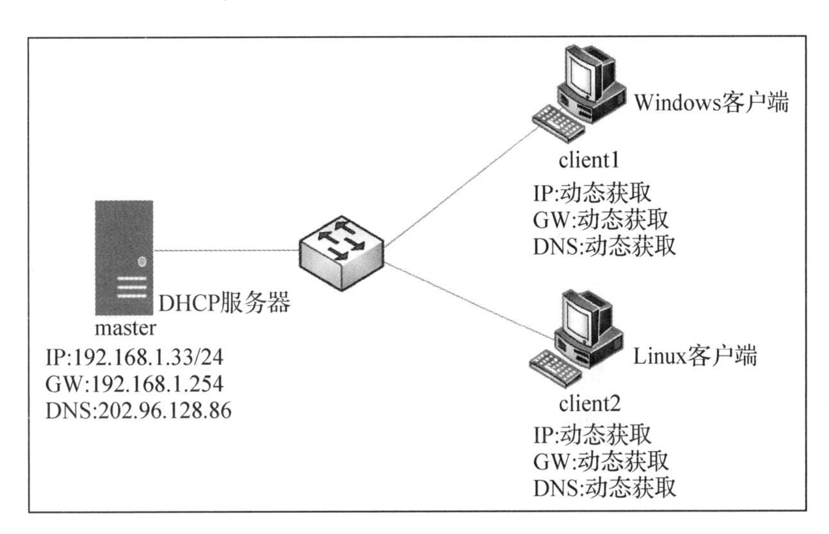

图 8.2.1 配置 DHCP 服务器拓扑图

任务实施

活动 1 认识 DHCP 配置文件

1. /etc/default/isc-dhcp-server 文件

该文件主要用来指定目标主机的网卡名称，INTERFACESv4 选项的内容表示 DHCP 服务器监听客户端 DHCP 的请求信息的网卡名称，如下所示。

```
root@master:~#grep INTERFACES /etc/default/isc-dhcp-server
INTERFACESv4=""                          //IPv4 接口
INTERFACESv6=""                          //IPv6 接口
```

2. /etc/dhcp/dhcpd.conf 文件

DHCP 的主配置文件是/etc/dhcp/dhcpd.conf。但有些 Linux 发行版本中，在默认情况下此文件并不存在，需要手动创建。对于 Debian 10.10 操作系统而言，安装好 DHCP 软件之后会生成此文件。下面重点介绍 DHCP 主配置文件 dhcpd.conf 的基本语法和相关配置。

（1）基本语法

dhcpd.conf 文件的结构如例 8.2.1 所示。

例 8.2.1　dchpd.conf 文件的结构

```
#全局配置
参数或选项;

#局部配置
声明 {
        参数或选项;
}
```

dhcpd.conf 的注释信息以“#”开头，可以出现在文件的任何位置。除大括号“{}”之外，其他每行都以“;”结尾。这一点很重要，不少初学者在配置 dhcpd.conf 文件时都会忘记在一行结束时加上“;”，导致 DHCP 服务无法启动。

dhcpd.conf 文件由参数、选项和声明三种要素组成。

① 参数。参数主要用来设定 DHCP 服务器和客户端的基本属性，格式是“参数名 参数值;”。

② 选项。选项通常用来配置分配给 DHCP 客户端的可选网络参数，以“option”关键字开头，如“option 参数名 参数值;”。

③ 声明。声明以某个关键字开头，后跟一对大括号。大括号内部包含一系列参数和选项。声明主要用来设置具体的 IP 地址空间，以及绑定 IP 地址和 DHCP 客户端 MAC 地址，从而为 DHCP 客户端分配固定的 IP 地址。

dhcpd.conf 文件的参数和选项分为全局配置和局部配置。全局配置对整个 DHCP 服务器生效，而局部配置只对某个声明生效。声明外部的参数和选项是全局配置，声明内部的参数和选项是局部配置。

（2）参数和选项

DHCP 常用的全局参数和选项如表 8.2.1 所示。其中，option domain-name-servers 和 option routers 两个选项也可用于局部配置。

表 8.2.1　DHCP 常用的全局参数和选项

参数和选项	功　能
ddns-update-style 类型	设置 DNS 动态更新的类型，也就是主机名和 IP 地址的对应关系
default-lease-time 时间	默认租约时间
max-lease-time 时间	最大租约时间
log-facility 文件名	日志文件名

续表

参数和选项	功　能
option domain-name 域名	域名
option domain-name-servers 域名服务器列表	域名服务器
option routers 默认网关	默认网关

（3）声明

最常用的两种声明是 subnet 和 host。subnet 声明用于定义 IP 地址空间；host 声明用于实现 IP 地址和 DHCP 客户端 MAC 地址的绑定，用于为 DHCP 客户端分配固定的 IP 地址。subnet 声明和 host 声明的格式如例 8.2.2 所示。

例 8.2.2　subnet 声明和 host 声明的格式

```
subnet  subnet_id  netmask  netmask  {
    …
}

host  hostname {
    …
}
```

可以通过不同的参数和选项为这两个声明指定具体的行为。DHCP 常用的局部参数和选项如表 8.2.2 所示。

表 8.2.2　DHCP 常用的局部参数和选项

参数和选项	功　能
range	IP 地址池地址范围
default-lease-time 时间	默认租约时间
max-lease-time 时间	最大租约时间
option domain-name 域名	DNS 域名
option domain-name-servers 域名服务器列表	域名服务器
option routers 默认网关	默认网关
option broadcast-address	子网广播地址
fixed-address	为 DHCP 客户端分配的固定 IP 地址
hardware	DHCP 客户端的 MAC 地址
server-name	DHCP 服务器的主机名

活动 2　配置 DHCP 服务器

1. DHCP 服务器的安装

设置 master 服务器的 IP 地址等信息，使用 apt install -y isc-dhcp-server 命令一键安装 DHCP 软件，前面已经学习过，这里不再详述。

2. DHCP 服务器的查询

查询 DHCP 服务器的网卡名称，如下所示。

```
root@master:~#ip addr
① lo: <LOOPBACK,UP,LOWER_UP> mtu 65536 qdisc noqueue state UNKNOWN group default qlen 1000
    link/loopback 00:00:00:00:00:00 brd 00:00:00:00:00:00
    inet 127.0.0.1/8 scope host lo
      valid_lft forever preferred_lft forever
    inet6 ::1/128 scope host
      valid_lft forever preferred_lft forever
② ens33: <BROADCAST,MULTICAST,UP,LOWER_UP> mtu 1500 qdisc pfifo_fast state UP group default qlen 1000                                      //网卡名称为 ens33
    link/ether 00:0c:29:71:e4:aa brd ff:ff:ff:ff:ff:ff
    inet 192.168.1.33/24 brd 192.168.1.255 scope global ens33
      valid_lft forever preferred_lft forever
```

3. DHCP 服务器的修改

修改/etc/default/isc-dhcp-server 文件，将 INTERFACESv4 的内容设置为 DHCP 服务器网卡的名称 ens33，修改完成后保存且退出，如下所示。

```
root@master:#vim /etc/default/isc-dhcp-server
INTERFACESv4="ens33"                    //将 INTERFACESv4 的内容设置为 ens33
```

4. DHCP 服务器的保存

修改主配置文件，修改完成后保存且退出，具体内容如下所示。

```
root@master:~#vim /etc/dhcp/dhcpd.conf
default-lease-time 600;
max-lease-time 7200;
ddns-update-style none;
subnet 192.168.1.0 netmask 255.255.255.0 {
  range 192.168.1.2 192.168.1.32;
  option domain-name-servers 202.96.128.86;
  option routers 192.168.1.254;
}
host client {
  hardware ethernet 00:0c:29:f0:e4:79;
  fixed-address 192.168.1.32;
}
```

5. 重启 DHCP 服务

配置完成后，重启 DHCP 服务和开机自动启动，如下所示。

```
root@master:~#systemctl restart isc-dhcp-server
root@master:~#systemctl enable isc-dhcp-server
```

6. 客户端的 DHCP 配置

不同操作系统下的 DHCP 客户端的配置有所不同。

（1）介绍 Windows 客户机的配置。将 Windows 主机配置为 DHCP 客户端比较简单，可以采用图形化配置。以 Windows 10 为例，配置步骤如下。

01 右击桌面上的“网上邻居”图标，在弹出的快捷菜单中选择“属性”选项，弹出“网络连接”窗口，右击“本地连接”图标，弹出“本地连接属性”对话框，选择“Internet 协议（TCP/IPv4）”选项，弹出“Internet 协议版本 4（TCP/IPv4）属性”对话框，如图 8.2.2 所示。

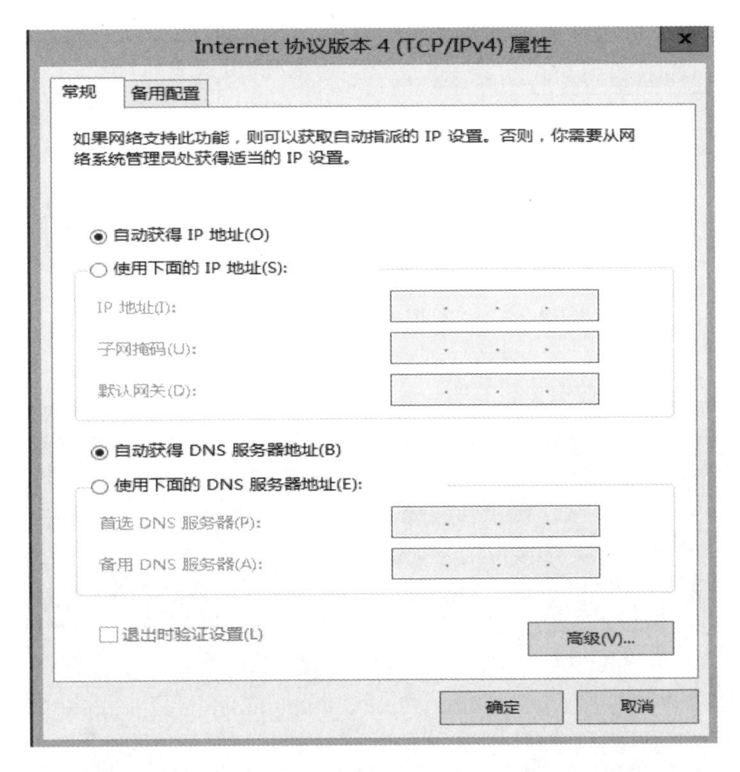

图 8.2.2　Internet 协议版本 4（TCP/IPv4）属性

02 选中“自动获得 IP 地址”和“自动获得 DNS 服务器地址”单选按钮，单击“确定”按钮即可完成客户端的配置。

03 在虚拟机菜单栏中，选择“编辑”→“虚拟网络编辑器”，打开“虚拟网络编辑器”对话框，如图 8.2.3 所示，取消“使用本地 DHCP 服务将 IP 地址分配给虚拟机”复选框的勾选。

04 选择“开始”→“运行”，输入 cmd 命令，选择“命令提示符”选项。可以通过 ipconfig/release 命令释放获得的 IP 地址，使用 ipconfig/renew 命令重新获得 IP 地址。通过 ipconfig/all 命令查看获得的 IP 地址参数，如图 8.2.4 所示，可以看出 DHCP 客户端已经成功获得 IP 地址。

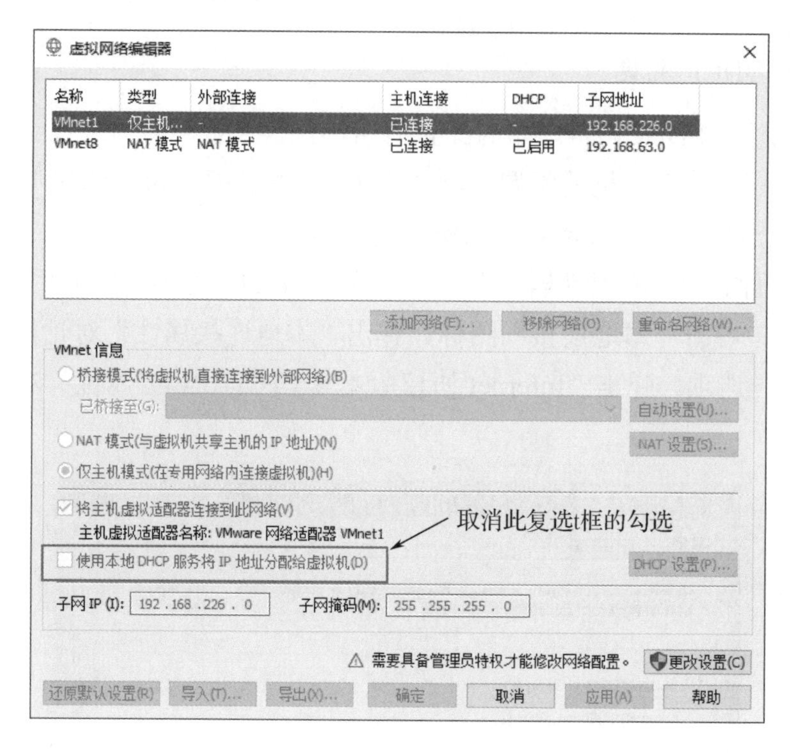

图 8.2.3 “虚拟网络编辑器”对话框

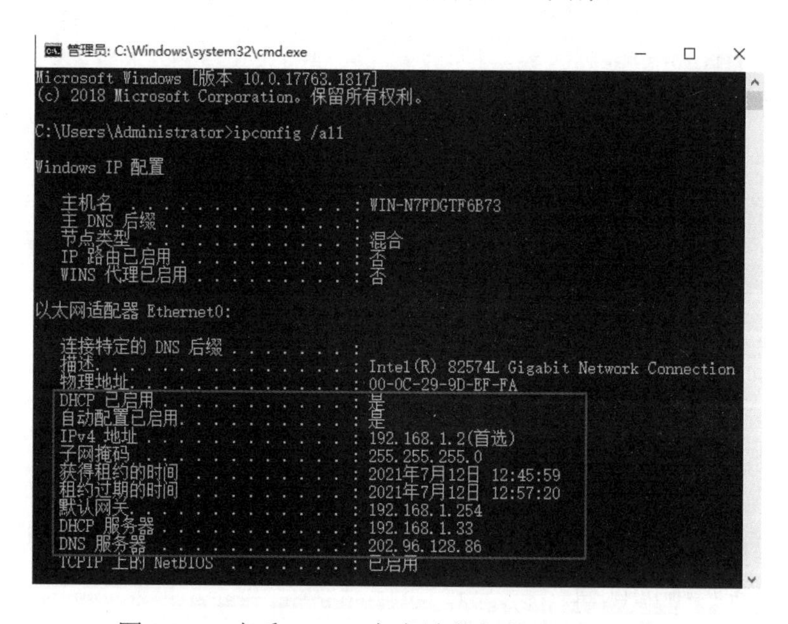

图 8.2.4 查看 DHCP 客户端获得的 IP 地址参数

（2）介绍在 Linux 客户端上验证 DHCP 服务。打开网卡配置文件/etc/network/interfaces，删除或注释 address、netmask 和 gateway 等条目，并将 iface ens33 inet 的值设为“dhcp”，如下所示。

```
root@client2:~#vim /etc/network/interfaces
auto ens33
iface ens33 inet dhcp
#address 192.168.1.32
#netmask 255.255.255.0
#gateway 192.168.1.254
```

（3）修改完成后一定要重新启动，否则网络配置不会生效。最后，使用 ip addr show ens33 命令查看获取到的 IP 地址，如下所示。

```
root@client2:~#ip addr show ens33
2: ens33: <BROADCAST,MULTICAST,UP,LOWER_UP> mtu 1500 qdisc pfifo_fast state UP qlen 1000
    link/ether 00:0c:29:f0:e4:79 brd ff:ff:ff:ff:ff:ff
    inet 192.168.1.32/24 brd 192.168.1.255 scope global dynamic ens33
       valid_lft 535sec preferred_lft 535sec
    inet6 fe80::c44b:527:3581:f7b2/64 scope link
       valid_lft forever preferred_lft forever
```

【小贴士】

如果没有设置保留，而是获取 DHCP 服务器地址池的 IP，Linux 下的 DHCP 服务是从地址池最后一个可用 IP 开始分配的，这点与 Windows 下的 DHCP 服务正好相反。

✔ 任务小结

（1）在启动 DHCP 服务时，要注意其名称是 isc-dhcp-server。

（2）客户端向 DHCP 服务器申请 IP 地址时，如果没有服务器响应，客户端会随机使用 169.254.0.0/16 中的一个 IP 地址作为本机地址。

项目 9　配置与管理文件共享

项目描述

A 公司是一家刚成立不久的创业型公司，网络管理员为了方便公司员工共享和备份数据，准备对公司的网络进行以下设计：使用 Samba 共享服务器和 NFS 服务为各个部门提供文件共享服务。

Linux 提供了 Samba 和 NFS 两种非常方便的方式来管理文件共享，Samba 让 Linux 可以支持 SMB（Server Message Block，服务信息块）协议，实现跨平台共享文件和打印服务的软件。NFS（Network File System，网络文件系统）允许一个系统在网络上与他人共享目录和文件。共享的目录可以像本地磁盘一样挂载到本地目录并直接使用。通过本项目的学习可以掌握 Samba 服务器和 NFS 服务的配置、启动和验证方法。

知识目标

1. 掌握 Samba 服务的配置文件及配置项。
2. 掌握 NFS 服务的配置文件及配置项。

能力目标

1. 能安装和启动 Samba 和 NFS 服务。
2. 能使用 Samba 服务和 NFS 服务的配置实现文件共享。

思政目标

1. 培养学生系统分析与解决问题的能力，使其能够掌握相关知识点并完成项目任务。
2. 培养学生逐步形成数据共享的安全意识。
3. 培养学生遵守道德法律，自觉履行职责的意识。
4. 培养学生在规划资源共享时，能够具有严谨、细致的职业素养。

思维导图

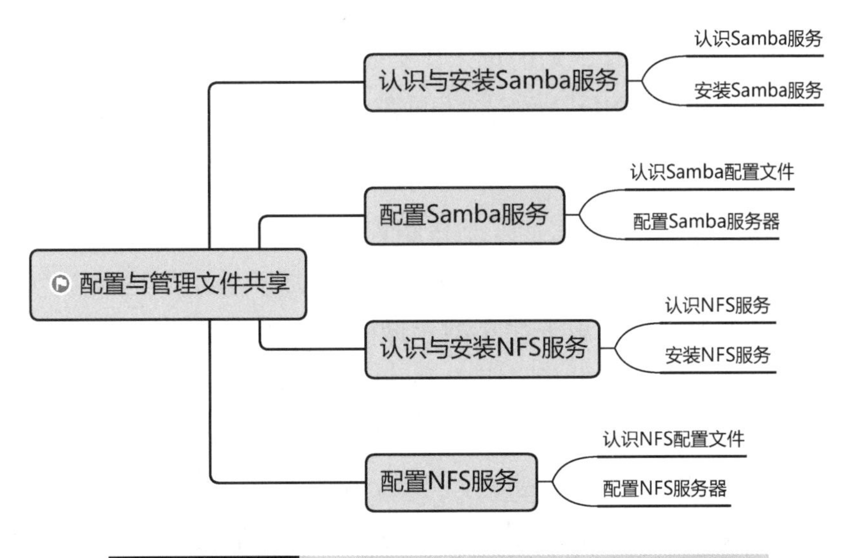

任务9.1　认识与安装Samba服务

任务描述

A 公司的网络管理员小赵，根据公司的业务需求，需要在信息中心的 Linux 服务器上实现文件共享服务器和打印服务器的功能。小赵首先想到了 Samba 服务器，现需要安装 Samba 软件包。

在信息中心的 Linux 服务器上安装 Samba 软件包，可以实现文件共享服务器和打印服务器的功能。Samba 主要用来在不同的操作系统之间提供文件和打印机共享服务，因其良好的跨平台功能，已经成为局域网上文件管理和打印管理的重要手段。

任务实施

活动 1　认识 Samba 服务

Samba 能够在 Windows 和 Linux 之间提供一个公共存储区，用以共享文件和打印机。

1. Samba 的由来

在计算机网络发展的早期，想在两台主机之间共享文件，通常使用 FTP 服务。但 FTP 服务有一个缺点，即用户不能直接在 FTP 服务器中修改文件，必须先从 FTP 服务器上把文件下载到自己的计算机中，修改后再上传到 FTP 服务器。如果修改文件后忘记了上传，则一段时间后就会无法分清哪份文件是最新的了，这就涉及文件的“版本控制”问题。

为了解决这个问题，Windows 和类 UNIX 操作系统分别给出了自己的解决方案。在

Windows 操作系统中，通用网络文件系统（Common Internet File System，CIFS）可以让用户直接访问并修改服务器中的文件。Windows 操作系统中经常使用的“网上邻居”其实就是 CIFS 的具体应用。网络文件系统（Network File System，NFS）则在类 UNIX 操作系统间提供了访问并修改文件的通道。无论是 CIFS 还是 NFS，都只能在同类的操作系统间使用。如果想在 Windows 和类 UNIX 操作系统间完成这种操作，就必须借助 Samba 服务。

2. Samba 的工作原理

要想了解 Samba 的工作原理，必须介绍网络基本输入/输出系统（Network Basic Input/OutputSystem，NetBIOS）协议，因为 Samba 就是基于 NetBIOS 协议实现的。NetBIOS 协议最早是由 IBM 公司开发的，用于在小型局域网内部进行网络通信。Microsoft 公司的网络架构也是基于 NetBIOS 协议开发的。由于 Samba 在发展之初是为了让 Linux 操作系统加入 Windows 操作系统中进行通信，因此 Samba 也采用了 NetBIOS 协议。最早的 NetBIOS 协议只能在局域网内部使用，无法跨越多个网络。虽然现在的 NetBIOS over TCP/IP 技术可以跨网络使用 Samba 服务，但实际应用中更多的还是在一个局域网中使用。

根据 NetBIOS 协议的规定，在一个局域网中进行通信的主机必须有一个唯一的名称，这个名称被称为 NetBIOS Name。NetBIOS Name 就像是计算机的“身份证号码”，用于在通信过程中标识双方的身份信息。在 NetBIOS 协议下，两台主机的通信一般要经过以下两个步骤。

（1）登录对方主机。要想登录某台主机，必须将对方主机和自己的主机加入相同的群组（Workgroup）中。在这个群组中，每台主机都有唯一的 NetBIOS Name，通过 NetBIOS Name 可定位对方主机。

（2）访问共享资源。根据对方主机提供的权限访问共享资源。有时候，即使能够登录对方主机，也不代表可以访问其所有资源，这取决于对方主机开放了哪些资源及每种资源的访问权限。

Samba 服务通过两个后台守护进程来支持以上两个步骤。

（1）nmbd：用来处理和 NetBIOS Name 相关的名称解析服务及文件浏览服务。可以把它看作 Samba 自带的域名解析服务。默认情况下，nmbd 守护进程绑定到 UDP 的 137 和 138 端口上。

（2）smbd：提供文件和打印机共享服务，以及用户验证服务，这是 Samba 服务的核心功能。默认情况下，smbd 守护进程绑定到 TCP 的 139 和 445 端口上。

正常情况下，当启动 Samba 服务后，主机就会启用 137、138、139 和 445 端口，并启用相应的 TCP/UDP 监听服务。

活动 2　安装 Samba 服务

1. 认识 Samba 服务软件包

由于启动 Samba 服务时需要 Samba 相关软件包，因此在配置前，应先检查系统中是否已经安装了这个软件包。

Samba 服务的主程序可通过 dpkg 命令查询主程序软件包是否安装，如果没有安装可以使用 apt 命令进行安装。

（1）查询 Samba 服务

使用“dpkg -l samba”命令查询 Samba 软件包是否安装，如下所示。在 Debian 10.10 操作系统中，默认没有安装 Samba 软件包。

```
root@maser:~#dpkg -l samba
期望状态=未知(u)/安装(i)/删除(r)/清除(p)/保持(h)
| 状态=未安装(n)/已安装(i)/仅存配置(c)/仅解压缩(U)/配置失败(F)/不完全安装(H)/触发器等待(W)/触发器未决(T)
|/ 错误?=(无)/须重装(R) (状态,错误:大写=故障)
||/ 名称          版本          体系结构          描述
+++-==============-==============-============-==================
un  samba         <无>          <无>              (无描述)
//un 表示未安装
```

（2）安装 Samba 服务

如果 Samba 软件包未安装，则需要自行安装 Samba 软件包。在挂载光盘后，使用“apt install -y samba”命令安装 Samba 服务所需要的软件包，Samba 软件包的安装如下所示。

```
root@maser:~#mount /dev/cdrom /media/cdrom
mount: /mnt: WARNING: device write-protected, mounted read-only.
root@maser:~#apt install -y samba
正在读取软件包列表... 完成
正在分析软件包的依赖关系树
正在读取状态信息... 完成
将会同时安装下列软件：
  attr ibverbs-providers libboost-regex1.67.0 libcephfs2 libgfapi0 libgfrpc0 libgfxdr0 libglusterfs0 libibverbs1 librados2 libtirpc-common libtirpc3 python-crypto
  python-dnspython python-gpg python-ldb python-samba python-tdb samba-common samba-common-bin samba-dsdb-modules samba-vfs-modules tdb-tools
建议安装：
  python-crypto-doc bind9 bind9utils ctdb ldb-tools ntp | chrony smbldap-tools ufw winbind heimdal-clients
下列【新】软件包将被安装：
  attr ibverbs-providers libboost-regex1.67.0 libcephfs2 libgfapi0 libgfrpc0 libgfxdr0 libglusterfs0 libibverbs1 librados2 libtirpc-common libtirpc3 python-crypto
  python-dnspython python-gpg python-ldb python-samba python-tdb samba samba-common samba-common-bin samba-dsdb-modules samba-vfs-modules tdb-tools
…                                                    //此处省略部分内容
正在处理用于 man-db (2.8.5-2) 的触发器 ...
正在处理用于 libc-bin (2.28-10) 的触发器 ...
root@maser:~#dpkg -l samba
期望状态=未知(u)/安装(i)/删除(r)/清除(p)/保持(h)
| 状态=未安装(n)/已安装(i)/仅存配置(c)/仅解压缩(U)/配置失败(F)/不完全安装(H)/触发器等待(W)/触发器未决(T)
```

```
|/ 错误?=(无)/须重装(R) (状态，错误：大写=故障)
||/ 名称           版本                  体系结构   描述
+++-========-===============-=======-=======================================
ii  samba        2:4.9.5+dfsg-5   amd64    SMB/CIFS file, print, and login server for Unix
```

2. Samba 服务的启停

Samba 服务的后台守护进程是 smbd，因此，在启停 Samba 服务和查询 Samba 服务状态时要以 smbd 作为参数。Samba 服务的启停命令及其功能，如表 9.1.1 所示。

表 9.1.1　Samba 服务的启停命令及其功能

Samba 服务启停命令	功 能 说 明
systemctl start smbd.service	启动 Samba 服务。smbd.service 可简写为 smbd，下同
systemctl restart smbd.service	重启 Samba 服务
systemctl stop smbd.service	停止 Samba 服务
systemctl reload smbd.service	重新加载 Samba 服务
systemctl status smbd.service	查看 Samba 服务的状态
systemctl disable smbd.service	设置 Samba 服务为开机不自动启动
systemctl enable smbd.service	设置 Samba 服务为开机自动启动
systemctl list-unit-files|grep smbd.service	查看 Samba 服务是否为开机自动启动

✔ 任务小结

（1）在进行不同系统间的文件共享时，Samba 服务是一个很好的选择。

（2）Samba 服务的后台守护进程是 smbd，在启停 Samba 服务和查询 Samba 服务状态时要以 smbd 作为参数。

任务9.2　配置Samba服务

✔ 任务描述

A 公司的网络管理员小赵，根据公司的业务需求，已经在信息中心的 Linux 服务器安装了 Samba 软件包，现需要对 Samba 服务器进行配置。

Samba 服务器的配置主要通过修改 Samba 服务器的配置文件来实现，然而这些配置对于 Linux 的初学者而言是比较困难的，因此小赵请来公司的工程师帮忙完成。配置 Samba 服务器拓扑图，如图 9.2.1 所示，具体要求如下。

（1）虚拟机的网络配置方式统一为仅主机模式。

（2）在 master 服务器上，配置 Samba 服务器，IP 地址为 192.168.1.33/24。

（3）Samba 服务器只允许 192.168.1.0/24 网段访问。

（4）Samba 服务器的安全级别为 user 级，所在工作组为 YITENG。

（5）共享名为 Text，共享目录为/MyText，使 admin 和 manager 用户可以访问其个人主目录和 Text 共享目录，并对目录可读/写。

（6）共享名为 Share，共享目录为/MyShare，除 admin 和 manager 之外的用户只能访问个人主目录和只读访问 Share 共享目录。

（7）在客户端 client 上，测试 Text 和 Share 共享的正确性。

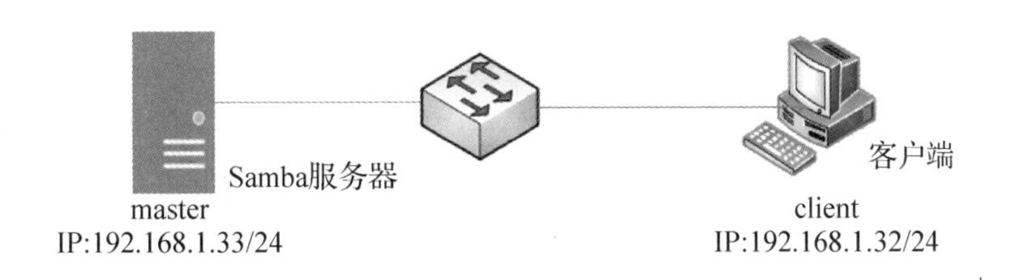

图 9.2.1　配置 Samba 服务器拓扑图

✔ 任务实施

活动 1　认识 Samba 配置文件

安装好 Samba 软件后，可以在/etc/samba/目录下看到 smb.conf 主配置文件。

1. Samba 主配置文件 smb.conf

smb.conf 文件中包含 Samba 服务的大部分参数配置，其文件结构如例 9.2.1 所示。

例 9.2.1　smb.conf 文件结构

```
[global]
        workgroup = WORKGROUP
            …                                           //此处省略部分内容
[homes]
      comment = Home Directories
     browseable = no
      valid users = %S, %D%w%S
            …                                           //此处省略部分内容
```

Samba 服务参数分为全局参数和共享参数两类，相应的，smb.conf 文件也分为全局参数配置和共享参数配置两大部分。参数配置的基本格式是“参数名=参数值”。smb.conf 文件中以“#”开头的行表示注释，以“;”开头的行表示 Samba 服务可以配置的参数，它们都起注释说明的作用，可以忽略。

（1）全局参数

全局参数的配置对整个 Samba 服务有效。在 smb.conf 文件中，“[global]”之后的部分表示全局参数。根据全局参数的内在联系，可以进一步将其分为网络相关参数、日志相关参数、安全性相关参数、打印机相关参数、文件系统相关参数等。Samba 服务程序中的全局参数及其作用如表 9.2.1 所示。

表 9.2.1 Samba 服务程序中的全局参数及其作用

类　别	参　数	作　用
网络相关参数	workgroup=工作组名称	设置局域网中的工作组名称，如 workgroup=MYGROUP
	netbios name=主机 NetBIOS Name	同一工作组中的主机拥有唯一的 NetBIOS Name，如 netbios name=MYSERVER，这个名称不同于主机名
	server string=服务器描述信息	默认显示 Samba 版本，如 server string=Samba Server Version %v。建议改为有实际意义的服务器描述信息
	interfaces=网络接口	指定 Samba 监听哪些网络接口。可以指定网卡名称，也可以指定网卡的 IP 地址，如 interfaces=lo ens33 192.168.1.1/24
	hosts allow=允许主机列表	设置主机白名单，白名单里的主机可以访问 Samba 服务器资源。主机用其 IP 地址表示，多个 IP 地址之间用空格分隔。可以单独指定一个 IP 地址，也可以指定一个网段，如 hosts allow=192.168.1.33
	hosts deny=禁止主机列表	设置主机黑名单，黑名单里的主机禁止访问 Samba 服务器资源。hosts deny 的配置方式和 hosts allow 相同
日志相关参数	log file=日志文件名	设置 Samba 服务器上日志文件的存储位置和日志文件名称，如 log file=/var/log/samba/log.%m
	max log size=最大容量	设置日志文件的最大容量，以 KB 为单位，值为 0 时表示不限制。当日志文件的大小超过最大容量时，会对日志文件进行轮转，如 max log size=50
安全性相关参数	security=安全性级别	此设置会影响 Samba 客户端的身份验证方式。security 可设置为 share、user、server 和 domain。其中，share 表示 Samba 客户端不需要提供账号和密码，安全性较低；user 使用比较多，Samba 客户端需要提供账号和密码，这些账号和密码都保存在 Samba 服务器中并由 Samba 服务器负责验证账号和密码的合法性；server 表示账号和密码交由 Windows NT/2000 或 Samba 服务器来验证，是一种代理验证；domain 表示指定由主域控制器进行身份验证。需要说明的是，在 Samba 4.0 的版本中，share 和 server 的功能已被弃用
	passdb backend=账户密码存储方式	设置如何存储账号和密码，有 smbpasswd、tdbsam 和 ldapsam 三种方式，如 passdb backend=tdbsam
	encrypt passwords=yes|no	设置是否对账户的密码进行加密，一般开启此选项，即 encrypt passwords=yes
打印机相关参数	Load printer=yes	设置在 Samba 服务启动时是否共享打印机设备
	Cups options=raw	打印机的选项

（2）共享参数

共享参数用来设置域的各种属性。共享域是指在 Samba 服务器中共享给其他用户的文件或打印机资源。设置共享域的格式是“[共享名]”，共享名表示共享资源对外显示的名称。共享域的属性及其功能如表 9.2.2 所示。

表 9.2.2 共享域的属性及其功能

共享域的属性	功　能
comment	共享目录的描述信息
path	共享目录的绝对路径
browseable	共享目录是否可以浏览
public	是否允许用户匿名访问共享目录
read only	共享目录是否只读，当与 writeable 发生冲突时，以 writeable 为准
writeable	共享目录是否可写，当与 read only 发生冲突时，忽略 read only
valid users	允许访问 Samba 服务的用户和组
invalid users	禁止访问 Samba 服务的用户和组
read list	对共享目录只有读权限的用户和组
write list	可以在共享目录内进行写操作的用户和组
hosts allow	允许访问该 Samba 服务器的主机 IP 或网络
hosts deny	不允许访问该 Samba 服务器的主机 IP 或网络
guest only	设置是否只允许 guest 账号访问
guest ok	共享目录是否开放 guest 账号访问

【小贴士】

当 Samba 服务器将 Linux 中的部分目录共享时，共享目录的权限除了与表 9.2.2 中给定的权限有关，还与其本身的文件系统权限有关。

“[homes]”和“[printers]”是两个特殊的共享域。其中[homes]表示共享用户的主目录，当使用者以 Samba 用户身份登录 Samba 服务器后，会看到自己的主目录，目录名称和用户名称相同；[printers]表示共享打印机。[homes]共享域配置示例如例 9.2.2 所示。

例 9.2.2　[homes]共享域配置示例

```
[homes]
        comment = Home Directories
        valid users = %S
        browseable = No
        read only = yes
        inherit acls = Yes
```

还可以根据需要自定义共享域，如要共享 Samba 服务器中的/var/pub 目录，共享名为“SHARE”，admin 用户组的所有用户都有访问权限，但只有管理员用户 zyt 具有完全控制权限，如例 9.2.3 所示。

例 9.2.3　自定义共享域

```
[SHARE]
        comment = SHARE Public Resource
        path = /var/pub
        browseable = yes
```

```
        writeable = no
        admin users = zyt
        valid users = @admin
```

（3）参数变量

在前面关于全局参数和共享参数的介绍中，使用了“%V”“%m”的写法，其实这样是为了简化配置，Samba 为用户提供了参数变量。在 smb.conf 文件中，参数变量就像“占位符”，会被实际的参数值取代。Samba 常用的参数变量及其功能如表 9.2.3 所示。

表 9.2.3　Samba 常用的参数变量及其功能

参数变量	功　　能
%S	当前服务名
%L	Samba 服务器的 NetBIOS Name
%m	Samba 客户端的 NetBIOS Name
%h	Samba 服务器的主机名
%M	Samba 客户端的主机名
%H	Samba 用户的主目录
%l	Samba 客户端的 IP 地址
%U	当前连接 Samba 服务器的用户名
%g	当前用户所属的用户组
%D	当前用户所属的域或工作组名称
%T	Samba 服务器的日期与时间
%v	Samba 服务器的版本

在例 9.2.2 中，[homes]共享域有一行配置“valid users = %S”。其中，valid users 表示可以访问 Samba 服务的用户白名单，而%S 表示当前登录的用户，此行表示只要能成功登录 Samba 服务器的用户都可以访问 Samba 服务。如果现在的登录用户是 admin，那么[homes]就会自动变为[admin]，admin 用户能看到自己在 Samba 服务器中的主目录。

2. 管理 Samba 用户

为了提高 Samba 服务的安全性，一般要求使用者在 Samba 客户端以某个 Samba 用户的身份登录 Samba 服务器。Samba 用户必须对应一个同名的 Linux 系统用户，也就是说，创建 Samba 用户之前要先创建一个同名的系统用户。不同于 Linux 系统用户的配置文件/etc/passwd，Samba 用户的用户名和密码都保存在/etc/samba/smbpasswd 文件中。

管理 Samba 用户的命令是 smbpasswd，其基本语法格式如下。

```
smbpasswd [选项] 用户名
```

smbpasswd 命令的常用选项及其功能如表 9.2.4 所示。

表 9.2.4　smbpasswd 命令的常用选项及其功能

选　项	功　能
-a	增加 Samba 用户并设置密码（必须已存在同名的 Linux 系统用户）
-x	删除 Samba 用户
-d	冻结 Samba 用户，使其无法再使用 Samba 服务
-e	解冻（恢复）Samba 用户
-n	将 Samba 用户密码设置为空

如果要创建一个 Samba 用户 user1，则可以按照例 9.2.4 所示的方法进行操作。

例 9.2.4　创建 Samba 用户

```
root@maser:~#useradd -m user1                    //创建 Linux 系统用户
root@maser:~#passwd user1                        //设置 Linux 系统用户密码
新的密码：                                        //输入密码
重新输入新的密码：                                //再次输入密码
passwd：已成功更新密码
root@maser:~#smbpasswd -a user1                  //创建 Samba 用户并设置密码
New SMB password:                                //输入密码
Retype new SMB password:                         //再次输入密码
Added user user1.
```

活动 2　配置 Samba 服务器

user 级的 Samba 服务器是 Samba 服务器的默认级别，除配置/etc/samba/smb.conf 主配置文件外，还要配置用户信息。

1. 设置 master 服务器的 IP 地址等信息

使用 apt install -y samba 命令一键安装 Samba 服务软件，前面已经学习过，这里不再详述。

2. 编辑主配置文件全局设定部分

根据任务要求，修改“/etc/samba/smb.conf”主文件，在 global 部分主要参数设置中，修改服务器所在工作组为 YITENG 和只允许 192.168.1.0/24 网段访问，如下所示。

```
root@maser:~#vim /etc/samba/smb.conf
  29          workgroup = YITENG
  30          hosts allow = 192.168.1.
```

3. 编辑主配置文件共享定义部分

根据任务要求增加共享定义部分，在文档最后进行添加，如下所示。

```
237 [Text]
238         path = /MyText
239         valid users = user1 manager
240         read only = no
241 [Share]
242         path = /MyShare
```

4. 创建共享目录

创建两个共享目录，由于/MyText 为 root 所建，默认 user1 和 manager 并没有写权限，因此需要通过 chmod o=rwx /MyText 命令给其他用户加上写权限，如下所示。

```
root@maser:~#mkdir /MyText
root@maser:~#mkdir /MyShare
root@maser:~#chmod o=rwx /MyText
```

5. 设置 Samba 用户

添加用户 user1 和 manager，设置登录密码，将 user1 和 manager 设置为 Samba 用户，并设置共享访问密码，可使用 pdbedit -L 查看现有 Samba 用户，如下所示。

```
root@master:~#useradd -m user1
root@master:~#useradd -m manager
root@master:~#passwd user1
root@master:~#passwd manager
root@master:~#smbpasswd -a user1
New SMB password:
Retype new SMB password:
Added user user1.
root@master:~#smbpasswd -a manager
New SMB password:
Retype new SMB password:
Added user manager.
root@master:~#pdbedit -L
user1:1003:
manager:1004:
```

6. 使用 testparm 命令测试配置文件

可使用 testparm 命令测试配置文件的语法格式是否正确，且具有部分语句的自动修正和语法统一功能，如需查看共享定义部分，可以按 Enter 键，如下所示。

```
root@master:~#testparm
rlimit_max: increasing rlimit_max (1024) to minimum Windows limit (16384)
Registered MSG_REQ_POOL_USAGE
Registered MSG_REQ_DMALLOC_MARK and LOG_CHANGED
Load smb config files from /etc/samba/smb.conf
rlimit_max: increasing rlimit_max (1024) to minimum Windows limit (16384)
Processing section "[homes]"
Processing section "[printers]"
Processing section "[print$]"
Processing section "[MyText]"
Processing section "[Share]"
Loaded services file OK.
Server role: ROLE_STANDALONEPress enter to see a dump of your service definitions
# Global parameters
```

```
[global]
        log file = /var/log/samba/log.%m
        logging = file
        …                                          //此处省略部分内容
        workgroup = YITENG
        idmap config * : backend = tdb
        hosts allow = 192.168.1.
[homes]
        browseable = yes                           //家目录默认为只读
        comment = Home Directories
        create mask = 0700
        directory mask = 0700
        read only = No
        valid users = %S
        …                                          //此处省略部分内容
[Text]
        path = /MyText
        read only = No
        valid users = user1 manager
[Share]
        path = /MyShare
```

7. 重启 smbd 服务

重启 smbd 服务，并设置开机自动启动，如下所示。

```
root@master:~#systemctl restart smbd
root@master:~#systemctl enable smbd
```

8. 访问 Samba 共享资源

Windows 计算机需要安装 TCP/IP 和 NetBIOS 协议，才能访问到 Samba 服务器提供的共享文件和打印机。如果 Windows 计算机要向 Linux 或 Windows 计算机提供共享文件，那么在 Windows 计算机上不仅要设置共享的文件夹，还必须设置 Microsoft 网络共享的文件和打印机。

（1）Windows 客户端验证

01 将 Windows 客户端的 IP 地址设为 192.168.1.38，并使用 ping 命令检查客户端主机和 Samba 服务器之间的网络连通性。

02 在 Windows 客户端上，打开任意一个 Windows 窗口，在地址栏内输入 \\192.168.1.33，按 Enter 键会弹出如图 9.2.2 所示的窗口。

03 双击 Text 共享目录，弹出登录对话框，在用户名中输入指定的共享用户，密码是 Samba 用户密码，如图 9.2.3 所示。

04 在 Text 共享目录中，新建一个文本文件“test.txt”测试权限，如图 9.2.4 所示。

05 进入 Share 共享目录，新建一个文本文件用来测试权限，如图 9.2.5 所示。

06 进入用户主目录 user1，新建一个文本文件 test2 用来测试权限（家目录默认为只读权限，因此被拒绝），如图 9.2.6 所示。

图 9.2.2　显示共享目录

图 9.2.3　登录 Samba 服务器

图 9.2.4　在 Windows 下访问共享目录 Text

图 9.2.5　在 Windows 下访问共享目录 Share

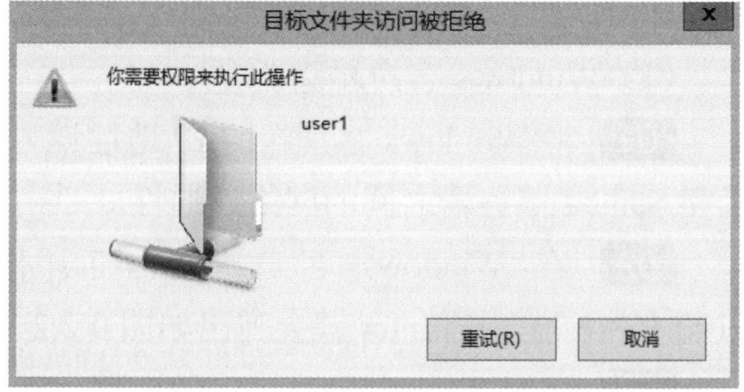

图 9.2.6　在 Windows 下访问 user1 用户主目录

（2）Linux 客户端验证

设置 Linux 客户端的 IP 地址为 192.168.1.32，并使用 ping 命令检查客户端主机和 Samba 服务器之间的网络连通性。

在 Linux 客户端中验证 Samba 服务器需要使用 smbclient 工具。smbclient 工具是 Samba 服务套件中的一部分，它在 Linux 终端窗口中为用户提供了一种交互式工作环境，允许用户通过某些命令访问 Samba 共享资源。必须先安装 samba-client 软件包才可以使用 smbclient 工具，配置好 yum 源后，就可使用 yum install -y samba-client 命令进行安装了。

```
smbclient [服务名] [选项]
```

服务名就是要访问的共享资源，格式为//server/service。其中，server 是 Samba 服务器的 NetBIOS Name 或 IP 地址，service 是共享名。smbclient 命令的常用选项及其功能如表 9.2.5 所示。

表 9.2.5　smbclient 命令的常用选项及其功能

选　项	功　能
-L	查看 Samba 服务器的可用资源
-I	指定 Samba 服务器的 IP 地址
-U	指定 Samba 用户名和密码

为了验证 Samba 服务是否可用，可以使用 smbclient 命令的-L 选项查看 Samba 服务器的可用资源，如下所示。

```
root@client:~#apt install -y smbclient
root@client:~#smbclient -L 192.168.1.33 -U user1%123456
        Sharename       Type      Comment
        ---------       ----      -------
        print$          Disk      Printer Drivers
        Text            Disk
        Share           Disk
        IPC$            IPC       IPC Service (Samba 4.9.5-Debian)
        user1           Disk      Home Directories
Reconnecting with SMB1 for workgroup listing.
        Server               Comment
        ---------            -------
        Workgroup            Master
        ---------            -------
        WORKGROUP            MASTER
```

如果要访问并管理共享资源，则可以在 smbclient 命令中指定具体的服务名，随机进入 smbclient 的交互环境，可使用很多命令直接管理共享资源，如 ls、cd、lcd、get、mget、put 和 mput 等。关于这些命令的详细用法大家可参阅相关书籍，这里不再进行深入讨论。

```
root@client:~# smbclient //192.168.1.33/Text -U user1%123456
Try "help" to get a list of possible commands.
smb: \> ls
                                    D        0  Sat Aug 21 14:20:11 2021
  ...                               D        0  Sat Aug 21 14:08:57 2021
  test.txt                          A        0  Sat Aug 21 14:20:04 2021

                19525456 blocks of size 1024. 13522008 blocks available
```

任务小结

（1）配置 Samba 服务时，需要添加 Samba 用户和设置共享访问密码，才能访问共享。
（2）在进行测试 Samba 服务的用户家目录时，该目录默认是只读的。

任务9.3 认识与安装NFS服务

任务描述

A 公司的网络管理员小赵，根据公司的业务需求，要在信息中心的 Linux 服务器上实现文件共享，小赵首先想到使用 NFS 服务器，现需要安装其相关组件。

在信息中心的 Linux 服务器安装 NFS 相关组件后，可以通过网络实现资源共享。NFS 的功能是通过网络让不同的机器和操作系统能够彼此分享各自的数据，让应用程序在客户端通过网络访问位于服务器磁盘中的数据，是在 Linux 系统中实现磁盘文件共享的一种方法。

任务实施

活动 1　认识 NFS 服务

NFS（Network File System，网络文件系统）是一种用于分散式文件系统的协定，由 Sun 公司开发，于 1984 年向外公布。NFS 的功能是通过网络让不同的机器和操作系统能够彼此分享各自的数据，使应用程序在客户端通过网络访问位于服务器磁盘中的数据，是在类 UNIX 系统间实现磁盘文件共享的一种方法。

NFS 的基本原则是，允许不同的客户端及服务器端通过一组 RPC 分享相同的文件系统。它独立于操作系统，允许不同的硬件及操作系统共同进行文件的分享。

NFS 在文件传送或信息传送过程中依赖于 RPC 协议。RPC（Remote Procedure Call，远程过程调用）是能使客户端执行其他系统中的程序的一种机制。NFS 本身是没有提供信息传输协议的功能的，但 NFS 却能让我们通过网络进行资料的分享，这是因为 NFS 使用了一些其他的传输协议。而这些传输协议会用到 RPC 功能，可以说 NFS 本身就是使用 RPC 的一个程序，或者说 NFS 是一个 RPC Server，所以只要用到 NFS 的地方就要启动 RPC 服务，无论是 NFS Server 还是 NFS Client。这样 Server 和 Client 才能通过 RPC 来实现 PROGRAM PORT 的对应。RPC 和 NFS 的关系：NFS 是一个文件系统，而 RPC 负责信息的传输。

NFS 的优点如下。

（1）节省本地存储空间，可以将常用的数据存放在一台 NFS 服务器上，并且可以通过网络访问这些数据。

（2）用户不需要在网络中的每个机器上都创建家目录。家目录可以放在 NFS 服务器上，并且可以在网络上被访问和使用。

（3）一些存储设备，如软驱、CDROM 和 Zip（一种高储存密度的磁盘驱动器与磁盘）等都可以在网络上被其他的机器使用。这可以减少整个网络上可移动介质设备的数量。

活动 2　安装 NFS 服务

1. 认识 NFS 服务软件包

由于启动 NFS 服务时需要使用 nfs-kernel-server 软件包，因此在配置使用 NFS 之前，先要检查系统中是否已经安装了 NFS 服务的软件包。

NFS 服务的主程序软件包可以通过 dpkg 命令查询主程序软件包是否安装，如果没有，则可以使用 apt 命令进行安装。

（1）查询 nfs-kernel-server 软件包

使用“dpkg -l nfs-kernel-server”命令查询 nfs-kernel-server 软件包是否安装，如下所示。在 Debian 10.10 操作系统中，默认没有安装 nfs-kernel-server 软件包。

```
root@slave:~#dpkg -l nfs-kernel-server
dpkg-query: 没有找到与 nfs-kernel-server 相匹配的软件包
```

（2）安装 nfs-kernel-server 软件包

如果 nfs-kernel-server 软件包未安装，则需要自行安装 nfs-kernel-server 软件包。在挂载光盘后，使用“apt install -y nfs-kernel-server”命令安装 NFS 所需要的软件包，nfs-kernel-server 软件包的安装如下所示。

```
root@slave:~#mount /dev/cdrom /media/cdrom
mount: /mnt: WARNING: device write-protected, mounted read-only.
root@slave:~#apt install -y nfs-kernel-server
正在读取软件包列表... 完成
正在分析软件包的依赖关系树
正在读取状态信息... 完成
将会同时安装下列软件：
  keyutils libnfsidmap2 libtirpc-common libtirpc3 nfs-common rpcbind
建议安装：
  open-iscsi watchdog
下列【新】软件包将被安装：
  keyutils libnfsidmap2 libtirpc-common libtirpc3 nfs-common nfs-kernel-server rpcbind
…                                                        //此处省略部分内容
正在处理用于 man-db (2.8.5-2) 的触发器 ...
正在处理用于 libc-bin (2.28-10) 的触发器 ...
root@slave:~#dpkg -l nfs-kernel-server
期望状态=未知(u)/安装(i)/删除(r)/清除(p)/保持(h)
```

```
| 状态=未安装(n)/已安装(i)/仅存配置(c)/仅解压缩(U)/配置失败(F)/不完全安装(H)/触发器等待(W)/触发器未决(T)
|/ 错误?=(无)/须重装(R) (状态，错误：大写=故障)
||/ 名称                      版本                    体系结构      描述
+++-=================-===================-=========-=======================
ii  nfs-kernel-server 1:1.3.4-2.5+deb10u1 amd64        support for NFS kernel server
```

2. NFS 服务的启停

NFS 服务的后台守护进程是 nfsd，但在启停 NFS 服务和查询 NFS 服务状态时要以 nfs-kernel-server 命令作为参数。NFS 服务的启停命令及其功能，如表 9.3.1 所示。

表 9.3.1　NFS 服务的启停命令及其功能

NFS 服务启停命令	功 能 说 明
systemctl start nfs-kernel-server.service	启动 NFS 服务。nfs-kernel-server.service 可简写为 nfs-kernel-server，下同
systemctl restart nfs-kernel-server.service	重启 NFS 服务
systemctl stop nfs-kernel-server.service	停止 NFS 服务
systemctl reload nfs-kernel-server.service	重新加载 NFS 服务
systemctl status nfs-kernel-server.service	查看 NFS 服务的状态
systemctl disable nfs-kernel-server.service	设置 NFS 服务为开机不自动启动
systemctl enable nfs-kernel-server.service	设置 NFS 服务为开机自动启动
systemctl list-unit-files|grep nfs-kernel-server.service	查看 NFS 服务是否为开机自动启动

✔ 任务小结

（1）NFS 服务依赖于 rpcbind 服务，在安装 NFS 服务时，rpcbind 包同时被安装。

（2）rpcbind 服务默认是开启的，需要注意的是，NFS 启动的服务名称是 nfs-kernel-server。

任务9.4　配置NFS服务

✔ 任务描述

A 公司的网络管理员小赵，根据公司的业务需求，在信息中心的 Linux 服务器上安装了 NFS 相关组件，现需要对 NFS 服务进行配置。

Linux 服务器安装 NFS 服务后，就要对 NFS 服务进行配置，而配置的关键在于 NFS 的共享启用与挂载。由于小赵对此并不熟悉，于是请来工程师过来帮忙解决。配置 NFS 服务器拓扑图，如图 9.4.1 所示，具体要求如下。

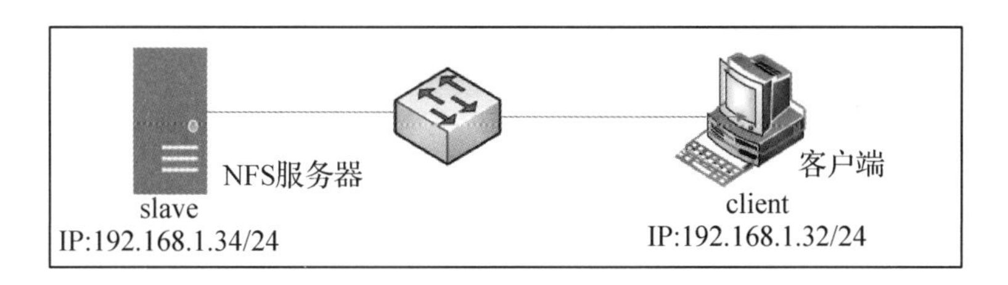

图 9.4.1　配置 NFS 服务器拓扑图

（1）虚拟机的网络配置方式统一为仅主机模式。

（2）在 slave 服务器上，配置 NFS 服务，IP 地址为 192.168.1.34/24。

（3）输出共享名为 MyText，共享目录为/MyText，对 192.168.1.32/24 主机可读/写，远程 root 映射为匿名用户，并进行数据同步。

（4）输出共享名为 MyShare，共享目录为/MyShare，对所有 192.168.1.0 网段的主机可读/写，进行数据同步，并将远程用户映射为本地 uid 的 333 用户；/myshare 对其他所有非 192.168.1.0 网段的主机为只读，远程用户映射为匿名用户。

（5）在客户端 client 上，测试 MyText 和 MyShare 共享的正确性。

✔ 任务实施

活动 1　认识 NFS 配置文件

1. NFS 主配置文件

NFS 服务的主配置文件是“/etc/exports”，配置文件比较简单，主要通过权限控制来完成，基本语法格式如下所示。

```
<输出目录>[客户端 1 选项(访问权限,用户映射,其他)][客户端 2 选项(访问权限,用户映射,其他]
```

具体配置如例 9.4.1 所示。

例 9.4.1　NFS 配置示例

```
/sharedir1 192.168.0.0/24(rw,sync) *.abc.com(ro,all_squash)
/sharedir2 192.168.0.33(rw,sync,no_root_squash) *(ro)
```

首先每行都是要共享的目录，然后将这个目录依照权限共享给不同的主机，主机后面的小括号内就是权限参数。当参数不止一个时，可以用逗号隔开（注意，主机和小括号之间不能有空格）。

各项参数的详细说明如下。

（1）输出目录：共享供客户端使用的目录，应为绝对路径。

（2）客户端：客户端可以是一个，也可以是多个。名称可以是单台主机、IP 网络地址或 IP 网段，也支持通配符如“*”或“?”，但是通配符只能使用在主机名上。客户端主机常用的指定方式如表 9.4.1 所示。

表 9.4.1　客户端主机常用的指定方式

客　户　端	功 能 说 明
jsj	表示主机名（在同一域下）
jsj.feiteng.com	表示完整的主机名+域名
*.feiteng.com	表示域下所有的主机
192.168.0.34	表示指定 IP 地址
192.168.0.0/24	表示指定网段中所有的客户端主机
*	表示所有的客户端主机

（3）选项：NFS 服务是否好用，小括号内相关选项的设置非常重要，exports 文件中的相关选项及其功能，如表 9.4.2 所示。

表 9.4.2　exports 文件中的相关选项及其功能

分　类	选　项	功 能 说 明
访问权限	ro	read-only 只读，只允许客户机挂载这个文件系统为只读模式
	rw	read-write 明确指定共享目录为读/写权限。用户能否真正写入，还要看该用户有没有开放 Linux 文件系统的写入权限
常规	sync	根据请求进行同步，数据同步写入内存与硬盘
	async	数据暂时存放在内存中，而非直接写入磁盘
	subtree_check	若输出目录是一个子目录，则 NFS 服务器将检查其父目录的权限
	no_subtree_check	即使输出目录是一个子目录，NFS 服务器也不检查其父目录的权限
	noaccess	禁止访问某个目录下的所有文件和目录，这样可以阻止别人访问共享目录下的一些子目录
	link_relative	如果共享文件系统中包括绝对链接，则将全路径转换为相对路径
	link_absolute	不改变符号链接的任何内容
用户映射	root_squash	登录 NFS 主机的如果是 root 身份，那么这个用户将被视为匿名用户，通常它的 UID 和 GID 都会变成 nobody（nfsnobody）那个系统账号的身份
	no_root_squash	让客户机的 root 用户在服务器上拥有 root 权限（不安全，不推荐使用）
	all_squash	把所有远程用户映射到 nfsnobody 用户/组中，使得所有用户以匿名身份访问共享资源
	no_all_squash	不把所有远程用户映射到 nfsnobody 用户/组（默认）中
	anonuid=xx	将远程用户映射为匿名用户，并指定到本地特定的用户账户上，当然这个 UID 要存在于/etc/passwd 中
	anongid=xx	将远程用户映射为匿名用户并指定到本地特定的用户组账户上

2. exportfs 命令

在修改/etc/exports 文件后，使用 exportfs 命令挂载共享目录，可以不重启 NFS 服务，平滑重载配置文件，从而避免进程挂起导致宕机。其实并不需要像其他的服务那样当修改了主配置文件之后必须重启服务，使用 exportfs 命令就可以使设置立即生效。exportfs 命令的基本语法格式如下所示。

```
exportfs [选项]
```

cxportfs 命令的常用选项及其功能如表 9.4.3 所示。

表 9.4.3　exportfs 命令的常用选项及其功能

选　项	功能说明
-a	表示全部挂载或卸载
-o	指定访问选项
-i	忽略/etc/exports 文件，仅使用默认选项
-r	表示重新挂载
-u	表示卸载某个目录
-f	表示清空导出目录列表缓存
-v	表示显示共享目录

3. showmount 命令

showmount 命令主要用于查询 NFS 服务器的相关信息，该命令基于语法格式如下所示。

```
showmount [-ade] 服务器名称或 IP 地址
```

showmount 命令的常用选项及其功能如表 9.4.4 所示。

表 9.4.4　showmount 命令的常用选项及其功能

选　项	功能说明
-a	显示指定 NFS 服务器的所有客户端主机及其所连接的目录
-d	仅显示被客户端连接的所有输出目录
-e	显示 NFS 服务器上所有输出的共享目录
-h	显示帮助信息
-v	显示版本信息

活动 2　配置 NFS 服务器

1. NFS 服务器端的配置

01 设置 slave 服务器的 IP 地址等信息，使用 apt install-y nfs-kernel-server 命令一键安装 NFS 服务的主程序，前面已经学习过，这里不再详述。

02 创建共享目录。

```
root@slave:~#mkdir /MyShare
root@slave:~#mkdir /MyText
```

03 编辑主配置文件/etc/exports。根据任务要求和相关选项的含义，使用 vim 编辑器打开“/etc/exports”文件，输入以下内容并保存后退出，如下所示。

```
root@slave:~#vim /etc/exports
/MyText          192.168.1.32(rw,sync,root_squash)
/MyShare         192.168.1.0(rw,sync,anonuid=333)          *(ro,all_squash)
```

【小贴士】
若没有 UID 为 333 的用户请读者自行创建。

04 使用 exportfs 命令重新输出共享目录，如下所示。

```
root@slave:~#exportfs -arv
exporting 192.168.1.0:/MyShare
exporting 192.168.1.32:/MyText
exporting *:/MyShare
```

05 重新启动 NFS 相关服务。使用命令重新启动 NFS 服务和设置开机自动启动，如下所示。

```
root@slave:~#systemctl restart nfs-kernel-server
root@slave:~#systemctl enable nfs-kernel-server
```

06 测试查看 NFS 服务器输出目录状态。使用 showmount 命令查看当前服务器中 NFS 所有输出的共享目录，如下所示。

```
root@slave:~#showmount -e
Export list for bogon.feiteng.com:
/MyShare (everyone)
/MyText    192.168.1.32
```

2. NFS 客户端的配置

NFS 服务器端配置完成后，客户端如果想要使用该 NFS 就必须先挂载该文件系统，使用完成后及时卸载。用户可以通过 mount 命令将可用输出目录挂载到本地文件系统中，也可以直接修改/etc/fstab 文件实现开机自动挂载 NFS。

01 设置 client 客户端的 IP 地址等信息。

02 NFS 客户端默认未安装 NFS 服务的 nfs-common 工具软件包，如下所示。

```
root@client:~#dpkg -l nfs-common
期望状态=未知(u)/安装(i)/删除(r)/清除(p)/保持(h)
| 状态=未安装(n)/已安装(i)/仅存配置(c)/仅解压缩(U)/配置失败(F)/不完全安装(H)/触发器等待(W)/
触发器未决(T)
|/ 错误?=(无)/须重装(R) (状态,错误:大写=故障)
||/ 名称              版本              体系结构             描述
+++-==============-============-============-==================================
=
un   nfs-common         <无>              <无>                (无描述)
```

03 安装 NFS 服务的 nfs-common 工具软件包，如下所示。

```
root@client:~#apt install -y nfs-common
正在读取软件包列表... 完成
正在分析软件包的依赖关系树
正在读取状态信息... 完成
将会同时安装下列软件:
```

```
  keyutils libnfsidmap2 libtirpc-common libtirpc3 rpcbind
建议安装：
  open-iscsi watchdog
下列【新】软件包将被安装：
  keyutils libnfsidmap2 libtirpc-common libtirpc3 nfs-common rpcbind
…                                                   //此处省略部分内容
正在处理用于 man-db (2.8.5-2) 的触发器 ...
正在处理用于 libc-bin (2.28-10) 的触发器 ...
```

04 查看 NFS 服务器信息。在客户端挂载 NFS 共享目录之前，可以用 showmount 命令查看服务器上有哪些输出目录，以及共享目录是否允许客户端连接。NFS 服务器 IP 地址为 192.168.1.34，查看结果如下所示。

```
root@client:~#showmount -e 192.168.1.34
Export list for 192.168.1.34:
/MyShare (everyone)
/MyText    192.168.1.34
```

05 挂载输出目录到本地。

① 使用 mount 命令挂载 NFS 文件系统

mount 命令的基本语法格式如下。

```
mount -t nfs <NFS 服务器地址:共享目录> <本地挂载点>
```

将 NFS 服务器的/MyText 输出目录挂载到客户端本地的/nfstext 目录下，如下所示。

```
root@client:~#mkdir /nfstext
root@client:~#mount -t nfs 192.168.1.34:/MyText /nfstext
```

这样就完成了远程服务器 192.168.1.34 上的/MyText 输出目录到本地的挂载，打开/nfstext 目录就可以访问远程主机上的文件了。

② 修改/etc/fstab 实现自动挂载

如果要经常使用远程服务器上的共享目录，每次挂载略显麻烦，则可以在客户端直接修改“/etc/fstab”文件的内容实现自动挂载。在 NFS 客户端的/etc/fstab 文件中需添加的内容如下所示。

```
192.168.1.34:/MyText    /nfstext    nfs    defaults    0    0
```

再次开机时 NFS 服务器的输出目录将被自动挂载。

06 卸载输出目录。当用户不需要使用某个 NFS 服务器的输出目录时，为了安全最好及时将共享目录卸载，如要卸载前面所挂载的目录，可以使用 umount 挂载点命令，如下所示。

```
root@client:~#df -TH|grep nfs
192.168.1.34:/MyText    nfs4    20G   5.1G   14G   27% /nfstext
root@client:~#umount /nfstext
root@client:~#df -TH|grep nfs
```

任务小结

（1）NFS 服务的配置文件比较简单，主要通过权限控制来完成。

（2）在进行测试 NFS 服务时，要安装 nfs-common 工具软件包，否则找不到相关命令。

项目 10　配置与管理 Web 服务器

项目描述

A 公司是一家大型的互联网公司，为了对外宣传和扩大影响，决定搭建公司的门户网站。网站相关页面已经设计完成，现需要部署一个大型网站。

考虑到成本和维护方便，公司决定用 Linux 系统配合 Apache 搭建 WWW 服务器。Apache HTTP Server（简称 Apache）是 Apache 软件基金会的一个开放源码的网页服务器，可以在大多数计算机操作系统中运行，由于其多平台和安全性被广泛使用，是最流行的 Web 服务器端软件之一。在全球超过半数的网站中被使用——特别是热门和浏览量较大的网站。本项目主要介绍 Apache 的基本原理、配置文件、服务器的搭建、虚拟主机的使用和虚拟目录的应用。

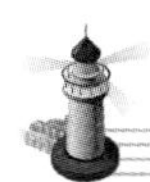

知识目标

1. 了解 Apache 的发展和技术特点。
2. 掌握 Apache 服务的配置文件和配置项。

能力目标

1. 能实现 Apache 软件的安装和启动。
2. 会使用 Apache 常见配置项的配置。
3. 能实现三种虚拟主机的配置。

思政目标

1. 培养学生具有交流沟通能力、独立思考能力和清晰有序的逻辑思维能力。
2. 培养学生具有系统分析与解决问题的能力，能够掌握相关知识点并完成项目任务。
3. 培养学生具有用户需求分析，以及工作规划的能力。
4. 培养学生在配置服务器时，能够具有严谨的工作态度。

思维导图

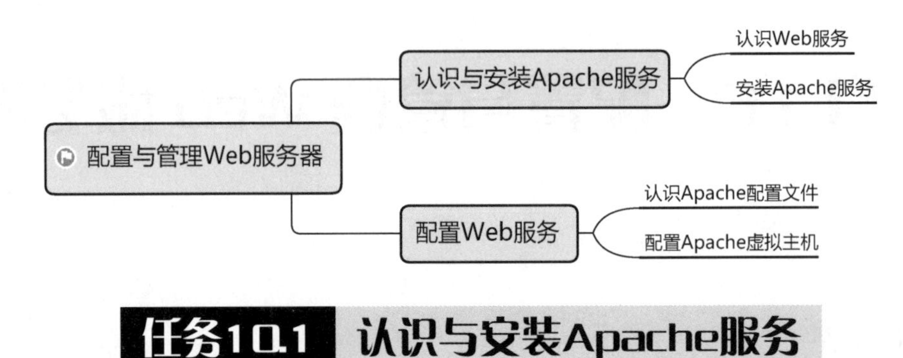

任务10.1 认识与安装Apache服务

任务描述

A 公司的网络管理员小赵，根据公司的业务需求，需要将公司程序员开发好的网站部署到信息中心的 Web 服务器上并向人们展示。公司使用的是 Linux 服务器，现需要安装 Apache 软件包。

在信息中心的 Linux 服务器上安装 Apache 软件包，可以实现网站的部署功能。它不仅快速、可靠，并且具有出色的安全性和跨平台特性，是目前最流行的 Web 服务器软件之一。

任务实施

活动 1　认识 Web 服务

在信息技术高度发达的今天，人们获取和传播信息的主要方式之一就是使用 Web 服务。Web 服务已经成为人们工作、学习、娱乐和社交等活动的重要工具。对于绝大多数的普通用户而言，万维网（World Wide Web，WWW）几乎就是 Web 服务的代名词。Web 服务提供的资源多种多样，可能是简单的文本，也可能是图片、音频和视频等多媒体数据。在互联网发展的早期，人们一般是通过计算机浏览器访问 Web 服务的，浏览器有很多种，如谷歌公司的 Chrome、微软公司的 Edge，以及 Mozilla 基金会的 Firefox 等。如今随着移动互联网的迅猛发展，智能手机逐渐成为人们访问 Web 服务的入口。不管是浏览器还是智能手机，Web 服务的基本原理都是相同的。下面就从 Web 服务的基本原理开始，让我们一起走进丰富多彩的 Web 世界。

1. Web 服务的工作原理

Web 服务也是采用典型的客户端/服务器模式运行的。Web 服务运行于 TCP 之上。每个网站都对应一台（或多台）Web 服务器，服务器中有各种资源，客户端就是用户面前的浏览器。Web 服务的工作原理并不复杂，一般可分为 4 个步骤，即连接过程、请求过程、应答过程和关闭连接。Web 服务的交互过程如图 10.1.1 所示。

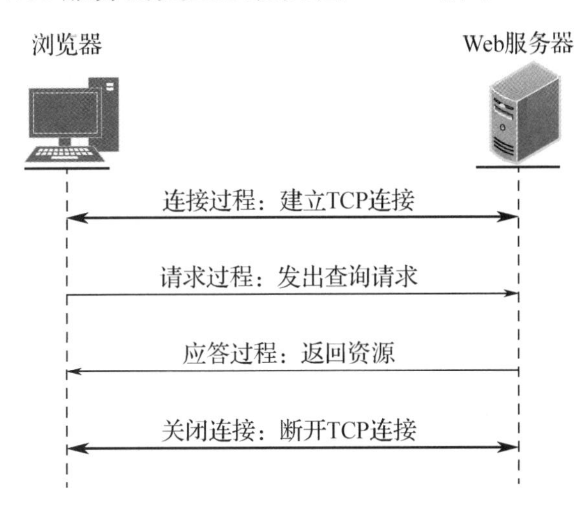

图 10.1.1 Web 服务的交互过程

（1）连接过程：浏览器和 Web 服务器之间建立 TCP 连接的过程。

（2）请求过程：浏览器向 Web 服务器发出资源查询请求。在浏览器中输入的 URL 表示资源在 Web 服务器中的具体位置。

（3）应答过程：Web 服务器根据 URL 把相应的资源返回给浏览器，浏览器则以网页的形式把资源展示给用户。

（4）关闭连接：在应答过程完成以后，浏览器和 Web 服务器之间断开连接的过程。浏览器和 Web 服务器之间的一次交互也被称为一次“会话”。

2. Web 服务相关技术

（1）超文本传输协议（Hyper Text Transfer Protocol，HTTP）是浏览器和 Web 服务器通信时所使用的应用层协议，运行在 TCP 之上。HTTP 规定了浏览器和 Web 服务器之间可以发送的消息类型、每种消息的语法和语义、收发消息的顺序等。

HTTP 是一种无状态协议，即 Web 服务器不会保留与浏览器之间的会话状态。这种设计可以减轻 Web 服务器的处理负担，加快响应速度。

（2）超文本标记语言（Hyper Text Markup Language，HTML）是由一系列标签组成的一种描述性语言，主要用来描述网页的内容和格式。网页中的不同内容，如文字、图形、动画、声音、表格、超链接等，都可以用 HTML 标签来表示。

超文本是一种组织和管理信息的方式，它通过超链接将文本中的文字、图表与其他信息关联起来。这些相互关联的信息可能在 Web 服务器的同一个文件中，也可能在不同的文件中，甚至有可能位于两台不同的 Web 服务器中。通过超文本这种方式可以将分散的资源整合在一起，以方便用户浏览、检索信息。

3. 认识 Apache

Apache 源自 NCSA 所开发的 HTTPD。1994 年后许多 Web 管理员在 HTTPD 基础上不断发展附加功能，一批 Web 管理员通过电子邮件沟通并实现功能，并以补丁（patches）形式发布。1995 年几位核心成员成立了 Apache 组织，随后 Apache 不断更新版本，革新服务器架构，一年内超过了 HTTPD 成为排名第一的 Web 服务器软件。

Apache 以其开源、快速、可靠，并且可通过简单的 API 扩展，将 Perl/Python 等解释器编译到服务器中，是世界使用排名第一的 Web 服务器软件。它可以运行在几乎所有广泛使用的计算机平台上、可移植性非常好。拥有超过 60%的市场占有率，很多著名的网站都使用 Apache 作为服务器。

活动 2　安装 Apache 服务

1. 认识 Apache 服务软件包

启动 Web 服务时需要的相应软件包名为 apache2，因此在配置使用 Apache 之前，先检查系统中是否已经安装了 apache2 软件包。

Apache 服务的主程序可以通过 dpkg 命令查询主程序软件包是否安装，如果没有安装可以使用 apt 命令进行安装。

（1）查询 apache2 软件包

使用“dpkg -l apache2”命令查询 apache2 软件包是否安装，如下所示。在 Debian 10.10 操作系统中，默认没有安装 apache2 软件包。

```
root@maser:~#dpkg -l apache2
期望状态=未知(u)/安装(i)/删除(r)/清除(p)/保持(h)
| 状态=未安装(n)/已安装(i)/仅存配置(c)/仅解压缩(U)/配置失败(F)/不完全安装(H)/触发器等待(W)/触发器未决(T)
|/ 错误?=(无)/须重装(R) (状态,错误:大写=故障)
||/ 名称              版本              体系结构         描述
+++-==============-============-============-=================================
un   apache2          <无>              <无>             (无描述)
//un 表示未安装
```

（2）安装 apache2 软件包

如果没有查询到 apache2 软件包，则需要自行安装。在挂载光盘后，使用“apt install -y apache2”命令安装 Apache 所需要的软件包，apache2 软件包的安装如下所示。

```
root@maser:~#mount /dev/cdrom /media/cdrom
mount: /mnt: WARNING: device write-protected, mounted read-only.
root@maser:~#apt install -y apache2
正在读取软件包列表... 完成
正在分析软件包的依赖关系树
正在读取状态信息... 完成
将会同时安装下列软件：
  apache2-data apache2-utils
建议安装：
  apache2-doc apache2-suexec-pristine | apache2-suexec-custom
下列【新】软件包将被安装：
```

```
    apache2 apache2-data apache2-utils
…                                                    //此处省略部分内容
正在处理用于 man-db (2.8.5-2) 的触发器 ...
正在处理用于 systemd (241-7~deb10u7) 的触发器 ...
```

2. Web 服务的启停

Apache 软件的后台守护进程是 apache2，因此，在启停 Web 服务和查询 Web 服务状态时要以 apache2 作为参数。Web 服务的启停命令及其功能如表 10.1.1 所示。

表 10.1.1　Web 服务的启停命令及其功能

Web 启停命令	功 能 说 明
systemctl start apache2.service	启动 Web 服务。apache2.service 可简写为 apache2，下同
systemctl restart apache2.service	重启 Web 服务（先停止再启动）
systemctl stop apache2.service	停止 Web 服务
systemctl reload apache2.service	重新加载 Web 服务
systemctl status apache2.service	查看 Web 服务的状态
systemctl disable apache2.service	设置 Web 服务为开机不自动启动
systemctl enable apache2.service	设置 Web 服务为开机自动启动
systemctl list-unit-files|grep apache2.service	查看 Web 服务是否为开机自动启动

当确认 Apache 的相关软件包正确安装后，为了验证 Apache 服务器是否正常运行，并不需要更改任何配置文件，可直接启动服务，然后在“活动”菜单中打开 Firefox 浏览器，并在地址栏中输入 http://127.0.0.1。如果 Apache 服务器正常运行，则会进入如图 10.1.2 所示的默认页面。

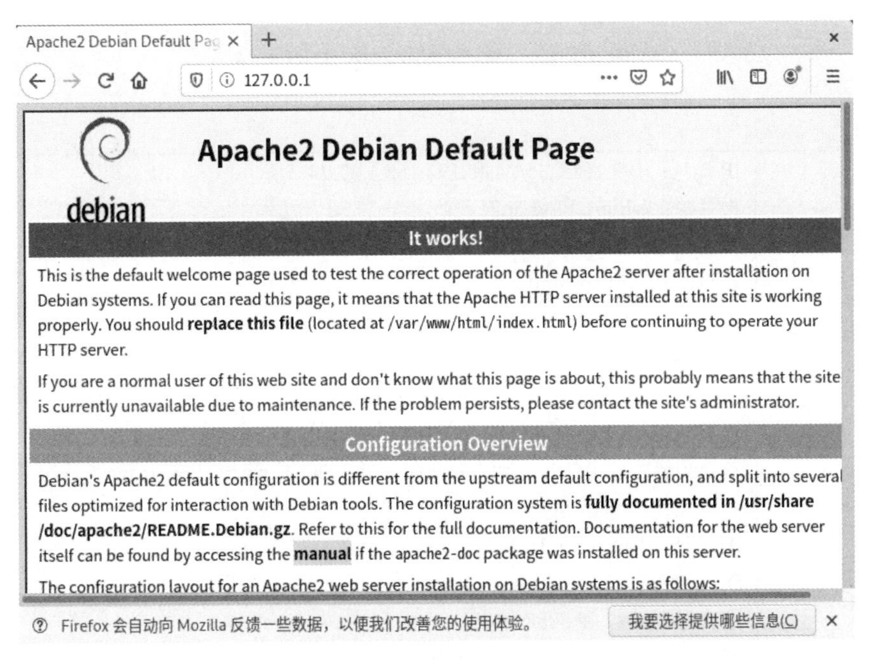

图 10.1.2　默认页面

任务小结

（1）Apache 凭着快速、可靠、出色的安全性和跨平台特性，是目前最流行的 Web 服务器软件之一。

（2）Apache 软件的后台守护进程是 apache2，在启停 Web 服务和查询 Web 服务状态时要以 apache2 作为参数。

任务10.2 配置Web服务

任务描述

A 公司的网络管理员小赵，根据公司的业务需求，已经在信息中心的 Linux 服务器上安装了 Apache 软件包，现需要对 Web 服务器进行配置。

Web 服务器的配置主要通过修改 Apache 服务的配置文件来实现，然而这些配置对于 Linux 的初学者而言是比较困难的，因此小赵请来公司的工程师帮忙完成。配置 Web 服务器拓扑图，如图 10.2.1 所示，具体要求如下。

（1）虚拟机的网络配置方式统一为仅主机模式。

（2）在 master 服务器上，配置 DNS 服务，IP 地址为 192.168.1.33/24，域名为 yiteng.com。

（3）在 www 服务器上配置三种类型的虚拟主机：基于 IP 地址、基于域名和基于端口号的虚拟主机，如表 10.2.1 所示。

表 10.2.1　配置 Apache 虚拟主机

项　目	说　明
基于 IP 地址的虚拟主机	IP 地址：192.168.1.35/24 和 192.168.1.37/24 根目录：/vh/ip1 和/vh/ip2 首页内容："This is 192.168.1.35 homepage."和"This is 192.168.1.37 homepage." 首页文件：index.html
基于域名的虚拟主机	IP 地址：192.168.1.35/24 DNS 地址:192.168.1.33 域名：www1.yiteng.com 和 www2.yiteng.com 根目录：/vh/www1 和/vh/www2 首页内容："This is www1 homepage."和"This is www2 homepage." 首页文件：index.html
基于端口号的虚拟主机	IP 地址：192.168.1.35/24 DNS 地址:192.168.1.33 端口号：8087 和 8088 域名：www1.yiteng.com 和 www2.yiteng.com 根目录：/vh/8087 和/vh/8088 首页内容："This is 8087 homepage."和"This is 8088 homepage." 首页文件：index.html

（4）在客户端 client 上，使用 curl 命令进行验证 Web 服务器的正确性。

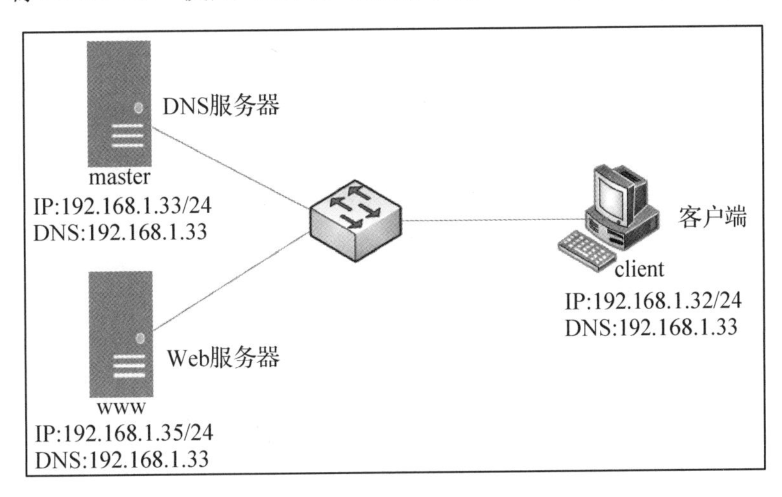

图 10.2.1　配置 Web 服务器拓扑图

任务实施

活动 1　认识 Apache 配置文件

Apache 服务器的主配置文件在/etc/apache2 目录中，其文件名为 apache2.conf。/etc/apache2 目录下的配置文件及其功能如表 10.2.2 所示。

表 10.2.2　apache2 目录下的配置文件及其功能

名　　称	功 能 说 明
apache2.conf	主配置文件
conf-available	可用的子配置文件
conf-enable	已激活的子配置文件
envvars	参数配置文件，包括 log 路径，程序使用的用户名等
magic	定义文件类型等
mods-available	可加载的功能模块，以及模块相应的配置选项
mods-enabled	已启用的模块，主配置文件会引用到此目录的所有文件
ports.conf	定义 apache2 的监听端口
sites-available	可用的网站虚拟主机
sites-enabled	已经启用的网站虚拟主机

apache2.conf 配置文件中的选项主要分为三类，分别是全局选项、主服务器选项和虚拟主机选项。下面具体学习 Apache 主配置文件的结构和基本用法。

1. Apache 主配置文件

安装 Apache 软件后自动生成的 apache2.conf 文件大部分是以“#”开头的说明行或空行。为了保持主配置文件的简洁，降低对于初学者的学习难度，可过滤掉所有的说明行，只保留有效的行，如例 10.2.1 所示。

例 10.2.1 过滤 httpd.conf 的说明行

```
root@www:~#grep -v '#' /etc/apache2/apache2.conf
DefaultRuntimeDir ${APACHE_RUN_DIR}
PidFile ${APACHE_PID_FILE}
Timeout 300
KeepAlive On
MaxKeepAliveRequests 100
KeepAliveTimeout 5
User ${APACHE_RUN_USER}
Group ${APACHE_RUN_GROUP}
…                                                  //此处省略部分内容
<Directory /usr/share>
        AllowOverride None
        Require all granted
</Directory>
<Directory /var/www/>
        Options Indexes FollowSymLinks
        AllowOverride None
        Require all granted
</Directory>
…                                                  //此处省略部分内容
LogFormat "%h %l %u %t \"%r\" %>s %O" common
LogFormat "%{Referer}i -> %U" referer
LogFormat "%{User-agent}i" agent
IncludeOptional conf-enabled/*.conf                //apache 一般性的配置
IncludeOptional sites-enabled/*.conf               //虚拟主机的配置
//Include 引用，将文件内容放到该文件中
```

apache2.conf 文件中包含一些单行的指令和配置段。指令的基本语法格式是“参数名 参数值”，配置段是用一对标签表示的配置选项。下面 apache2 中的常用参数及其作用，如表 10.2.3 所示。

表 10.2.3 apache2 中的常用参数及其作用

参　数	功 能 说 明
ServerRoot	指定 apache2 的运行目录，服务器启动之后自动将目录改变为当前目录，后面使用到的所有相对路径都相对这个目录，默认是/etc/apache2
PidFile	记录 apache2 守护进程的进程 ID，这是系统识别一个进程的方法，系统中 httpd 进程可以有多个，这个 PID 对应的进程是其他的父进程，默认值为/run/apache2.pid
TimeOut	网页超时时间。Web 客户端在发送和接收数据时，如果连线时间超过这个时间，则自动断开连接，默认是 300 秒
KeepAlive	是否允许持续连接，默认值为 On
MaxKeepAliveRequests	设定每个持续连接最多请求数，默认值为 100
User	运行 apache2 服务的用户名
Group	运行 apache2 服务的组

续表

参　数	功 能 说 明
HostnameLookups	打开此项功能，在记录日志的同时记录主机名，这需要服务器来反向解析域名，增加了服务器的负载，通常不建议开启，默认值为 Off
ErrorLog	错误日志存放的位置，默认值为/var/log/apache2/error_log
LogLevel	指定日志信息级别，也就是在日志文件中写入哪些日志信息，默认值为 warn
Listen	指定 Apache 服务端口，默认值为 80
LoadModule	加载功能模块
Include	引入配置文件
ServerAdmin	管理员邮箱地址，默认值为 webmaster@localhost
DocumentRoot	网站数据的根目录。一般来说，除了虚拟目录，Web 服务器上存储的网站资源都在这个目录下，默认值是/var/www/html
ServerName	指定 Apache 服务器的主机名，要保证能够被 DNS 服务器解析
Directory	设置服务器上资源目录的路径、权限及其他相关属性
CustomLog	指定 Apache 的访问日志文件，默认是 logs/access_log
DirectoryIndex	默认主页名称，默认值为 index.html index.html.var
AccessFileName	指定每个目录下的访问控制文件，默认值为.htaccess
DefaultType	默认网页类型，默认值为 text/plain
Alias	设置虚拟目录
AddLanguage	添加语言支持
AddDefaultCharset	指定默认字符编码
NameVirtualHost	定义虚拟主机

2. 文档默认根目录和首页

Web 服务器的各种资源默认保存在文档根目录中。网站的文档默认根目录为/var/www/html，默认首页为 index.html。

（1）在默认根目录下，修改首页文件，如例 10.2.2 所示。

例 10.2.2　创建默认首页文件

```
root@www:~#echo "This is my first Website." > /var/www/html/index.html
root@www:~#ls -l /var/www/html/default.html
-rw-r--r-- 1 root root 26 8 月   25 18:56 index.html
```

（2）在配置目录/etc/apache2/sites-available 中，复制 000-defaul.conf 文件为 default.conf 文件，如例 10.2.3 所示。

例 10.2.3　配置 Apache 目录中的配置文件

```
root@www:~#cd /etc/apache2/sites-available/
root@www:/etc/apache2/sites-available#cp 000-default.conf default.conf
root@www:/etc/apache2/sites-available#vim default.conf
<VirtualHost *:80>
…                                              //此处省略部分内容
    11 ServerAdmin webmaster@localhost         //管理员邮箱
```

```
    12 DocumentRoot "/var/www/html"                //默认主页路径，无须修改

…                                                  //此处省略部分内容
</VirtualHost>
```

（3）重启 Apache 服务，并设置开机自动启动，如下所示。

```
root@www:~#systemctl restart apache2
root@www:~#systemctl enable apache2
```

（4）在命令行界面使用“apt install curl”命令安装 curl 后，输入 curl http://127.0.0.1 进行测试，可显示正确的首页内容，如下所示。

```
root@www:~#apt install curl
root@www:~#curl http://127.0.0.1
This is my first Website.
```

3. 设置文档根目录和首页

Web 服务器中的各种资源默认保存在文档根目录中。一般来说，人们会根据实际需求指定文档根目录。这里将网站的文档根目录设定为/web/www，并将网站的首页设为default.html。

（1）创建文档根目录和首页文件，如例 10.2.4 所示。

例 10.2.4　创建文档根目录和首页文件

```
root@www:~#mkdir -p /web/www
root@www:~#echo "This is my second Website." > /web/www/default.html
root@www:~#ls -l /web/www/default.html
-rw-r--r-- 1 root root 26 8 月   25 18:56 /web/www/default.html
```

（2）在配置目录/etc/apache2/sites-available 中，复制 000-defaul.conf 文件为 default.conf 文件，并修改 DocumentRoot 和 DirectoryIndex 参数，以及将默认的 Directory 配置段中的路径改为/web/www 等，如例 10.2.5 所示。

例 10.2.5　配置 Apache 目录中的配置文件

```
root@www:~#cd /etc/apache2/sites-available/
root@www:/etc/apache2/sites-available#cp 000-default.conf default.conf
root@www:/etc/apache2/sites-available#vim site1.conf
<VirtualHost *:80>
…                                                  //此处省略部分内容
        9    #ServerName    www.example.com        //域名，默认被注释

11 ServerAdmin webmaster@localhost                 //配置管理员邮箱
    12 DocumentRoot "/web/www"                     //配置存放主页路径
    13 DirectoryIndex default.html                 //配置默认主页
    //添加如下内容
     14 <Directory "/web/www">
     15        Options Indexes FollowSymLinks
```

```
        16        AllowOverride None
        17        Require all granted
        18 </Directory>
...                                                  //此处省略部分内容
</VirtualHost>
```

4. a2ensite 命令

a2ensite 命令是 Apache 服务的一个快速切换工具，其常用的快速切换工具及其功能，如表 10.2.4 所示。

表 10.2.4　Apache 服务的快速切换工具及其功能

命　令	功　能
a2ensite	激活/etc/apache2/sites-available 里包含配置文件的站点
a2dissite	禁用/etc/apache2/sites-available 里包含配置文件的站点
a2enmod	启用 Apache 的某个模块
a2dismod	禁用 Apache 的某个模块
a2enconf	启用某配置文件
a2disconf	禁用某配置文件

这里需要使用 a2ensite 命令激活 default.conf 的配置，Web 服务器的站点内容才能正常显示，如下所示。

```
root@www:/etc/apache2/sites-available#a2ensite default.conf
Enabling site default.
To activate the new configuration, you need to run:
  systemctl reload apache2
```

5. 重启

重启 Apache 服务，并设置开机自动启动，如下所示。

```
root@www:~#systemctl restart apache2
root@www:~#systemctl enable apache2
```

6. 测试

在命令行界面输入 curl http://127.0.0.1 进行测试，可显示正确的首页内容，如下所示。

```
root@www:~#curl http://127.0.0.1
This is my second Website.
```

7. Directory 配置段

不管是 Apache 主配置文件，还是虚拟主机配置文件，都需要使用 Directory 配置段。Directory 配置段包含一些具体的选项，如 Options、AllowOverride、Order 等，用来控制 Apache 服务器中特定资源的访问特性。例如，用户可以设定允许或拒绝某些主机访问特定资源。Directory 配置段包含的选项及其功能如表 10.2.5 所示。

表 10.2.5　Directory 配置段包含的选项及其功能

选　项	功　能
Options	设置目录具体使用哪些功能特性
AllowOverride	设置是否把.htaccess 作为配置文件
Order	设置 Apache 服务器的默认访问权限 Allow 和 Deny 的优先级
Allow	指定允许访问 Apache 服务器的主机列表
Deny	指定禁止访问 Apache 服务器的主机列表

活动 2　配置 Apache 虚拟主机

虚拟主机是在一台物理机上搭建多个网站的一种技术。使用虚拟主机技术可以减少搭建 Web 服务器的硬件投入，降低网站维护成本。在 Apache 服务器上有三种类型的虚拟主机，分别是基于 IP 地址的虚拟主机、基于域名的虚拟主机和基于端口号的虚拟主机。

在 000-default.conf 配置文件中，虚拟主机由<VirtualHost>段定义，基本语法格式如下。

```
<VirtualHost *:80>      //可以改为 IP 地址或域名，冒号后跟的是端口号，也可以不进行修改
…                                            //此处省略部分内容
 #ServerName www.example.com                 //定义虚拟主机的名称

ServerAdmin webmaster@localhost              //定义虚拟主机的管理员邮件地址
DocumentRoot /var/www/html                   //定义虚拟主机的主目录

# Available loglevels: trace8, ..., trace1, debug, info, notice, warn,
# error, crit, alert, emerg.
# It is also possible to configure the loglevel for particular
# modules, e.g.
#LogLevel info ssl:warn

        ErrorLog ${APACHE_LOG_DIR}/error.log                   //错误日志
        CustomLog ${APACHE_LOG_DIR}/access.log combined        //访问日志
   …                                                           //此处省略部分内容
</VirtualHost>
```

1. 基于 IP 地址的虚拟主机

基于 IP 地址的虚拟主机是指先为一台 Web 服务器设置多个 IP 地址，再把每个网站绑定到不同的 IP 地址上，通过 IP 地址访问网站。

01 为 Apache 服务器分配两个 IP 地址，在网卡配置文件中添加以下内容，并重启网络服务，如下所示。

```
root@www:~#vim /etc/network/interfaces
…                                                   //此处省略部分内容
auto ens33
iface    ens33    inet     static
address 192.168.1.35
```

```
netmask 255.255.255.0
iface    ens33    inet     static
address 192.168.1.37
netmask 255.255.255.0
root@www:~#systemctl restart netowrking
```

02 使用 ip addr show ens33 命令查询网络配置结果，可以清楚地看到网卡已绑定了两个 IP 地址的信息，如下所示。

```
root@www:~#ip addr show ens33
2: ens33: <BROADCAST,MULTICAST,UP,LOWER_UP> mtu 1500 qdisc pfifo_fast state UP qlen 1000
    link/ether 00:0c:29:16:e9:4a brd ff:ff:ff:ff:ff:ff
    inet 192.168.1.35/24 brd 192.168.1.255 scope global ens33
       valid_lft forever preferred_lft forever
    inet 192.168.1.37/24 brd 192.168.1.255 scope global secondary ens33
       valid_lft forever preferred_lft forever
    inet6 fe80::87f2:d41b:5270:7ba4/64 scope link
       valid_lft forever preferred_lft forever
```

03 为两台虚拟主机分别创建文档根目录和首页文件，如下所示。

```
root@www:~#mkdir -p /vh/ip1
root@www:~#mkdir -p /vh/ip2
root@www:~#echo "This is 192.168.1.35 homepage.">/vh/ip1/index.html
root@www:~#echo "This is 192.168.1.37 homepage.">/vh/ip2/index.html
```

04 新建和虚拟主机对应的配置文件/etc/apache2/sites-available/vhost1.conf，为两台虚拟主机分别指定文档根目录，如下所示。

```
<Virtualhost 192.168.1.35:80>
        DirectoryIndex index.html               //指定主页名称
        DocumentRoot     /vh/ip1                //指定文档根目录
        <Directory /vh/ip1>
                AllowOverride none
                Require all granted
        </Directory>
</Virtualhost>
<Virtualhost 192.168.1.37:80>
       DirectoryIndex index.html                //指定主页名称
        DocumentRoot     /vh/ip2
        <Directory /vh/ip2>
                AllowOverride none
                Require all granted
        </Directory>
</Virtualhost>
```

05 使用 a2ensite 命令激活 vhost1.conf 的配置，Web 服务器的站点内容才能正常显示，如下所示。

```
root@www:/etc/apache2/sites-available#a2ensite vhost1.conf
Enabling site vhost1.
To activate the new configuration, you need to run:
  systemctl reload apache2
```

06 重启 apache2 服务，并设置为开机自动启动，如下所示。

```
root@www:~#systemctl restart apache2
root@www:~#systemctl enable apache2
```

07 在客户端 client 的文本命令行中，使用 curl 命令分别进行测试，如下所示。

```
root@client:~#cat /etc/resolv.conf            //查看 client 的 DNS 地址指向服务器
nameserver 192.168.1.33
root@client:~#curl http://192.168.1.35
This is 192.168.1.35 homepage.
root@www:~#curl http://192.168.1.37
This is 192.168.1.37 homepage.
```

2. 基于域名的虚拟主机

基于域名的虚拟主机只要为 Apache 服务器分配一个 IP 地址即可。各虚拟主机之间共享物理主机的 IP 地址，通过不同的域名进行区分。因此，建立基于域名的虚拟主机需要在 DNS 服务器中建立多条主机资源记录，使不同的域名对应同一个 IP 地址。

01 在 DNS 服务的正向解析区域文件中添加两条 www 的 CNAME 资源记录，如下所示，DNS 服务器的具体配置方法请参考任务 7.2。

```
root@master:~#vim /etc/bind/db.yiteng.com.zone
$TTL    604800
@       IN      SOA     localhost. root.localhost. (
                             2          ; Serial
                        604800          ; Refresh
                         86400          ; Retry
                       2419200          ; Expire
                        604800 )        ; Negative Cache TTL
;
@         IN        NS          master.
@         IN        MX          5       mail.yiteng.com.
Master    IN        A           192.168.1.33
Slave     IN        A           192.168.1.34
www       IN        A           192.168.1.35
mail      IN        A           192.168.1.36
client    IN        A           192.168.1.32
www1      IN        CNAME       www
www2      IN        CNAME       www
```

02 为两个网站分别创建文档根目录和首页文件，如下所示。

```
root@www:~#mkdir -p /vh/www1
```

```
root@www:~#mkdir -p /vh/www2
root@www:~#echo "This is www1 homepage.">/vh/www1/index.html
root@www:~#echo "This is www2 homepage.">/vh/www2/index.html
```

03 修改/etc/apache2/sites-available/vhost2.conf 文件的内容，如下所示。

```
<Virtualhost 192.168.1.35:80>
        ServerName        www1.yiteng.com
        DirectoryIndex index.html
        DocumentRoot      /vh/www1
        <Directory /vh/www1>
                AllowOverride none
                Require all granted
        </Directory>
</Virtualhost>
<Virtualhost 192.168.1.35:80>
        ServerName        www2.yiteng.com
        DirectoryIndex index.html
        DocumentRoot      /vh/www2
        <Directory /vh/www2>
                AllowOverride none
                Require all granted
        </Directory>
</Virtualhost>
```

04 使用 a2ensite 命令激活 vhost2.conf 的配置，Web 服务器的站点内容才能正常显示，如下所示。

```
root@www:/etc/apache2/sites-available#a2ensite vhost2.conf
Enabling site vhost2.
To activate the new configuration, you need to run:
  systemctl reload apache2
```

05 重启 apache2 服务，并设置开机自动启动，如下所示。

```
root@www:~#systemctl restart apache2
root@www:~#systemctl enable apache2
```

06 在客户端 client 的文本命令行中，使用 curl 命令分别进行测试，如下所示。

```
root@client:~#cat /etc/resolv.conf          //查看 client 的 DNS 地址指向服务器
nameserver 192.168.1.33
root@client:~# curl http://www1.yiteng.com
This is www1 homepage.
root@client:~# curl http://www2.yiteng.com
This is www2 homepage.
```

3. 基于端口号的虚拟主机

基于端口号的虚拟主机和基于域名的虚拟主机类似，只要为物理主机分配一个 IP 地址即可，只是这个虚拟主机之间通过不同的端口号进行区分，而不是域名。配置基于端口号的虚拟主机需要在 Apache 主配置文件中通过 Listen 指定启用多个监听端口。

01 在 Apache 的配置文件 ports.conf 中启用 8087 和 8088 两个监听端口，如下所示。

```
root@www:~#vim /etc/apache2/ports.conf
Listen 8087
Listen 8088
```

02 为两台虚拟主机分别创建文档和首页文件，如下所示。

```
root@www:~#mkdir -p /vh/8087
root@www:~#mkdir -p /vh/8088
root@www:~#echo "This is 8087 homepage.">/vh/8087/index.html
root@www:~#echo "This is 8088 homepage.">/vh/8088/index.html
```

03 修改/etc/apache2/sites-available/vhost3.conf 文件的内容，如下所示。

```
root@www:~#vim /etc/apache2/sites-available/vhost3.conf
<Virtualhost 192.168.1.35:8087>
        DocumentRoot    /vh/8087
        ServerName      www1.yiteng.com
        <Directory /vh/8087>
                AllowOverride none
                Require all granted
        </Directory>
</Virtualhost>
<Virtualhost 192.168.1.35:8088>
        DocumentRoot    /vh/8088
        ServerName      www2.yiteng.com
        <Directory /vh/8088>
                AllowOverride none
                Require all granted
        </Directory>
</Virtualhost>
```

04 使用 a2ensite 命令激活 vhost3.conf 的配置，Web 服务器的站点内容才能正常显示，如下所示。

```
root@www:/etc/apache2/sites-available#a2ensite vhost3.conf
Enabling site vhost3.
To activate the new configuration, you need to run:
  systemctl reload apache2
```

05 重启 apache2 服务，并设置为开机自动启动，如下所示。

```
root@www:~#systemctl restart apache2
root@www:~#systemctl enable apache2
```

06 在客户端 client 的文本命令行中，使用 curl 命令分别进行测试，如下所示。

```
root@client:~#cat /etc/resolv.conf            //查看 client 的 DNS 地址指向服务器
nameserver 192.168.1.33
root@client:~#curl http://192.168.1.35:8087
This is 8087 homepage.
root@client:~#curl http://192.168.1.35:8088
This is 8088 homepage.
```

✔ 任务小结

（1）Apache 服务更换主目录时，需要使用 a2ensite 命令激活该配置文件，并启动 apache2 服务，才能显示正确的首页。

（2）在 Apache 服务器上有三种类型的虚拟主机，分别是基于 IP 地址的虚拟主机、基于域名的虚拟主机和基于端口号的虚拟主机。

项目 11　配置与管理邮件服务器

项目描述

A 公司是一家电子商务运营公司，网络管理员为了方便公司员工之间传递消息，准备对公司的网络进行以下设计：建立邮件服务器，实现员工之间邮件的收发。

电子邮件（Electronic mail，E-mail）是互联网上的重要信息传递方式，普通邮件通过邮局送达用户手中，而电子邮件则通过互联网为全球的 Internet 用户提供了一种极为快速、简单和经济的通信和交换信息的方法。Linux 操作系统中较为流行的 E-mail 服务器是 Sendmail 和 Postfix，读取邮件一般由 Dovecot 服务负责。本项目将介绍邮件服务器的工作原理，以及学习 Postfix+Dovecot 的配置方法，使读者能够为 Internet 用户打造一个虚拟的电子邮局，并通过 Foxmail 客户端软件对其进行验证。

知识目标

1. 了解电子邮件的工作原理和组成。
2. 了解 Postfix 配置文件。
3. 了解 Dovecot 配置文件。

能力目标

1. 能正确配置 Postfix 服务器。
2. 能正确配置 Dovecot 服务器。
3. 能正确配置 Foxmail 客户端软件，并使用该软件收发邮件。

思政目标

1. 培养学生具有系统分析与解决问题的能力，能够掌握相关知识点并完成项目任务。
2. 培养学生具有提升邮件系统的安全性意识，能够预防垃圾邮件的产生。
3. 培养学生具有保护邮件的安全意识，能够防止用户邮件等隐私信息泄露。

4. 培养学生具有严谨、细致的工作态度。

思维导图

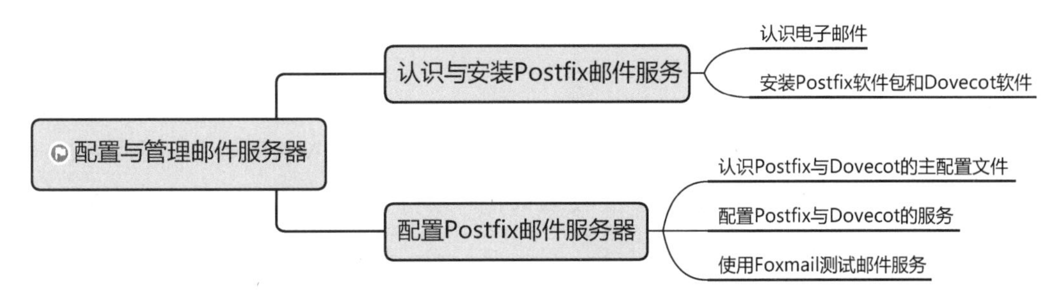

任务11.1 认识与安装Postfix邮件服务

任务描述

A 公司的网络管理员小赵，根据公司的业务需求，需要在信息中心的 Linux 服务器上实现邮件服务器的功能。小赵首先想到了 Postfix 服务器，现需要安装 Postfix 软件包。

在信息中心的 Linux 服务器上安装 Postfix 软件包，可以实现邮件服务器的功能。Postfix 是一种负责电子邮件收发管理的软件，相比于以前的邮件服务器，Postfix 减少了很多不必要的配置步骤，而且在稳定性、并发性方面也有很大改进。

任务实施

活动 1 认识邮件

1. 邮件的组成

一个完整的邮件系统除底层操作系统外，还包括邮件用户代理、邮件传输代理、邮件分发代理和邮件接收代理 4 个功能部分。

（1）MUA

邮件用户代理（Mail User Agent，MUA）客户端软件可提供用户读取、编辑、回复及时处理邮件等功能，根据使用者的需要，一个操作系统中可以同时存在多个 MUA 程序。一般常见的 MUA 程序包括 Linux 平台上的 mailx、elm 和 mh 等，以及 Windows 操作系统中的 Outlook Express 或 Foxmail。

（2）MTA

邮件传输代理（Mail Transfer Agent，MTA）服务器运行软件，即邮件服务器。用户使用 MUA 发送和接收邮件，这一系列操作看上去是透明的，而实际上是由 MTA 完成的。与

MUA 不同，每个系统只能有一个 MTA 处于工作状态，负责邮件的发送，而 UNIX 类平台中使用最为广泛的 MTA 程序有 Sendmail、Postfix 等。

（3）MDA

邮件分发代理（Mail Delivery Agent，MDA）服务器运行软件，用来把 MTA 所接收的邮件传送至指定的邮箱。

（4）MRA

邮件接收代理（Mail Receive Agent，MRA）负责实现 IMAP 与 POP3 协议，与 MUA 进行交互，能够让邮件账户支持离线邮件收取，而无须打开计算机。常用的 MRA 有 Dovecot。

图 11.1.1 所示为电子邮件的工作原理。

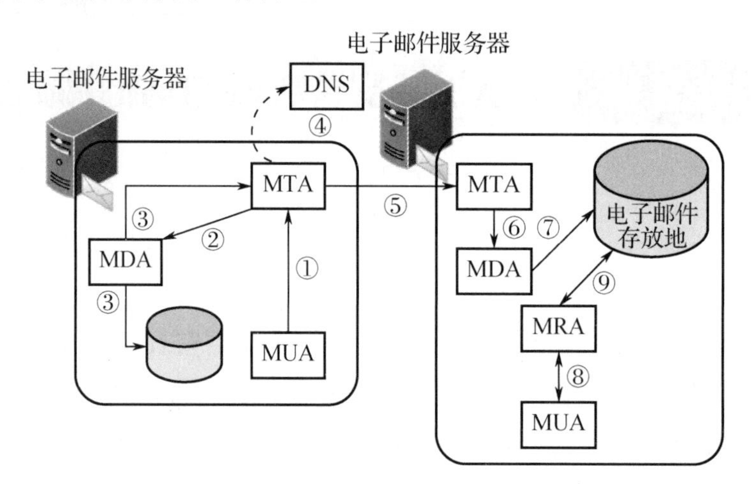

图 11.1.1　电子邮件的工作原理

2. 邮件系统

（1）邮件服务器

网络中运行相应网络协议，负责发送和接收用户电子邮件的服务器。

邮件交换服务器：该服务器运行 SMTP，完成用户邮件的转发工作。

邮件接收服务器：该服务器运行 POP 和 IMAP，接收电子邮件并进行存储。

（2）邮箱

在指定邮件服务器上，用户注册申请的邮箱。如 admin@yiteng.com，那么 yiteng.com 域的邮件服务器会为该用户建立硬盘空间，存储该用户的信件。

（3）邮件交换记录

邮件交换记录（MX）是用于查询邮件服务器的 DNS 资源记录。客户端在发送 E-mail 时，只会填写一个邮件地址，如 admin@yiteng.com，但并不知道 admin 的 MTA 邮件服务器地址，邮件是无法发送成功的。这时就必须通过 DNS 服务器存储的 yiteng.com 域的 MX 记录，查询该域的邮件服务器地址。

（4）Debian 10.10 系统搭建邮件服务器所需软件

通常 Debian 10.10 系统中搭建邮件服务器需要用到 Sendmail+Dovecot 或 Postfix+Dovecot 等，其中 Sendmail 和 Postfix 负责邮件的收发，Dovecot 负责邮件的管理。本项目

以 Postfix+Dovecot 作为邮件系统来进行讲述。

Postfix 是 Wietse Vencma 在 IBM 的 GPL 协议之下开发的 MTA 软件。Postfix 是 Wietse Venema 想要为使用广泛的 Sendmail 提供替代品的一个尝试。在 Internet 世界中，大部分的电子邮件都是通过 Sendmail 来投递的，大约有 100 万用户使用 Sendmail，每天投递上亿封邮件，这真是一个让人吃惊的数字。Postfix 试图更快、更容易管理、更安全，同时还与 Sendmail 保持足够的兼容性。

POP/IMAP 是 MUA 从电子邮件服务器中读取电子邮件时使用的协议。其中 POP3 从电子邮件服务器中下载电子邮件并将其存储起来，IMAP4 则将电子邮件留在服务器端直接对电子邮件进行管理和操作。Dovecot 是一个开源的 IMAP 和 POP3 电子邮件服务器，由 Timo Sirainen 开发，在安全性方面比较出众。另外，Dovecot 支持多种认证方式，所以在功能方面也比较符合一般的应用。

活动 2 安装 Postfix 软件包和 Dovecot 软件

1．认识 Postfix 软件包

由于启动 Postfix 服务时需要 Postfix 相关软件包，因此在配置使用 Postfix 服务之前，先检查系统中是否已经安装了这个软件包。

Postfix 服务的主程序软件包可通过 dpkg 命令查询主程序软件包是否安装，如果没有安装可以使用 apt 命令进行安装。

（1）查询 Postfix 软件包

使用“dpkg -l postfix”命令查询 Postfix 软件包是否安装，如下所示。在 Debian 10.10 操作系统中，默认没有安装 Postfix 软件包。

```
root@mail:~#dpkg -l postfix
期望状态=未知(u)/安装(i)/删除(r)/清除(p)/保持(h)
| 状态=未安装(n)/已安装(i)/仅存配置(c)/仅解压缩(U)/配置失败(F)/不完全安装(H)/触发器等待(W)/触发器未决(T)
|/ 错误?=(无)/须重装(R) (状态,错误:大写=故障)
||/ 名称              版本            体系结构        描述
+++-==============-============-============-=================================
un   postfix          <无>            <无>             (无描述)
```

（2）安装 Postfix 软件包

01 如果 Postfix 软件包未安装，需要自行进行安装。在挂载光盘后，使用“apt install -y postfix”命令安装 Postfix 需要的软件包，Postfix 软件包安装如下所示。

```
root@mail:~# apt install -y postfix
正在读取软件包列表... 完成
正在分析软件包的依赖关系树
正在读取状态信息... 完成
建议安装：
  procmail postfix-mysql postfix-pgsql postfix-ldap postfix-pcre postfix-lmdb postfix-sqlite resolvconf
```

```
postfix-cdb ufw postfix-doc
    下列【新】软件包将被安装：
      postfix
    …                                                            //此处省略部分内容
    正在处理用于 man-db (2.8.5-2) 的触发器 ...
    正在处理用于 rsyslog (8.1901.0-1) 的触发器 ...
```

02 在安装过程中，会弹出“Postfix configuration”配置界面，单击“确定”按钮即可，如图 11.1.2 所示。

03 出现选择邮件服务器类型的窗口，选择“Internet Site”类型，单击“确定”按钮，如图 11.1.3 所示。

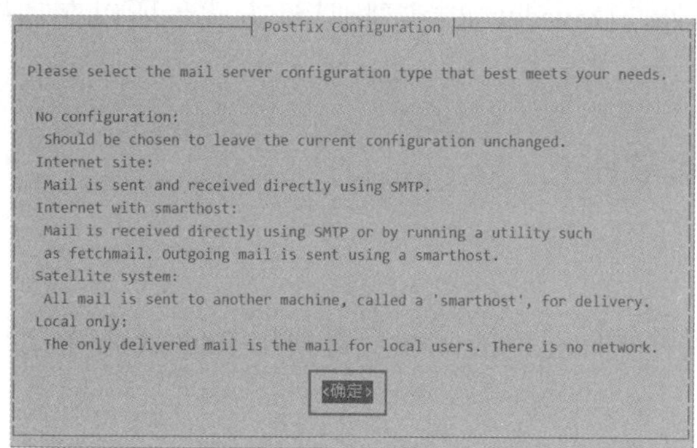

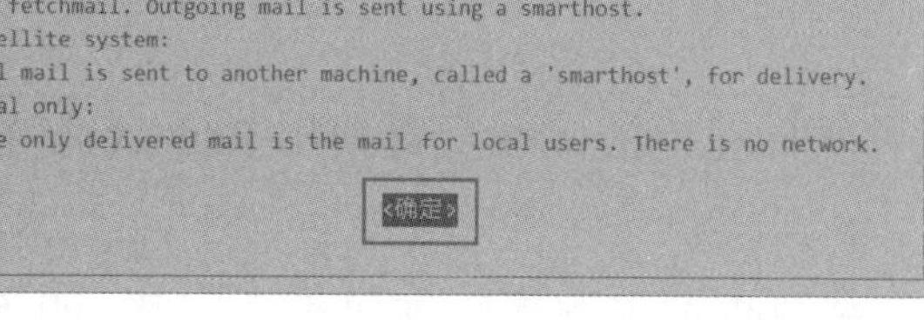

图 11.1.2　Postfix Configuration 配置界面

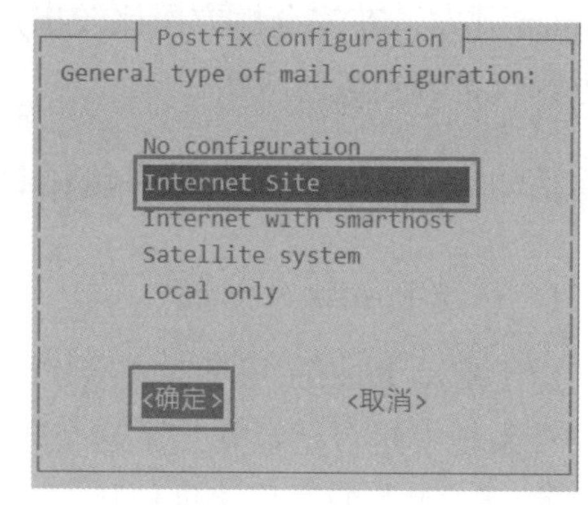

图 11.1.3　选择邮件服务器类型

出现填写邮件域名信息的窗口，填写邮件服务器的 FQDN 名字，单击“确定”按钮，如图 11.1.4 所示。

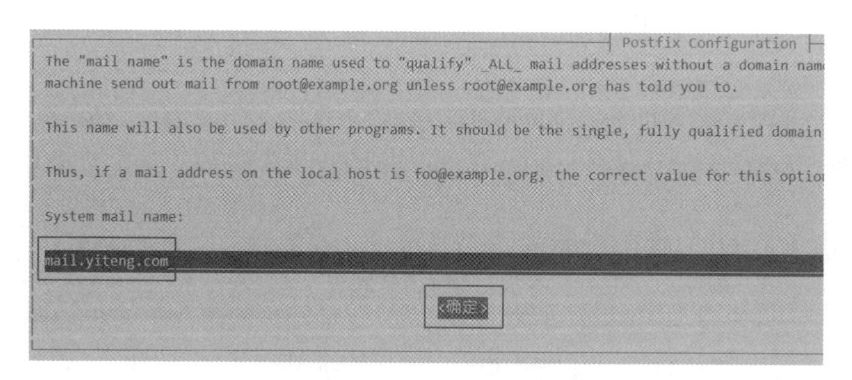

图 11.1.4　配置邮件服务器的 FQDN

2. 认识 Dovecot 软件包

（1）查询 Dovecot 服务

Dovecot 服务可通过 dpkg 命令查询其主程序软件包是否安装，如果没有安装可以使用 apt 命令进行安装。

使用“dpkg -l dovecot-pop3d”命令查询 Dovecot 服务是否安装，如下所示。在 Debian 10.10 操作系统中，默认没有安装 dovecot-pop3d 软件包。

```
[root@mail ~]#dpkg -l dovecot-pop3d
dpkg-query: 没有找到与 dovecot-pop3d 相匹配的软件包
```

（2）安装 Dovecot 服务

如果没有查询到则需要自行安装 Dovecot 软件包。在挂载光盘后，使用“apt install -y dovecot-pop3d”命令安装 Dovecot 所需要的软件包，Dovecot 软件包的安装如下所示。

```
root@mail:~#mount /dev/cdrom /media/cdrom
mount: /mnt: WARNING: device write-protected, mounted read-only.
[root@mail ~]#apt install -y dovecot-pop3d
正在读取软件包列表... 完成
正在分析软件包的依赖关系树
正在读取状态信息... 完成
将会同时安装下列软件：
  dovecot-core
建议安装：
  dovecot-gssapi dovecot-imapd dovecot-ldap dovecot-lmtpd dovecot-lucene dovecot-managesieved
dovecot-mysql dovecot-pgsql dovecot-sieve dovecot-solr dovecot-sqlite
  dovecot-submissiond ntp ufw
下列【新】软件包将被安装：
  dovecot-core dovecot-pop3d
…                                                                //此处省略部分内容
正在处理用于 systemd (241-7~deb10u7) 的触发器 ...
正在处理用于 dovecot-core (1:2.3.4.1-5+deb10u6) 的触发器 ...
```

3. Postfix 服务的启停

Postfix 服务的后台守护进程是 postfix，因此，在启停 Postfix 服务和查询 Postfix 服务状态时要以 postfix 作为参数。Postfix 服务的启停命令及其功能，如表 11.1.1 所示。

表 11.1.1　Postfix 服务的启停命令及其功能

Postfix 服务的启停命令	功 能 说 明
systemctl start postfix.service	启动 Postfix 服务。postfix.service 可简写为 postfix，下同
systemctl restart postfix.service	重启 Postfix 服务
systemctl stop postfix.service	停止 Postfix 服务
systemctl reload postfix.service	重新加载 Postfix 服务
systemctl status postfix.service	查看 Postfix 服务的状态
systemctl disable postfix.service	设置 Postfix 服务为开机不自动启动
systemctl enable postfix.service	设置 Postfix 服务为开机自动启动
systemctl list-unit-files|grep postfix.servic	查看 Postfix 服务是否为开机自动启动。

4. Dovecot 服务的启停

Dovecot 服务的后台守护进程是 dovecot，因此，在启停 Dovecot 服务和查询 Dovecot 服务状态时要以 dovecot 作为参数。Dovecot 服务的启停命令及其功能，如表 11.1.2 所示。

表 11.1.2 Dovecot 服务的启停命令及其功能

Dovecot 服务的启停命令	功 能 说 明
systemctl start dovecot.service	启动 Dovecot 服务。dovecot.service 可简写为 dovecot，下同
systemctl restart dovecot.service	重启 Dovecot 服务
systemctl stop dovecot.service	停止 Dovecot 服务
systemctl reload dovecot.service	重新加载 Dovecot 服务
systemctl status dovecot.service	查看 Dovecot 服务的状态
systemctl disable dovecot.service	设置 Dovecot 服务为开机不自动启动
systemctl enable dovecot.service	设置 Dovecot 服务为开机自动启动
systemctl list-unit-files|grep dovecot.service	查看 Dovecot 服务是否为开机自动启动

✔ 任务小结

（1）在 Debian 10.10 系统中 Postfix 邮件服务器是默认没有安装的，它具有速度快、容易管理和更安全的特点。

（2）Dovecot 是一个开源的 IMAP 和 POP3 电子邮件服务器，在安全性方面比较出众。

任务11.2 配置Postfix邮件服务

✔ 任务描述

A 公司的网络管理员小赵，根据公司的业务需求，已经在信息中心的 Linux 服务器上安装了 Postfix 软件包，现需要对 Postfix 服务器进行配置。

Postfix 邮件服务器的配置主要通过修改 Postfix 服务的配置文件来实现，然而这些配置对于 Linux 的初学者而言是比较困难的，因此小赵请来公司的工程师帮忙完成。配置 Postfix 服务器拓扑图，如图 11.2.1 所示，具体要求如下。

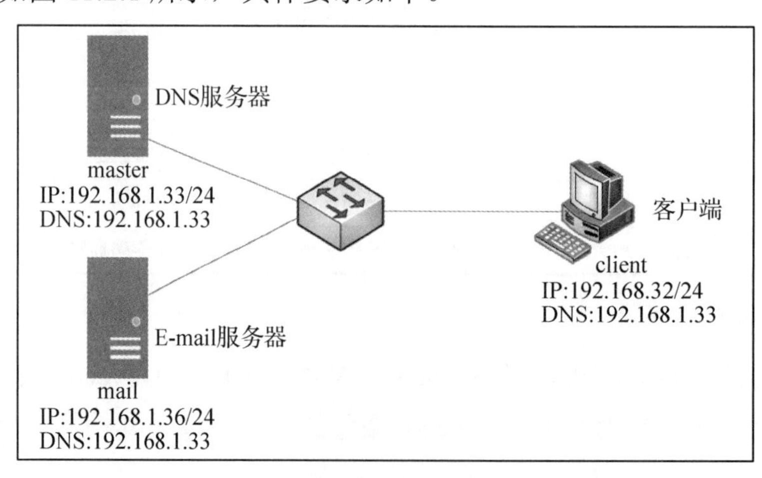

图 11.2.1 配置 Postfix 服务器拓扑图

（1）虚拟机的网络配置方式统一为仅主机模式。

（2）在 master 服务器上，配置 DNS 服务器，域名为 yiteng.com，IP 地址为 192.168.1.33/24。

（3）在 mail 服务器上，配置邮件服务器，IP 地址为 192.168.1.36/24；使用 yiteng.com 域名进行管理。

（4）要求内部员工可以使用 Foxmail 客户端自由收发邮件。

任务实施

活动 1　认识 Postfix 与 Dovecot 的主配置文件

1. Postfix 主配置文件 main.cf

Postfix 是 CentOS 默认安装的邮件服务器，其主配置文件是/etc/postfix/main.cf。在 Postfix 的主配置文件中，参数的基本配置格式是“参数名=参数值”。main.cf 文件中以“#”开头的行表示注释，起到说明的作用，可以忽略。如果要引用配置文件的参数可以用“$+参数名”的形式。在主配置文件中，有 8 个应该重点掌握的参数，如表 11.2.1 所示。

表 11.2.1　Postfix 主要配置文件中的重要参数

目　录　名	功 能 说 明
Myhostname	指定所在主机的主机名，一定要用 FQDN 的形式，如 mail.yiteng.com。默认为本地机器名
Mydomain	指定你所在的域名，需要手动添加
Myorigin	指定发件人所在的域名，默认值为/etc/mailname
inet_interfaces	指定 Postfix 监听的网络地址，默认为 all，表示所有地址
mydestination	指定本服务器可以接收的邮件的域名，如用户 mail.yiteng.com 通过该服务器接收邮件，那么 mydestination 的值应该设置为 yiteng.com。该参数可以有多个值，多个值之间用“,”号分开
mynetworks	设置可信任的 IP 地址范围
relay_domains	设置可信任域，在该信任域中的主机可以通过本地 Postfix 转发邮件
relayhost	设置邮件转发主机

2. Dovecot 主配置文件 dovecot.conf

Dovecot 主配置文件是/etc/dovecot/dovecot.conf。在 dovecot.conf 的主配置文件中，参数的基本配置格式是“参数名=参数值”。dovecot.conf 文件中以“#”开头的行表示注释，起到说明的作用，可以忽略。如果要引用配置文件的参数可以用“$+参数名”的形式。在主配置文件中，有两个应该重点掌握的参数，如下所示。

```
root@mail:~#vim /etc/dovecot/dovecot.conf
    30 #listen = *,::                        //监听所有的 IPv4 地址和 IPv6 地址。30 表示第 30 行
    48 #login_trusted_networks =
    //设置允许登录的网段地址，如果想允许所有人都能使用电子邮件系统，就不用修改本参数。
48 表示第 48 行
```

3. Dovecot 子配置文件

（1）10-mail.conf

在/etc/dovecot/conf.d 目录下，Dovecot 的子配置文件 10-mail.conf 有 1 个应该重点掌握的参数，如下所示。

```
root@mail:~#vim /etc/dovecot/conf.d/10-mail.conf
    30 mail_location = mbox:~/mail:INBOX=/var/mail/%u
                                    //指定将收到的电子邮件存放到本地服务器的位置，30 表示第 30 行
```

（2）10-ssl.conf

在/etc/dovecot/conf.d 目录下，Dovecot 的子配置文件 10-ssl.conf 有 1 个应该重点掌握的参数，如下所示。

```
root@mail:~#vim /etc/dovecot/conf.d/10-ssl.conf
    10 ssl = yes                                        //开启 SSL 加密，10 表示第 10 行
```

（3）10-auth.conf

在/etc/dovecot/conf.d 目录下，Dovecot 的子配置文件 10-auth.conf 有 1 个应该重点掌握的参数，如下所示。

```
root@mail:~#vim /etc/dovecot/conf.d/10-auth.conf
    10 #disable_plaintext_auth = yes                    //允许纯文本身份认证，10 表示第 10 行
```

活动 2　配置 Postfix 与 Dovecot 的服务

1. 配置 DNS 服务器

DNS 服务器的配置，在任务 7.2 中已经详细介绍过，这里不再讲述。

2. 安装 Postfix 软件包

Postfix 软件包的安装，在任务 11.1 中已经详细介绍过，这里不再讲述。

3. 配置 postfix 主配置文件

使用 vim 编辑器打开并编辑 Postfix 服务主配置文件，修改内容如下所示。

```
[root@mail ~]#vim /etc/postfix/main.cf
37 myhostname = mail.yiteng.com                  //37 行更改参数 myhostname 的值为 mail.yiteng.com
41 mydestination = $myhostname, $mydomain   //41 行处添加$mydomain 变量
43 mynetworks = 127.0.0.0/8 [::ffff:127.0.0.0]/104 [::1]/128 192.168.1.0/24
                                                 //43 行添加可信任网段 192.168.1.0/24
48 mydomain = yiteng.com                         //在最后处添加 mydomain 的值为 yiteng.com
```

4. 创建电子邮件系统的登录账户

```
[root@mail ~]#useradd -m test1
[root@mail ~]# passwd test1
```

```
[root@mail ~]#useradd -m test2
[root@mail ~]#passwd test2
```

5. 启动 Postfix 服务

启动 Postfix 服务，并设置开机自动启动，如下所示。

```
root@mail:~# systemctl restart postfix
root@mail:~# systemctl enable postfix
```

6. 配置 Dovecot 服务

01 安装 Dovecot 服务，已经详细介绍过，这里不再讲述。

02 使用 vim 编辑器打开并编辑 Dovecot 服务主配置文件，修改结果如下所示。

```
root@mail:~#vim /etc/dovecot/dovecot.conf
    30 listen = *                    //将 30 行的“#”注释去掉，并进行如下修改，表示监听所有地址
    48 login_trusted_networks = 192.168.1.0/24
   //将 48 行的“#”去掉，设置允许登录的网段地址为 192.168.1.0/24，如果想允许所有人都能使
用电子邮件系统，就不用修改
```

03 使用 vim 编辑器打开 10-auth.conf 子配置文件，修改结果如下所示。

```
root@mail:~#vim /etc/dovecot/conf.d/10-auth.conf
    10 disable_plaintext_auth = no                    //关闭允许纯文本身份认证
```

04 使用 vim 编辑器打开 10-ssl.conf 子配置文件，修改结果如下所示。

```
root@mail:~#vim /etc/dovecot/conf.d/10-ssl.conf
    10 ssl = no                                        //关闭 SSL 加密
```

7. 启动 Dovecot 服务

启动 Dovecot 服务，并设置开机自动启动，如下所示。

```
root@mail:~#systemctl restart dovecot
root@mail:~#systemctl enable dovecot
```

活动 3　使用 Foxmail 测试邮件服务

在日常生活中经常使用的邮件收发工具有 Office 套件中的 Outlook 和 Foxmail 等。这些 MUA 工具配置方法类似，下面重点讲解 Foxmail 以测试 Postfix 邮件服务。

1. 设置邮件账户

使用 Foxmail 添加邮件账户。

01 打开 Foxmail 软件，选择“其他邮箱”选项，如图 11.2.2 所示。

02 选择“手动设置”选项，如图 11.2.3 所示。

03 输入邮件账号 test1@yiteng.com，密码为 test1，POP 服务器为 mail.yiteng.com，SMTP 服务器为 mail.yiteng.com，单击“创建”按钮完成，如图 11.2.4 所示。

04 连接邮件服务器成功后，即可以完成账户的创建，如图 11.2.5 所示。

图 11.2.2　打开 Foxmail 软件

图 11.2.3　选择“手动设置”

图 11.2.4　输入用户信息

图 11.2.5　完成用户创建

05 用同样的方法在 Foxmail 中添加 test2 账户。

2. 发送和接收邮件

（1）发送邮件

Foxmail 账户创建完毕，使用 test1 向 test2 发送一封邮件。在“开始”菜单中选择“新建电子邮件”选项，在发件人处选择 test1@yiteng.com，收件人处填写 test2@yiteng.com，主题为“hello”和内容为“This is a test。”，如图 11.2.6 所示。

图 11.2.6　发送测试邮件

（2）接收邮件

在“发送/接收”菜单下单击“发送/接收所有文件夹”按钮，就可以接收所有账户的邮件，如图 11.2.7 所示。可以看出，账户 test2 已经收到了来自 test1 的邮件。

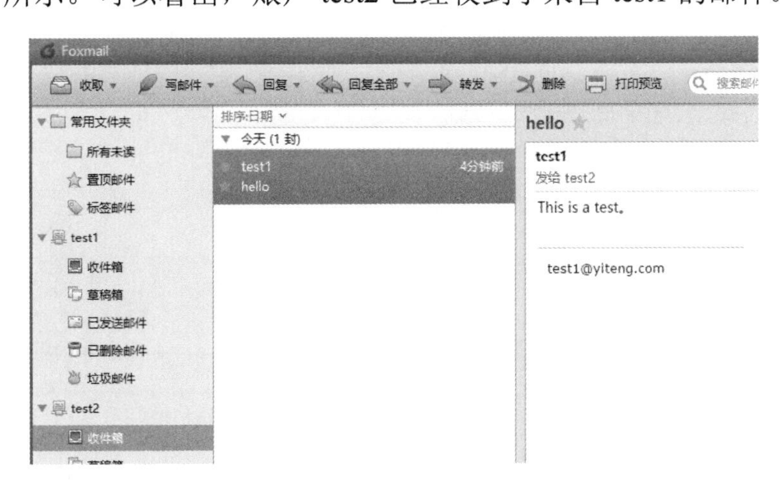

图 11.2.7　test2 用户接收邮件

✔ 任务小结

（1）如果系统中有其他的邮件服务器软件正在运行，应先停止服务或卸载该邮件服务器，否则会影响 Postfix 的使用。

（2）添加 POP 和 SMTP 时，也可以添加邮件服务器对应的 IP 地址。

项目12　配置与管理MariaDB服务器

项目描述

A 公司是一家小型网上商品运营公司，公司因市场扩大，营业收入增加，所以决定扩大规模，实现更丰富的功能。公司经过讨论后，决定搭建 OA 办公系统，为员工提供有效的信息存储和管理。数据库管理系统可以很好地解决此问题，数据库是按照数据结构来组织、存储和管理数据的仓库。随着信息时代的发展，用户产生的信息量逐渐增长，都需要用数据库来组织、存储和管理信息。

在 Linux 系统中 MySQL 是常用的数据库服务器。MySQL 服务器指在互联网上提供数据管理的计算机。Debian 早期的版本中提供的是 MySQL 服务器/客户端安装包，在 Debian 10.10 系统中已使用了 MariaDB 作为默认的数据库服务器。本项目主要介绍 MariaDB 服务的配置和基本管理。

知识目标

1. 了解 MariaDB 的工作原理。
2. 了解 MariaDB 的数据类型。
3. 掌握 MariaDB 的数据库备份与还原。

能力目标

1. 能掌握 MariaDB 的配置和管理。
2. 能使用命令实现数据库和数据表的基本操作。
3. 能使用命令实现数据库的备份与还原操作。

思政目标

1. 培养学生具有交流沟通、独立思考和清晰有序的逻辑思维能力。
2. 培养学生应了解国产数据库的发展动态，建立科技强国的自信。

3. 培养学生自觉建立良好的职业道德和操守规范。

4. 培养学生增强数据安全的意识。

思维导图

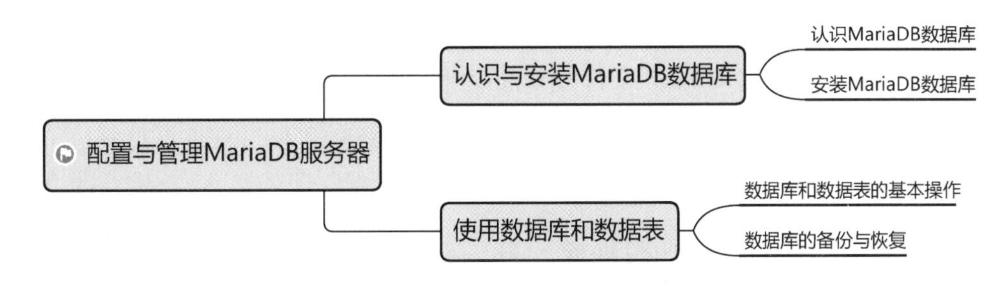

任务12.1　认识与安装MariaDB数据库

任务描述

A 公司的网络管理员小赵，根据公司的业务需求，需要在信息中心的 Linux 服务器上实现数据库服务器。小赵首先想到使用 MariaDB 数据库服务器，现需要安装 MariaDB 数据库软件包。

在信息中心的 Linux 服务器上安装 MariaDB 数据库服务器，可以满足公司搭建 OA 办公系统的需求。MariaDB 数据库服务就是以后台运行的数据库管理系统为基础，加上一定的前台程序，为用户提供数据的存储、查询等功能。

任务实施

活动 1　认识 MariaDB 数据库

MySQL 是使用最广泛的开源数据库平台。它在全球 Web 服务的数据库中占有绝对的优势。MariaDB 数据库管理系统是 MySQL 的一个分支，主要由开源社区进行维护，采用 GPL 授权许可，MariaDB 的目的是完全兼容 MySQL，包括 API 和命令行，使之能轻松成为 MySQL 的代替品。

1. MariaDB 的相关概念

MariaDB 为关系型数据库，这种“关系型”可以理解为“表格”的概念，一个关系型数据库由一个或数个表格组成。

（1）表头（header）：每一列的名称。

（2）列（col）：具有相同数据类型的数据集合。

（3）行（row）：每一行用来描述某一条数据的具体信息。

（4）值（value）：行的具体信息，每个值必须与该列的数据类型相同。

（5）键（key）：表中用来识别某个特定的数据的方法，键的值在当前列中具有唯一性。

2. MariaDB 脚本的基本组成

与常规的脚本语言类似，MariaDB 也具有一套对字符、单词和特殊符号的使用规定。它通过执行 SQL 脚本来完成对数据库的操作，该脚本由一条或多条 MariaDB 语句（SQL 语句+扩展语句）组成，保存时脚本文件后缀名一般为“.sql”。在控制台下，MariaDB 客户端也可以对语句进行单句执行，而不用保存为.sql 文件。

3. 标识符

标识符用来命名一些对象，如数据库、表、列、变量等，以便在脚本中的其他地方引用。MariaDB 标识符命名规则稍微有点烦琐，这里我们使用万能命名规则：标识符由字母、数字或下画线(_)组成，且第一个字符必须是字母或下画线。

对于标识符是否区分大小写取决于当前的操作系统，Windows 系统中是不敏感的，但对于大多数 Linux/UNIX 系统来说，这些标识符的大小写是敏感的。

4. 关键字

MariaDB 的关键字众多，这里不再一一列出。这些关键字都有自己特定的含义，尽量避免作为标识符。

5. 语句

MariaDB 语句是组成 MariaDB 脚本的基本单位，每条语句能完成特定的操作，它由 SQL 标准语句+MariaDB 扩展语句组成。

6. 函数

MariaDB 函数可用来实现数据库操作的一些高级功能，这些函数大致分为字符串函数、数学函数、日期/时间函数、搜索函数、加密函数、信息函数等类。

7. 数据类型

MariaDB 有三个数据类型，分别为数字、日期/时间、字符串，这三个类型中又划分了许多子类型。

（1）数字类型

整数：包括 tinyint、smallint、mediumint、int、bigint。

浮点数：包括 float、double、real、decimal。

（2）日期/时间

包括 date、time、datetime、timestamp 和 year。

（3）字符串类型

字符串：包括 char 和 varchar。

文本：包括 tinytext、text、mediumtext 和 longtext。

二进制（可用来存储图片、音乐等）：包括 tinyblob、blob、mediumblob 和 longblob。

数据库数据类型很多，读者可自行根据需要进行查询。

活动 2　安装 MariaDB 数据库

1. 认识 MariaDB 服务相关软件包

由于启动 MariaDB 服务时需要使用 mariadb-server 软件包，因此要先检查系统中是否已经安装了 MariaDB 软件包。

MariaDB 服务的主程序软件包可通过 dpkg 命令查询主程序软件包是否安装，如果没有安装可以使用 apt 命令进行安装。

（1）查询 mariadb-server 软件包

使用“dpkg -l mariadb-server”命令查询 MariaDB 软件包是否安装，如下所示。在 Debian 10.10 系统中，默认没有安装 MariaDB 软件包。

```
root@debian:~#dpkg -l mariadb-server
dpkg-query: 没有找到与 mariadb-server 相匹配的软件包
```

（2）安装 MariaDB

如果查询结果是未安装 MariaDB 软件包，可参考前面学过的知识使用“apt install -y mariadb-server”命令自行安装，如下所示。

```
root@debian:~#mount /dev/cdrom /media/cdrom
mount: /mnt: WARNING: device write-protected, mounted read-only.
root@debian:~#apt install -y mariadb-server
正在读取软件包列表... 完成
正在分析软件包的依赖关系树
正在读取状态信息... 完成
将会同时安装下列软件：
  galera-3 gawk libaio1 libcgi-fast-perl libcgi-pm-perl libconfig-inifiles-perl libdbd-mysql-perl
libdbi-perl libfcgi-perl libhtml-template-perl libreadline5 libsigsegv2
  libterm-readkey-perl mariadb-client-10.3 mariadb-client-core-10.3 mariadb-server-10.3
mariadb-server-core-10.3 rsync socat
建议安装：
  gawk-doc libclone-perl libmldbm-perl libnet-daemon-perl libsql-statement-perl libipc-sharedcache-perl
mailx mariadb-test netcat-openbsd tinyca
下列【新】软件包将被安装：
  galera-3 gawk libaio1 libcgi-fast-perl libcgi-pm-perl libconfig-inifiles-perl libdbd-mysql-perl
libdbi-perl libfcgi-perl libhtml-template-perl libreadline5 libsigsegv2
…                                                                //此处省略部分内容
正在设置 mariadb-server (1:10.3.29-0+deb10u1) ...
正在处理用于 systemd (241-7~deb10u8) 的触发器 ...
正在处理用于 man-db (2.8.5-2) 的触发器 ...
正在处理用于 libc-bin (2.28-10) 的触发器 ...
```

2. MariaDB 服务的启停

MariaDB 服务的后台守护进程是 mariadb，但在启停 MariaDB 服务和查询 MariaDB 服务状态时要以 mariadb 作为参数。MariaDB 服务的启停命令及其功能，如表 12.1.1 所示。

表 12.1.1 MariaDB 服务的启停命令及其功能

MariaDB 服务的启停命令	功 能 说 明
systemctl start mariadbd.service	启动 MariaDB 服务。mariadb.service 可简写为 mariadb，下同
systemctl restart mariadb.service	重启 MariaDB 服务
systemctl stop mariadb.service	停止 MariaDB 服务
systemctl reload mariadb.service	重新加载 MariaDB 服务
systemctl status mariadb.service	查看 MariaDB 服务的状态
systemctl disable mariadb.service	设置 MariaDB 服务为开机不自动启动
systemctl enable mariadb.service	设置 MariaDB 服务为开机自动启动
systemctl list-unit-files|grep mariadb.service	查看 MariaDB 服务是否为开机自动启动

3. *初始化 MariaDB 数据库*

安装完 MariaDB 数据库会提示可以运行 mysql_secure_installation 进行初始化操作。运行 mysql_secure_installation 要进行如下 5 项设置。

（1）设置 root 管理员在数据库中的密码值（这里的密码值默认应该为空，可直接按回车键）。

（2）设置 root 管理员在数据库中的专有密码。

（3）删除匿名账户，并使用 root 管理员从远程登录数据库，以确保数据库上运行的业务的安全性。

（4）删除默认的测试数据库，取消测试数据库的一系列访问权限。

（5）刷新授权列表，让初始化的设定立即生效。

通过这 5 项的设置能够提高 MariaDB 数据库的安全。建议生产环境中 MariaDB 数据库安装完成后，一定要运行一次 mysql_secure_installation，详细步骤如下所示。

```
[root@localhost ~]#mysql_secure_installation
NOTE: RUNNING ALL PARTS OF THIS SCRIPT IS RECOMMENDED FOR ALL MariaDB
      SERVERS IN PRODUCTION USE!  PLEASE READ EACH STEP CAREFULLY!
In order to log into MariaDB to secure it, we'll need the current
password for the root user.  If you've just installed MariaDB, and
you haven't set the root password yet, the password will be blank,
so you should just press enter here.
//初次运行直接按回车键
Enter current password for root (enter for none):
OK, successfully used password, moving on...
Setting the root password ensures that nobody can log into the MariaDB
root user without the proper authorisation.
// 是否设置 root 用户密码，输入 y 并直接按回车键或直接按回车键
Set root password? [Y/n] y
Please set the password for root here.
//输入 root 用户登录 MariaDB 服务的密码
```

```
New password:
//再次输入密码确认
Re-enter new password:
Password updated successfully!
Reloading privilege tables..
 ... Success!
By default, a MySQL installation has an anonymous user,
allowing anyone to log into MySQL without having to have
a user account created for them. This is intended only for
testing, and to make the installation go a bit smoother.
You should remove them before moving into a production
environment.
//是否删除匿名用户，生产环境中建议删除
Remove anonymous users? (Press y|Y for Yes, any other key for No) : y
Success.
Normally, root should only be allowed to connect from
'localhost'. This ensures that someone cannot guess at
the root password from the network.
//是否禁止远程登录，根据自己需求选择 Y/n 并按回车键，建议禁止
Disallow root login remotely? (Press y|Y for Yes, any other key for No) : y
Success.
By default, MySQL comes with a database named 'test' that
anyone can access. This is also intended only for testing,
and should be removed before moving into a production
environment.
//是否删除测试数据库 test，直接按回车键
Remove test database and access to it? (Press y|Y for Yes, any other key for No) : y
- Dropping test database...
Success.
 - Removing privileges on test database...
Success.
Reloading the privilege tables will ensure that all changes made so far will take effect immediately.
//是否重新加载权限表，直接按回车键
Reload privilege tables now? [Y/n] y
 ... Success!

Cleaning up...

All done!  If you've completed all of the above steps, your MariaDB
installation should now be secure.

Thanks for using MariaDB!
```

任务小结

（1）Debian 10.10 系统中使用 MariaDB 替代默认的 MySQL。MariaDB 数据库管理系统是 MySQL 的一个分支。

（2）安装 MariaDB 服务的主程序时，一定要注意软件包为 mariadb-server，MariaDB 软件包为客户端程序。

任务12.2 使用数据库和数据表

任务描述

管理员小赵为公司完成数据库服务器的安装后，现需要对数据库服务器进行配置，包括数据库的创建、数据表的创建和对数据表实行的增、删、改、查功能。

数据库服务器的配置主要是通过命令操作来实现对数据库的功能实现，然而这些配置对于 Linux 的初学者而言是比较困难的，因此小赵请来公司的工程师帮忙完成。具体要求如下。

（1）将此服务器配置为 MariaDB 服务器。

（2）创建数据库为 myschool，在库中创建表为 mystudent。

（3）在表中创建两个用户，分别为(202108001, myuser1, 1996-7-1, male)和(202108002, myuser2, 1997-9-1, female)，口令与用户名相同，其表结构如表 12.2.1 所示。

表 12.2.1　mystudent 表结构

字　段　名	数 据 类 型	主　　键
ID	Int	是
Name	varchar(10)	否
Birthday	Datetime	否
Sex	char(8)	否
Password	char（128）	否

任务实施

活动 1　数据库和数据表的基本操作

在 MariaDB 数据库管理系统中，一个数据库可以存放多张数据表，数据表是数据库中最重要的核心内容。我们可以根据自己的需求自定义数据库表结构，以便后期轻松地维护和修改。数据库和数据表的常用命令及其功能说明如表 12.2.2 所示。

表 12.2.2 数据库和数据表的常用命令及功能说明

命　　令	功 能 说 明
show databases;	显示当前已有的数据库
show table;	显示当前数据库中的数据表
create　database 数据库名称;	创建新的数据库
create table 数据表名称(字段名称 字段类型 字段长度,…);	创建新的数据表
drop database 数据库名称;	删除数据库
drop table 数据表名称;	删除数据表
use 数据库名称;	切换数据库
Desc 数据表名称;	显示数据表的结构
Insert into 数据表名称 values('数据 1', …);	向数据表中录入一条记录
select * from 数据表名称;	查看数据表内所有记录（* 代表所有）
delete from 表单名 where 字段名称=值;	删除符合条件的记录

1. 使用命令行登录 MariaDB 数据库

第一次启动 MariaDB 客户端只能使用 MariaDB 管理员权限，即 root 用户。该用户口令为任务 12.1 中刚刚设置的内容（如果没设置，默认为空密码）。

使用 mysql -u root -p 命令进行登录，-u 参数用来指定以 root 管理员的身份登录，而-p 参数用来验证该用户在登录数据库时的密码，具体操作如下所示。

```
root@debian:~# mysql -u root -p
Enter password:                          //默认为空，直接按回车键即可
Welcome to the MariaDB monitor.   Commands end with ; or \g.
Your MariaDB connection id is 2
Server version: 5.5.56-MariaDB MariaDB Server

Copyright (c) 2000, 2017, Oracle, MariaDB Corporation Ab and others.

Type 'help;' or '\h' for help. Type '\c' to clear the current input statement.
 MariaDB [(none)]>
```

2. 创建数据库

使用 create database 命令可创建数据库，使用 show databases 命令进行查看，如下所示。

```
MariaDB [(none)]>create database myschool;          //创建数据库
Query OK, 1 row affected (0.00 sec)
MariaDB [(none)]>show databases;                    //查询数据库
+----------------------+
| Database             |
+----------------------+
|   information_schema |
|   mysql              |
|   performance_schema |
|   myschool           |
```

```
|    test                |
+---------------------+
5 rows in set (0.01 sec)
```

3. 创建数据表

（1）使用 create table 命令创建数据表，创建数据表之前先切换到自己创建的数据库中。使用 use 命令切换数据库，如下所示。

```
MariaDB [(none)]>use myschool;
Database changed
MariaDB [myschool]>create table mystudent(ID int primary key,Name varchar(10),Birthday Datetime,Sex char(8),Password varchar(128));    //primary key 表示主键。
Query OK, 0 rows affected (0.00 sec)
```

（2）数据表创建完成后，可使用 desc 命令显示表的结构，并使用 show tables 命令查看当前的数据表，如下所示。

```
MariaDB [myschool]>desc student;                      //查询表结构
+----------+--------------+------+-----+---------+-------+
| Field    | Type         | Null | Key | Default | Extra |
+----------+--------------+------+-----+---------+-------+
| ID       | int(11)      | NO   | PRI | NULL    |       |
| Name     | varchar(10)  | YES  |     | NULL    |       |
| Birthday | datetime     | YES  |     | NULL    |       |
| Sex      | char(8)      | YES  |     | NULL    |       |
| Password | varchar(128) | YES  |     | NULL    |       |
+----------+--------------+------+-----+---------+-------+
5 rows in set (0.01 sec)5 rows in set (0.00 sec)
MariaDB [myschool]> show tables;                      //查询表
+------------------+
| Tables_in_school |
+------------------+
| mystudent        |
+------------------+
1 rows in set (0.00 sec)
```

4. 插入和修改数据表

（1）使用 insert into 命令向数据表中插入记录，并使用 select * from mystudent 命令显示表内记录，如下所示。

```
MariaDB [myschool]>insert into mystudent values(202108001,'myuser1', '1996-7-1','male','myuser1');
                              //插入数据
Query OK, 1 row affected, 1 warning (0.00 sec)
MariaDB [myschool]>insert into mystudent values(202108002,'myuser2', '1997-9-1','female','myuser2');
Query OK, 1 row affected, 1 warning (0.00 sec)
MariaDB [myschool]>select *from mystudent;
+-----------+---------+--------------------+--------+----------+
```

```
| ID        | Name    | Birthday            | Sex    | Password  |
+-----------+---------+---------------------+--------+----------+
| 202108001 | myuser1 | 1996-07-01 00:00:00 | male   | myuser1   |
| 202108002 | myuser2 | 1997-09-01 00:00:00 | female | myuser2   |
+-----------+---------+---------------------+--------+----------+
2 rows in set (0.00 sec)
```

（2）使用 update 命令对数据表中的记录进行修改，如下所示。

```
MariaDB [myschool]>update mystudent set Birthday='1999-05-20' whereID=202108002;
                              //更新表格数据
Query OK, 1 row affected (0.00 sec)
Rows matched: 1    Changed: 1    Warnings: 0
MariaDB [myschool]>select *from mystudent;
+-----------+---------+---------------------+--------+----------+
| ID        | Name    | Birthday            | Sex    | Password |
+-----------+---------+---------------------+--------+----------+
| 202108001 | myuser1 | 1996-07-01 00:00:00 | male   | myuser1 |
| 202108002 | myuser2 | 1999-05-20 00:00:00 | female | myuser2 |
+-----------+---------+---------------------+--------+----------+
2 rows in set (0.00 sec)
```

（3）使用 delete 命令对数据表中的记录进行删除，如下所示。

```
MariaDB [myschool]>delete from mystudent;                    //删除表格
Query OK, 2 rows affected (0.00 sec)
MariaDB [myschool]>select * from mystudent;
Empty set (0.00 sec)
MariaDB [myschool]>exit                                      //退出数据库
Bye
root@debian:~#
```

活动 2　数据库的备份与恢复

mysqldump 命令用于备份数据库数据，基本语法格式如下。

```
mysqldump [参数] [数据库名称]
```

1．数据库备份

在数据库备份前，若 mystudent 表中有两条记录。

（1）使用 mysqldump 命令把数据库导出到指定目录中保存，并查看备份文件，如下所示。

```
root@debian:~#mkdir mysqlbak
root@debian:~#mysqldump myschool -u root -p > /root/mysqlbak/myschool_bak.sql
Enter password:
root@debian:~#
```

（2）删除数据库

使用 drop database 命令彻底删除数据库 myschool，并显示当前所有数据库，如下所示。

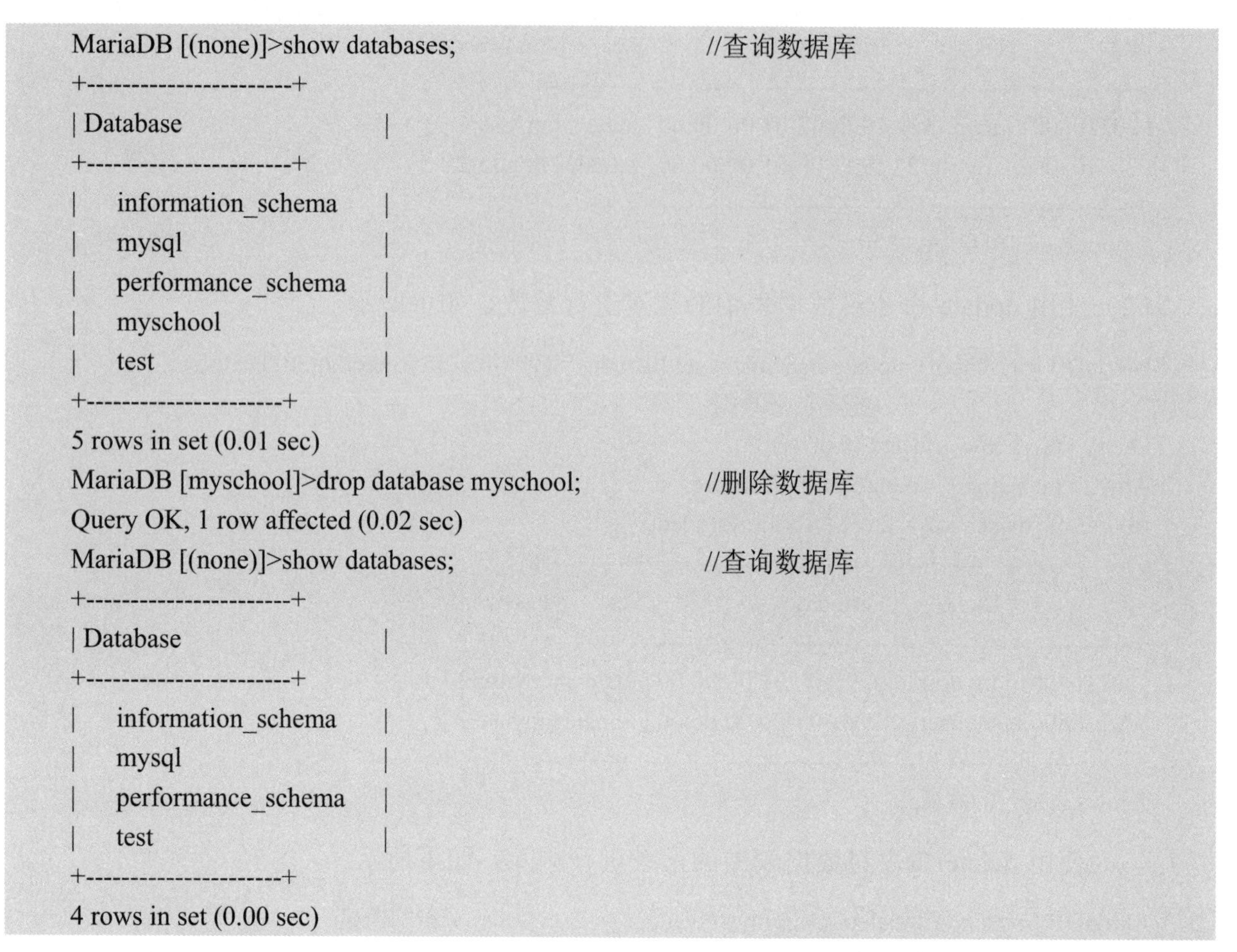

```
MariaDB [(none)]>show databases;                    //查询数据库
+----------------------+
| Database             |
+----------------------+
|    information_schema  |
|    mysql               |
|    performance_schema  |
|    myschool            |
|    test                |
+---------------------+
5 rows in set (0.01 sec)
MariaDB [myschool]>drop database myschool;          //删除数据库
Query OK, 1 row affected (0.02 sec)
MariaDB [(none)]>show databases;                    //查询数据库
+----------------------+
| Database             |
+----------------------+
|    information_schema  |
|    mysql               |
|    performance_schema  |
|    test                |
+---------------------+
4 rows in set (0.00 sec)
```

2. 数据库恢复

（1）使用命令登录 MariaDB 数据库后，创建空数据库 myschool 并查看当前数据表，如下所示。

```
MariaDB [(none)]>create database myschool;
Query OK, 1 row affected (0.00 sec)

MariaDB [(none)]> use myschool;
Database changed
MariaDB [myschool]> show tables;
Empty set (0.00 sec)
```

（2）使用重定向符“<”把备份的数据库文件导到 mysql 中，如下所示。

```
root@debian:~# mysql -u root -p myschool < /root/mysqlbak/myschool_bak.sql
Enter password:
root@debian:~#mysql -u root -p
Enter password:
Welcome to the MariaDB monitor.   Commands end with ; or \g.
Your MariaDB connection id is 10
Server version: 5.5.56-MariaDB MariaDB Server

Copyright (c) 2000, 2017, Oracle, MariaDB Corporation Ab and others.
```

```
Type 'help;' or '\h' for help. Type '\c' to clear the current input statement.

MariaDB [(none)]>use myschool;
Database changed
MariaDB [myschool]>show tables;
+--------------------+
| Tables_in_myschool |
+--------------------+
| mystudent          |
+--------------------+
1 row in set (0.00 sec)
```

（3）使用命令查看导入数据库中的数据表结构和记录，如下所示。

```
MariaDB [myschool]>desc student;                    //查询表结构
+----------+--------------+------+-----+---------+-------+
| Field    | Type         | Null | Key | Default | Extra |
+----------+--------------+------+-----+---------+-------+
| ID       | int(11)      | NO   | PRI | NULL    |       |
| Name     | varchar(10)  | YES  |     | NULL    |       |
| Birthday | datetime     | YES  |     | NULL    |       |
| Sex      | char(8)      | YES  |     | NULL    |       |
| Password | varchar(128) | YES  |     | NULL    |       |
+----------+--------------+------+-----+---------+-------+
5 rows in set (0.01 sec)5 rows in set (0.00 sec)
MariaDB [myschool]>select *from mystudent;
+-----------+---------+---------------------+--------+----------+
| ID        | Name    | Birthday            | Sex    | Password |
+-----------+---------+---------------------+--------+----------+
| 202108001 | myuser1 | 1996-07-01 00:00:00 | male   | myuser1  |
| 202108002 | myuser2 | 1999-05-20 00:00:00 | female | myuser2  |
+-----------+---------+---------------------+--------+----------+
2 rows in set (0.00 sec)
```

✔ 任务小结

（1）首次登录 MariaDB 服务器时，密码默认为空。

（2）对数据库和数据表删除时，一定要慎重，删除后将无法恢复。

参 考 文 献

[1] 杨海艳，张文库．2017．CentOS 7 系统配置与管理（第 2 版）[M]．北京：电子工业出版社．

[2] 张春晓．2018．Ubuntu Linux 系统管理实战 [M]．北京：清华大学出版社．

[3] 杨云，林哲. 2019.Linux 网络操作系统项目教程（第 3 版）[M]．北京：人民邮件出版社．

[4] 张运嵩，孙金霞. 2020．Linux 网络操作系统项目式教程 [M]．北京：人民邮件出版社．

[5] 李志杰．2020．Linux 服务器配置与管理 [M]．北京：电子工业出版社．

[6] 刘猛，张文库．2021．Linux 网络操作系统（CentOS 8.0）[M]．北京：科学出版社．